欧美数学经典著作译丛系列

曲面的数学

Mostly Surfaces

[美]理查德·埃文·施瓦兹(Richard Evan Schwartz) 著

成斌 译

哈爾濱工業大學出版社
HARBIN INSTITUTE OF TECHNOLOGY PRESS

黑版贸审字 08-2016-108 号

内容简介

本书从不同角度展开,把曲面看作度量空间、可三角剖分空间、双曲曲面等,讨论了曲面的相关性质。本书介绍了有关曲面的许多经典结论,有几何的、拓扑的,也有一些属于作者个人偏好,比如勾股定理、Pick 定理、Green 定理、Dehn 分割定理、Cauchy 刚性定理,以及代数基本定理。本书涉及的内容在其他书中都能找到,只不过它们不太能出现在同一本书中。每讲到一个话题,作者会告诉读者在哪里可以找到更多、更深的内容。

本书适合高等院校师生及此方向相关爱好者阅读参考。

图书在版编目(CIP)数据

曲面的数学/(美)理查德·埃文·施瓦兹(Richard Evan Schwartz)著;成斌译. —哈尔滨:哈尔滨工业大学出版社,2024.1

书名原文:Mostly Surfaces

ISBN 978-7-5767-1156-1

Ⅰ.①曲… Ⅱ.①理… ②成… Ⅲ.①曲面 Ⅳ.①O186.11

中国国家版本馆 CIP 数据核字(2024)第 006151 号

QUMIAN DE SHUXUE

策划编辑　刘培杰　张永芹
责任编辑　聂兆慈
封面设计　孙茵艾
出版发行　哈尔滨工业大学出版社
社　　址　哈尔滨市南岗区复华四道街 10 号　邮编 150006
传　　真　0451-86414749
网　　址　http://hitpress.hit.edu.cn
印　　刷　哈尔滨博奇印刷有限公司
开　　本　787 mm×1 092 mm　1/16　印张 17.25　字数 342 千字
版　　次　2024 年 1 月第 1 版　2024 年 1 月第 1 次印刷
书　　号　ISBN 978-7-5767-1156-1
定　　价　98.00 元

绪　言

2005 年, 我在 Brown 大学为本科生开设了曲面讨论班, 本书是在当时讲义的基础上拓展而成的. 每周的讲义均周围绕一个主题, 内容包括这些年来我了解的关于曲面的精彩结论. 本书在内容处理上务求简单明了, 着重具体例子的讨论, 而不是系统理论. 最初的讲义仅有 14 章, 后来又增加了 10 章[1], 使得本书内容更加充实.

本书的每章都包含一些习题, 均出现在正文中, 大多数题目都很简单, 不过是对正文省略的证明细节的补充, 偶尔也会穿插个别有挑战的题目. 假如读者肯接受习题里的结论, 那么他即使不做这些习题也照样能读懂本书的内容, 当然做习题收获会更大.

本书主要讨论曲面的相关知识, 我们将从不同角度展开讨论: 把曲面看作度量空间、可三角剖分空间、双曲曲面, 等等. 本书介绍了曲面的许多经典结论, 有几何的, 有拓扑的, 也有一些属于我的个人偏好, 比如勾股定理、Pick 定理、 Green 定理、 Dehn 分割定理、 Cauchy 刚性定理, 以及代数基本定理.

本书涉及的内容在其他书中都能找到, 只不过它们不太可能出现在同一本书中. 本书每讲到一个话题, 我就会告诉读者在哪里可以找到更多、更深的内容. 与曲面有关的数学分支——几何、拓扑、复分析、组合之间有非常紧密的联系, 这些联系常常出人意料. 本书希望能将这些眼花缭乱的内容以一种既严谨又轻松的方式呈现给读者.

我个人认为数学中大多数艰深的理论都源于简单的例子和现象, 学习这些理论最好的方法就是追本溯源, 仔细研究这些例子和现象. 本书要讲的正方形环面就是一个简单却重要的例子, 许多曲面理论都起源于对正方形环面上某种现象的深入研究. 本书第 1 章介绍正方形环面及其上各种数学结构的推广, 希望这一章的处理方法能成为后面章节的典范.

---

[1]**译注**: 本书根据原书修订版 (未正式出版) 译出. 译者感谢本书作者——美国 Brown 大学的 Schwartz 教授. 他不仅慷慨分享修订版, 而且还不厌其烦地解答译者的各种疑问.

本书的读者对象为大学高年级学生. 我们总是从最基本的内容讲起, 读者只需稍做努力就能学会, 而不必预先知晓任何高深的数学知识. 学过一学期实分析、抽象代数, 以及复分析的读者, 阅读本书将不会有任何困难. 如果读者只学过前两门课, 那也没关系, 因为我会在书中对复分析的知识做简单介绍.

第 1 章是内容总览, 之后的 5 个部分分别从不同角度讨论曲面理论. 第 6 部分与前 5 部分关系不大, 纯粹是出于我的个人兴趣. 以下为本书框架.

第 1 部分: 曲面拓扑. 这一部分给出曲面、 Euler 示性数、基本群、覆叠群, 以及覆叠空间的定义. 我们将证明曲面的覆叠群与其基本群同构, 我们还将证明在一定条件下, 曲面必定存在万有覆叠.

第 2 部分: 曲面几何. 前 3 章分别介绍 Euclid 几何、球面几何, 以及双曲几何. 对于众所周知的 Euclid 几何, 重点介绍一些非平凡的结论. 接下来的一章引入曲面的 Riemann 度量. 本部分最后一章讨论作为 Riemann 流形特例的双曲曲面.

第 3 部分: 曲面与复分析. 这一部分首先简单介绍复分析的入门知识, 之后引进 Riemann 曲面的概念, 并证明若干 Riemann 曲面间复解析映射的定理.

第 4 部分: 平坦锥形曲面. 首先介绍平坦锥形曲面的概念, 以及作为特例的平移曲面; 接下来解释如何将平移曲面的仿射对称群, 即 Veech 群, 与复几何及双曲几何联系在一起.

第 5 部分: 曲面的全体. 在这部分我们提出几个与所有平坦或者双曲曲面全体有关的概念, 包括模空间、 Teichmüller 空间, 以及映射类群. 在讨论平坦曲面之前, 作为准备, 我们将详细介绍连分数及模群.

第 6 部分: 更多精彩. 我们将证明几何中三个经典结论. 第一个是 Banach-Tarski 定理: 在选择公理假设下, 可以将半径为 1 的球进行有限分割之后重新拼合成一个半径为 2 的球! 第二个是 Dehn 定理: 不可能将一个正方体用平面切割然后重新拼合成一个正四面体. 最后是 Cauchy 刚性定理, 大致是说凸多面体无法进行折曲.

目录

第 1 章　内 容 总 览

1.1　注意看, 环面!

Euclid 平面 $\mathbf{R}^2$ 是最简单的曲面, 它由所有点 $X = (x_1, x_2)$ 组成, 其中 x_1, x_2 为实数. 类似地, 可以定义 Euclid 空间 $\mathbf{R}^3$. 尽管 Euclid 平面很简单, 但它有一点不一般, 那就是你无法将它尽收眼底, 也就是说它是无界的.

另一个简单曲面可能就要数单位球面了. 打过篮球, 或者吹过肥皂泡的人都知道球面长什么样. 数学上可以把球面定义为 $\mathbf{R}^3$ 中满足下列方程的解的集合

$$x_1^2 + x_2^2 + x_3^2 = 1.$$

球面是有界的, 也就是说一眼可以看到它的全部. 但是球面有一个不简单的特征: 它是弯曲的. 另外, 定义它需要更高维的空间 $\mathbf{R}^3$.

正方形环面是平面与球面的折中. 一方面, 它与球面一样是有界的; 但另一方面, 它又跟平面一样是平坦的. 按照图 1.1 所示的方法黏合正方形的两对对边就得到一个环面.

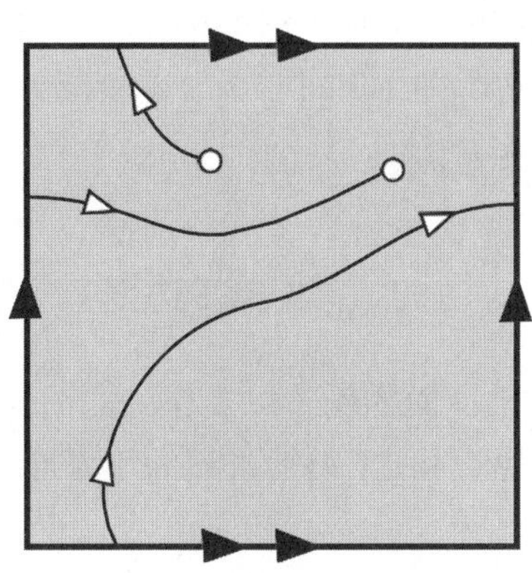

图 1.1: 正方形环面

我们暂且不给出黏合的严格定义, 只给出形象的解释. 假想一个 2 维空间的生物体, 不妨叫它"虫子", 当它爬到正方形顶边时, 就会神秘地在底边同一位置重新出现. 类似地, 当它爬到正方形的右边时, 就会神秘地出现在左边相同位置. 图 1.1 中所画的一条连续曲线进一步说明了什么叫黏合. 在第 3.3 节我们将给出黏合的严格定义.

乍一看, 正方形环面似乎有边缘, 但这是个错觉. 正方形内部的点周围看起来和平面一样. 一只趴在正方形靠近中心位置的近视眼虫子不会知道它其实是在环面上.

假设该虫子趴的地方恰好在正方形环面的上下边. 首先, 它既在上边又在下边, 因为这一对边已经黏合在了一起. 往下看, 这只虫子能看到半个圆盘; 往上看, 它看到的仍是半个圆盘. 这两个半圆盘黏合在一起成了整个圆盘, 因此该虫子仍然会认为自己在 Euclid 平面上. 这个解释适用于正方形边上任何一点.

不过, 顶点处的情形有点复杂. 假设该虫子恰好在正方形的顶点处. 首先, 因为 4 个顶点要黏合在一起, 所以该虫子其实同时位于 4 个顶点处. 它朝不同方向看去, 看到的都是四分之一圆盘, 而它们黏合起来就成了整个圆盘. 因此, 即使该虫子在顶点处, 它也照样以为自己在 Euclid 平面上.

在略去大量细节的前提下, 我们刚刚等于证明了正方形环面没有边缘. 它上面每点周围看起来跟 Euclid 平面一样是平坦的. 同时, 与球面相类似, 正方形环面是有界曲面.

环面是个很好的例子, 值得严格仔细的讨论. 首先需要回答的问题是: 什么是曲面? 在第 2 章, 我们将给出它的定义. 大致来说, 曲面是每点局部看着都与 Euclid 平面"相像"的空间. 我们不想把"相像"的要求定得太苛刻. 比如说, 虽然一小片球面与一小片平面并非完全一样, 我们仍然认为它们彼此"相像". 我们将把"与平面相像"的要求定得足够宽松, 使得球面以及其他许多几何对象都可以看作是曲面.

1.2 黏合多边形

在第 3 章我们将给出曲面的例子以及作为曲面高维推广的流形的例子. 我们使用的主要工具是黏合构造, 前面讲过的正方形环面的黏合是这一系列构造的一个例子.

想象一下, 将图 1.2 中的六边形如图所示进行黏合. 即, 将标号为 1 的两边按相同箭头方向黏合起来, 类似地, 将标号为 2 和 3 的两对边也分别黏合.

图 1.2 可以看作图 1.1 的一个变形. 这个六边形有左右边, 有上下边, 上下边分别由两条线段组成. 当左右边, 上下边黏合之后, 得到的曲面跟平坦环面很相似. 如果一只虫子在上面爬来爬去, 它不会遇到边界. 另外, 如果这只虫子在图 1.2 中的白点处原地转一圈, 它会发现自己转过的角度不超过 360°, 因为白点处的内角和小于 360°. 相反地, 如果该虫子在黑点位置原地转一圈, 它转过的角度就会超过 360°. 因此, 该虫子不会以为自己生活在 Euclid 平面上. 但是, 在我们的定义下, 图 1.2 黏合的曲面与平坦环面被看作同一个曲面.

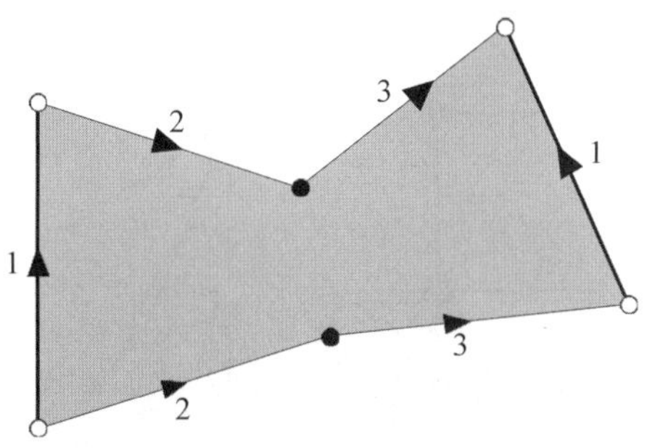

图 1.2: 又一个环面

图 1.3 给出另一个曲面的例子, 它由正八边形四组对边黏合而成. 该曲面与正方形环面类似, 不同之处在于这里是将 8 个拐角而不是 4 个拐角相黏合. 一只近视眼虫子趴在除了 8 个拐角的黏合点之外的任何地方都会觉得自己就在平面上, 而在 8 个拐角的黏合点处它原地转一圈需要转 720°.

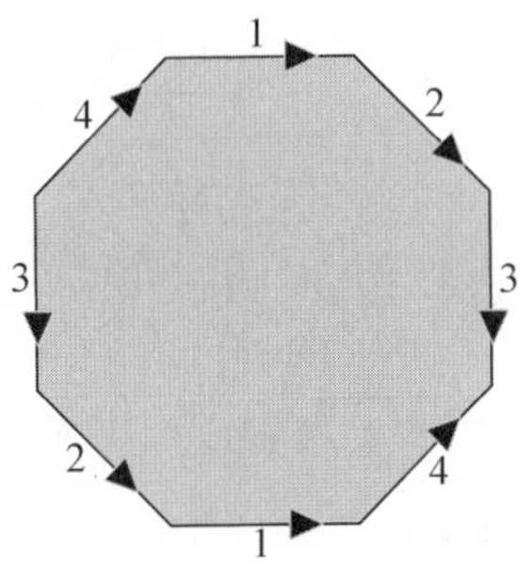

图 1.3: 黏合八边形

这个曲面今后会更详细研究. 它可以看作是继球面与环面之后的下一个新曲面. 在本章中我们暂且称它为八边形曲面 (通常称它为亏格为 2 的曲

面). 类似地, 对于 $n = 5, 6, \cdots$ 通过黏合正 $2n-$ 边形对边可以构造出一系列新曲面.

1.3 在曲面上画曲线

上一节给出了曲面定义并且讨论了一些例子, 现在来研究这些曲面的性质. 在曲面上可以做的最自然的事就是将其分成许多小片, 然后进行适当计数. 图 1.4 给出正方形环面的两种细分. 这里的分割线省略了箭头, 我们假定左右边相黏合, 上下边相黏合.

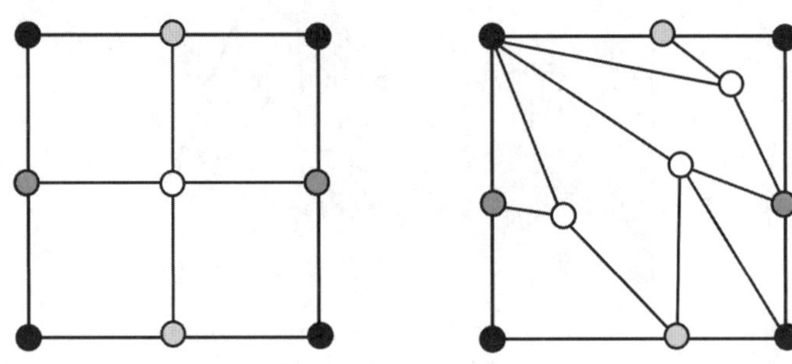

图 1.4: 将环面分割成面

左边的分割共有 4 个面, 8 条边和 4 个顶点. 看起来它的边数不止 8 条, 但是边界上的边被黏合在了一起, 因此这些边只能算半条边. 顶点的计算也是类似. 我们有

$$\text{面数} - \text{边数} + \text{点数} = 4 - 8 + 4 = 0.$$

对于右边的分割, 我们有

$$\text{面数} - \text{边数} + \text{点数} = 8 - 14 + 6 = 0.$$

无论怎样分割正方形环面, 计算结果都一样. 这个结果称为环面的 Euler 公式. 我们将在第 3.4 节详细介绍该公式.

你一定同意, 将正方形环面换成长方形环面结果应该一样. 同样地, 将图 1.2 的六边形黏合, 结果仍然不变. 所有这些曲面的 Euler 示性数均为 0.

球面与环面不同. 比如, 把球面想象成充气的正方体, 我们有

$$\text{面数} - \text{边数} + \text{点数} = 6 - 12 + 8 = 2.$$

把球面想象成充气的四面体, 我们有

$$\text{面数} - \text{边数} + \text{点数} = 4 - 6 + 4 = 2.$$

把球面想象成充气的二十面体, 我们有

$$\text{面数} - \text{边数} + \text{点数} = 20 - 30 + 12 = 2.$$

球面的 Euler 公式告诉我们, 在非常弱的条件下, 结果永远是 2. 可以看出, 对前面提及的所有长得像球面的曲面结果都一样.

对八边形曲面进行分割可以算出其 Euler 示性数为 -2. 你能否猜出正 $2n$-边形曲面的 Euler 示性数?

另一件在曲面上可以做的事就是画闭路, 也就是闭曲线, 然后研究它们如何在曲面上变动.

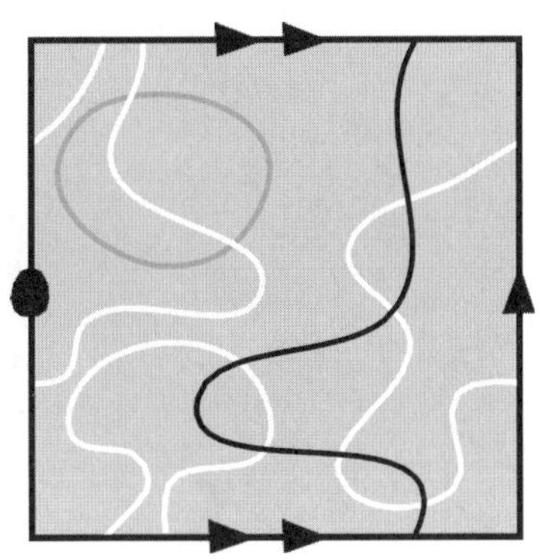

图 1.5: 环面上的闭路

图 1.5 展示了正方形环面上的三条闭路, 一条白的, 一条灰的, 一条黑的. 黑的闭路与另两条有本质区别. 假设这些闭路都是橡胶做的, 可以连续收缩, 那么灰色的和白色的闭路都可以收缩成一点, 而黑色的闭路不能. 它被卡住了, 无论怎么移动, 都无法变得更短. 这样的闭路称为本质闭路. 环面上有许多本质闭路, 图 1.6 的左图画的就是另一条本质闭路. 球面则不存在本质闭路.

在第 4 章我们将看到, 每个曲面上都有一个代数结构, 称为基本群. 它赋予曲面全体闭路一个代数结构. 基本群的妙处在于它将曲面与代数, 特别是群论, 联系在一起. 关于它有个漂亮定理: 两个曲面有相同 Euler 示性数当且仅当它们有相同的基本群. Euler 示性数和基本群是代数拓扑这一庞大学科的起点.

系统介绍代数拓扑学不是本书的目的, 但是我们将详细介绍基本群及其相关构造. 第 4 章给出基本群的定义. 第 5 章给出计算基本群的例子.

1.4 覆叠空间

有个很好的办法可以将环面上的本质闭路展开. 大家别忘了正方形环面是由正方形黏合得来的. 假定正方形的 4 个顶点坐标分别为 $(0,0),(0,1),(1,0)$ 以及 $(1,1)$. 给定一条本质闭路, 在正方形上选定该闭路的一个对应点, 假设是原点 $(0,0)$. 从这点出发沿着该闭路黏合之前的方向画一条长度与该闭路相等的线段, 这样我们就将一条闭路展开成了一条线段. 图 1.6 给出了一个具体例子. 左边的本质闭路通过这个方法展开成了右边联结 $(0,0)$ 与 $(3,2)$ 的线段.

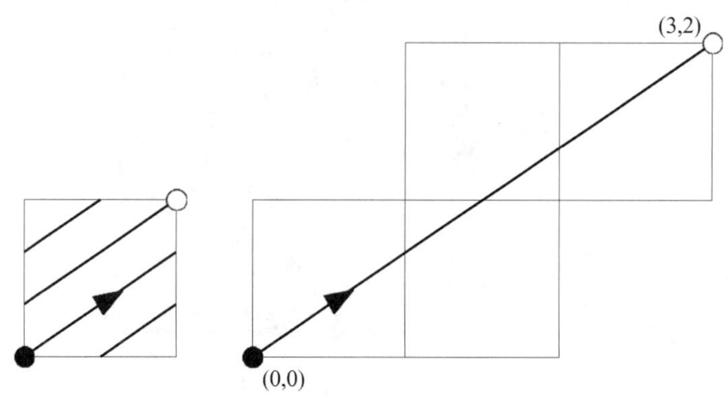

图 1.6: 展开环面上的一条闭路

反过来, 一条联结 $(0,0)$ 与整坐标点 (m,n) 的线段通过黏合给出一条本质闭路. 在一定意义下, 从原点出发的闭路与平面上整格点 $\mathbf{Z}^2$ 一一对应. 有下面的基本结论: 两条分别对应于 $(m_1,n_1),(m_2,n_2)$ 的本质闭路 L_1, L_2 能够连续变化成对方当且仅当 $(m_1,n_1)=(m_2,n_2)$.

在第 6 章和第 7 章我们将证明这种展开闭路的方法适用于任何曲面. 环面上本质闭路的等价类与平面上整格点一一对应. 人们自然会问: 对于一般曲面是否有类似的结论? 答案是肯定的. 事实上, 结论更加有趣. 例如八边形曲面. 只不过此时需要在大家不熟悉的双曲空间中来画图演示了. 主要原因是八边形曲面以及许多其他曲面的几何是双曲几何, 而正方形环面的几何是 Euclid 几何, 球面的几何为球面几何.

Euclid 几何、球面几何、双曲几何将分别在第 8, 9, 10 章讨论. 我们的主要目的是要搞清楚不同类型的几何如何与曲面相互关联, 同时也顺便证明一些经典的几何结论, 比如与 Euler 公式有关的 Pick 定理, 以及双曲三角形及球面三角形的内角和公式.

Euclid 几何、球面几何, 以及双曲几何是二维 Riemann 几何的 3 个最具有对称性的特例. 我们将在第 11 章介绍 Riemann 几何, 从而将这三种几何纳入到统一的框架之中.

1.5　双曲几何与八边形

回到八边形环面上本质闭路的展开问题上来. 八边形环面上有一个特殊点, 所以它不像正方形环面看起来那么自然, 但是它与双曲几何非常搭配, 就如同正方形环面与 Euclid 几何非常搭配一样.

我们已经提过要在第 10 章详细介绍双曲几何, 所以这里只做简单描述. 双曲曲面的模型之一是单位开圆盘. 在单位开圆盘上可以定义距离, 使得两点之间的最短距离为经过这两点并且与圆盘边界垂直的圆弧长度. 这些圆弧称为测地线, 图 1.7(a) 显示了 3 条双曲平面测地线. 单位圆盘的边界不属于双曲平面. 这 3 条测地线均为无限长. 生活在双曲平面上的虫子无论朝哪个方向看都看不到尽头.

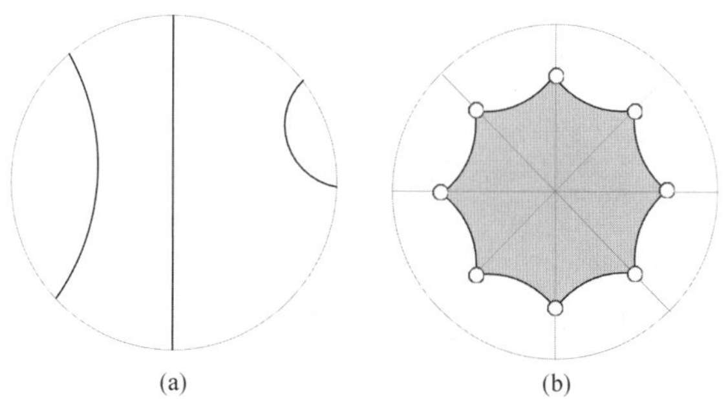

图 1.7: 粘合八边形

双曲平面与 Euclid 平面有许多共同特点: 任意两点间存在唯一测地线, 任意两条测地线至多有一个交点. 此外, 双曲平面是完全对称的: 从任何一个方向看过去都一样. 生活在不带任何标志的双曲平面上的虫子将无法知道自己究竟在哪里.

另外, 双曲平面与 Euclid 平面又有许多重要的不同之处. 比如, 由 3 条测地线构成的双曲三角形内角和小于 $180°$, 或者说 π.

正双曲八边形的每个内角可以是小于 $3\pi/8$ 的任何角. 图 1.7(b) 给出了一个正双曲八边形的例子.

通过调整正双曲八边形的大小可以使得其内角正好为 $\pi/4$ (译注: 原文有误), 然后将该双曲八边形剪下来, 再按照图 1.3 的方式对边黏合起来, 得到的曲面在双曲度量下没有任何缝隙. 一只生活在该曲面上的近视眼虫子无法知道自己生活的曲面其实并非双曲平面. 把内角选成 $\pi/4$ 是为了保证 8 个双曲拐角正好黏合成一个双曲圆盘, 就如同一张切成八块的披萨饼一样. 我们将在第 12 章更加详细地介绍这一构造.

对于正双曲 $2n$–边形有类似的构造, 得到的曲面都与双曲几何完美相容, 正如正方形环面与 Euclid 几何彼此相容一样.

我们可以将 Euclid 平面用单位正方形密铺, 这些正方形的顶点恰好是所有整数格点. 同样地, 我们可以用双曲八边形密铺整个双曲平面. 在开圆盘上画出来, 类似于 M. C. Escher 的题为《圆周》的系列木刻. 在 Euclid 空间看, 越靠近圆盘边界的八边形就越小, 而在双曲度量下它们全都相等.

这些双曲八边形的顶点就好比是双曲平面中的整点, 它们与八边形环面的本质闭路等价类一一对应. 类似的结论对正双曲 $2n$–边形, $n = 4, 5, 6, \cdots$, 也成立. 事实上, 这一构造对所有 Euler 示性数为负的曲面都成立: 这些曲面上的本质闭路由双曲平面上的格点全体给出. 第 12 章将对此详加说明.

1.6 复分析与 Riemann 曲面

有一种几何, 它统一了 Euclid 几何、球面几何以及双曲几何, 这就是 Möbius 几何, 又名共形几何. 这是一种建立在 Riemann 球面上的几何. Riemann 球面是指集合 $\mathbf{C} \cup \{\infty\}$, 其中 $\mathbf{C}$ 为复平面, ∞ 为 $\mathbf{C}$ 之外的无穷远点. 首先建立等价:

- Euclid 平面与 $\mathbf{C}$ 等价.

- 双曲平面等价于复单位开圆盘 $\{z \in \mathbf{C} | \, \|z\| < 1\}$.

- 通过球极平面投影

$$(x_1, x_2, x_3) \to \left(\frac{x_1}{1-x_3}\right) + \left(\frac{x_2}{1-x_3}\right)\mathrm{i}, \quad (0,0,1) \to \infty.$$

球面等价于 $\mathbf{C} \cup \{\infty\}$. 关于球极平面投影, 参见第 9.5 节.

当这些等价建立起来之后, 几何对象的对称性由形如

$$z \to \frac{az+b}{cz+d}, \quad a,b,c,d \in \mathbf{C}, \quad ad-bc=1 \tag{1.1}$$

的映射给出.

我们将在第 10.1 节详细介绍这些映射. 添加无穷远点的目的是保证当分母 $cz+d=0$ 时, $\frac{az+b}{cz+d}$ 可以定义为 ∞. 式子 1.1 中的条件是为了确保该映射将单位圆盘映为单位圆盘.

这些变换称为分式线性变换, 或者 Möbius 变换, 它是复解析函数的典型例子. 复解析函数是从 $\mathbf{C}$ 到 $\mathbf{C}$ 的连续映射, 其在任何一点处的偏导矩阵均为相似变换, 即一个旋转加一个伸缩. 这种对偏导数的限制产生了一类极其丰富的函数, 这些都是复分析课上的内容. 第 13 章将对复分析的基础知识做个介绍, 重点讨论它在曲面研究中的应用. 第 14 章和第 15 章将对一些特殊复解析函数做进一步讨论.

返回到多边形的黏合上来. 我们可以将曲面看作由 $\mathbf{C}$ 的片段黏合而成. 这就引出了 Riemann 曲面的概念. 我们将在第 16 章进一步介绍. 你可以把 Riemann 曲面看成局部复解析的, 就好比正方形环面是局部 Euclid 的, 八边形环面是局部双曲一样. 引进 Riemann 曲面的概念之后, 我们可以在它上面做复分析, 就像在 $\mathbf{C}$ 或者 $\mathbf{C} \cup \{\infty\}$ 上一样.

从复分析角度来处理曲面乍看起来与之前的几何观点相去甚远. 实际上, 两者极其相似. 它们之所以联系紧密是因为 Möbius 变换是一个非常特别的复解析函数. 下面的 Schwarz-Pick 定理就是一个例子.

定理 1.1. 设 f 为从圆盘到圆盘的复解析函数. 如果 f 既单且满, 那么 f 为 Möbius 变换, 从而是双曲等距变换.

定理 1.1 是 Poincaré 单值化定理的一部分. 该定理给出 Euclid 几何、球面几何、双曲几何与 Riemann 曲面的完全对应. 它的证明超出了本书范围. 第 16 章将对其含义及推广做进一步解释.

1.7 锥形曲面与平移曲面

我们不止一次提到八边形曲面不像正方形环面那样与 Euclid 几何相容, 我们也花时间解释了从双曲几何的角度来看八边形曲面的好处. 在第 17 章我们将再次回到起点, 重新在 Euclid 几何的角度下审视八边形曲面以及与它有关的其他曲面.

假设按图 1.2 那样黏合多边形且假定黏合在一起的边有相同长度, 得到的曲面除了有限个点之外, 在局部上与 Euclid 平面没有区别. 生活在这几个点附近的虫子会发现问题: 它转一圈转的角度不是 2π. 这些点称为锥点, Euclid 锥面是除了有限个锥点外处处平坦的曲面.

在讨论由图 1.2 黏合而成的环面时, 我们提到在黑白两点处虫子旋转角度的问题. 在黑点处, 虫子转一圈转过的角度大于 2π, 记为 $2\pi+\delta_1$. 在白点处, 转一圈转过的角度小于 2π, 记为 $2\pi-\delta_2$. δ_1, δ_2 称为在这些特殊点处的角度误差.

δ_1 和 δ_2 的大小取决于该六边形. 将六边形内角相加可以得出 $\delta_1=\delta_2$, 即角度误差之和为 0. 这个结论对于 Euler 示性数为 0 的 Euclid 锥面都成立. 更一般地, Euler 示性数为 χ 的曲面角度误差之和为 $2\pi\chi$. 这一结论称为组合 Gauss-Bonnet 定理, 它是第 17 章要介绍的主要定理之一.

第 17 章的另一个内容是 Euclid 锥面在多边形台球游戏中的应用. 人们发现研究一个无穷小台球在无摩擦的内角为 π 有理倍数的多边形台球桌上滚动的轨迹与某些 Euclid 锥面有关. 通过研究这些锥面可以明白多边形台球该如何来玩.

与多边形台球相关的 Euclid 锥面比较特殊, 它们被称为平移曲面. 平移曲面是在锥点角度差为 π 的整数倍的 Euclid 锥面. 正方形环面是平移曲面的典型例子, 但是这个例子太过简单. 八边形环面是个更好的例子, 它从 Euclid 几何角度来看是平移曲面, 有唯一的锥点, 在锥点处的角度差之和为 4π. 平移曲面比一般锥面有更好的性质, 原因有几个, 其中之一是在平移曲面上可以谈论方向而不会引起歧义. 第 18 章将详细讨论平移曲面.

1.8 模群与 Veech 群

我们有些偏离了双曲几何与复分析这一话题. 事实上, 平移曲面与双曲几何以及复分析有密切关系. 重新回到正方形环面. 形如

$$T(x,y)=(ax+by, cx+dy), \quad a,b,c,d\in\mathbf{Z}, \quad ad-bc=1 \tag{1.2}$$

的线性变换在正方形环面上的作用可以分成 4 步:

(1) 选取正方形环面上一点 p 作为起点.

(2) 选取点 (x, y) 使得 p 表示所有与 (x, y) 黏合的点的集合.

(3) 在 $T(x, y)$ 的坐标上减去整数后使得结果 (x', y') 落入单位正方形中.

(4) $T(x, y)$ 的象 p' 是所有与 (x', y') 黏合的点.

以上步骤中 p' 不唯一但这不影响线性变换的合理性.

因此, 任何行列式为 1 的 2×2 的整系数矩阵给出正方形环面上的一个变换, 该变换局部上与线性变换没有区别. 所有这样的映射构成群, 称为模群. (1.2) 中的映射与 Möbius 变换具有相同形式. 将映射 (1.2) 看作 Möbius 变换, 我们可以将模群理解为双曲平面上的对称群.

模群的概念在数学中异常重要, 以至于虽然它的一些性质与曲面没有直接关系, 我们还是忍不住介绍一下. 比如在第 19 章, 我们将介绍连分数及其与模群及双曲几何的关系. 第 22 章 Banach-Tarski 定理的主要证明工具就是模群. 在选择公理之下, 该定理断言: $\mathbf{R}^3$ 的单位球可以切成有限块, 然后重新拼合成一个半径 100 000 的实心球. 这一结论虽然与曲面关系不大, 但它实在太漂亮了, 它是模群在不同数学分支中应用的具体例子.

回到平移曲面这一话题. 第 18 章指出: 任何一个平移曲面对应一个双曲曲面上的对称群, 称为平移曲面的 Veech 群. Veech 群常常要么平凡, 要么只包含有限个元素. 但对于一些特殊例子, Veech 群不仅包含很多元素, 而且还有漂亮的结构. 例如整八边形曲面的 Veech 群, 它可以用来指导我们如何使用内角为 $0, 0, \pi/8$ 的测地三角形来密铺双曲平面. 这将是第 18 章最精彩的内容.

1.9　模　空　间

正方形环面不是唯一没有锥点的平移曲面. 第 20 章考虑类似图 1.1 的所有单位面积平行四边形黏合而成的曲面全体 $\mathcal{M}$. 这些平行四边形环面与正方形环面一样是没有锥点的平移曲面. 它们上面每一点都是平坦的, 生活在上面的近视眼虫子感觉不到这些曲面与 Euclid 平面有任何不同.

另外, 这些曲面从几何上看非常不同. 比如, 一个又细又长的长方形环面的半径比正方形环面的要大很多. 还有, 前者上面有一条非常短的本质闭路, 而正方形环面的本质闭路长度至少为 1. 我们将 $\mathcal{M}$ 看成一个空间, 上面的每一个点都是一个平坦环面. $\mathcal{M}$ 称为平坦环面的模空间. 第 20 章讨论 $\mathcal{M}$ 及其相关内容.

令人吃惊的是, $\mathcal{M}$ 自己竟然也是一个曲面, 而且除了两个特殊点之外, 该曲面是双曲曲面. 再次重申: 单位面积平行四边形环面全体, 除了两个特殊点外, 构成一个局部等距于双曲平面的曲面. 其中一个特殊点是正方形环面, 另一个是两个正三角形拼成的菱形环面. 从覆叠空间角度来说, 可以把双曲平面上的格点与 $\mathcal{M}$ 联系起来. 模群是这个格集上的对称群, 由此, 在讨论单位面积平坦环面的模空间 $\mathcal{M}$ 时, 再一次用到了模群.

对于八边形环面可以做类似的讨论. 可以黏合正八边形得到八边形环面, 也可以黏合其他双曲八边形得到一个局部双曲的具有相同 Euler 特征数的曲面. 这样的曲面全体构成 $\mathcal{M}$ 的高维推广, 也称为模空间. 这时的 $\mathcal{M}$ 不是一个曲面, 但它具有类似双曲曲面的性质.

第 20 章还介绍了 Teichmüller 空间的概念. 它与高维模空间的关系类似于双曲平面与 $\mathcal{M}$ 的关系. Teichmüller 空间与双曲曲面有一些相同的性质, 但是要难懂得多, 而且没有多少对称性. Teichmüller 空间的对称群称为映射类群, 它与负 Euler 示性数曲面的关系就如同正方形环面与模群的关系. 我们将在第 21 章对 Teichmüller 空间进行更深入的讨论.

1.10 更多精彩

本书有些内容纯属我的个人喜好. 第 22 章给出 Banach-Tarski 悖论的证明, 其精彩之处在于用到了模群, 由此看出 Banach-Tarski 悖论与双曲几何有关.

第 23 章给出了 Dehn 分拆定理的证明. 该定理断言: 不可能将一个正方体用平面切成有限份, 重新组装成一个正四面体. 这个定理的证明用到了分拆技巧. 这一技巧在证明组合 Gauss-Bonnet 定理以及其他结论时都要用到. 这里算是小试牛刀. 多面体分拆在 2 维的情形相当稳定, 但是高维的情形则完全不同.

第 24 章给出 Cauchy 刚性定理的证明. 该定理断言: 至多有一种方法将一堆凸多边形拼成一个大的凸多边形. 证明要用到球面几何以及组合 Gauss-Bonnet 定理.

第 1 部分

曲 面 拓 扑

第 2 章　曲面的定义

上一章简单介绍了曲面的概念, 本章给出严格定义.

定义 2.1. 曲面是一个度量空间 X, 其上任意一点都存在邻域与平面同胚.

如果读者不熟悉定义中的某些术语, 请不必担心, 本章的目的就是解释它们的含义. 在本章末尾, 我们也会对高维曲面, 或者叫流形, 做简单介绍.

2.1　集　　合

集合对我们来说是个新概念. 大致来说, 集合是一些被称为元素的东西的全体. 许多有关集合理论的书, 比如 [DEV], 会介绍集合的各种性质. 我们要求读者熟悉以下集合:

- 整数集 $\mathbf{Z}$.
- 自然数集 $\mathbf{N} = \{1, 2, 3, \cdots\}$.
- 实数集 $\mathbf{R}$.

从集合 A 到 B 的映射 f 是一个法则: A 中每一个元素 a 对应 B 中一个元素 $b = f(a)$, 通常记为 $f : A \to B$. 如果 $f(a_1) = f(a_2)$ 时必有 $a_1 = a_2$, 那么映射 f 称为单射. 如果集合 $\{f(a)|a \in A\} = B$, 那么映射 f 称为满射. 如果映射既单又满, 那么称为双射. 如果两个集合之间存在双射, 那么称这两个集合一一对应. 本书考虑的所有集合要么与有限集, 要么与自然数集, 要么与实数集一一对应.

集合 A 和 B 的乘积 $A \times B$ 是所有形如 $(a, b), a \in A, b \in B$ 的元素组成的集合. 特别地, $\mathbf{R}^2 = \mathbf{R} \times \mathbf{R}$ 表示平面.

2.2 度量空间

度量空间是一个集合 X, 带有映射 $d: X \times X \to \mathbf{R}$, 满足下列性质:

- 非退化性: 对所有 x, y, $d(x, y) \geq 0$, 其中等号成立当且仅当 $x = y$.
- 对称性: 对所有 x, y, $d(x, y) = d(y, x)$.
- 三角不等式: 对所有 x, y, z, $d(x, z) \leq d(x, y) + d(z, y)$.

这里 d 称为 X 上的度量. X 上可以有许多不同度量.

以下是一个平凡度量空间的例子. 给定集合 X. 如果 $x = y$, 定义 $d(x, y) = 0$; 如果 $x \neq y$, 定义 $d(x, y) = 1$. 该度量称为 X 上的离散度量.

习题 2.1. 设 $X = \mathbf{R}^2$. 任给 $V = (v_1, v_2), W = (w_1, w_2) \in X$, 定义点积

$$V \cdot W = v_1 w_1 + v_2 w_2,$$

并且定义 $\|V\| = \sqrt{V \cdot V}$, 最后定义 $d(V, W) = \|V - W\|$. 证明 d 为 $\mathbf{R}^2$ 上的度量, 称为 $\mathbf{R}^2$ 上的 Euclid 度量, 或者标准度量.

设 X 为度量空间, $Y \subset X$ 为其子集, 则 X 上的度量限制在 Y 上自动给出 Y 上的度量. 例如, 平面的任何子集均可以看作习题 2.1 中标准度量下的度量空间.

习题 2.2. 在 $\mathbf{Z}$ 上定义 $d(m, n) = 2^{-k}$, 其中 k 满足 2^k 整除 $|m - n|$, 但是 2^{k+1} 不整除 $|m - n|$, 且定义 $d(m, m) = 0$. 例如: $d(3, 7) = 2^{-2} = \frac{1}{4}$, 因为 2^2 整除 $|3 - 7| = 4$, 但是 2^3 整除 4. 证明: d 是 $\mathbf{Z}$ 上的一个度量, 称为 2–进制度量. 该度量与整数集上的标准度量有很大区别.

2.3 开集与闭集

设 X 为带有度量 d 的度量空间. X 中的一个开球是指形如 $\{x | d(x, c) < r\}$ 的集合, 这里 c 为球心, r 为半径. 若 U 中每个元素 x 都存在某个开球 B_x, 使得 $x \in B_x$ 且 $B_x \subset U$, 则称 U 为 X 中的开集. 显然开球是开集.

习题 2.3. 证明两个开集的交集也是开集. 证明任意多个开集的并集是开集.

以下为一些术语和记号, 学过实分析的读者不会感到陌生.

- 记号 $X-A$ 表示 A 在 X 中的补集, 即 X 中不属于 A 的元素全体.
- X 中一点 x 的邻域指的是一个包含 x 的开集 $U\subset X$. 比如, 以 x 为心, r 为半径的开球是 x 一个非常好的邻域.
- 集合 $A\subset X$ 的内点集是所有 A 的开子集的并集. 根据习题 2.3, A 的内点集是开集, 有时记为 A°.
- 若 $X-C$ 为开集, 则集合 $C\subset X$ 称为闭集.
- 集合 $A\subset X$ 的闭包为集合 $\bar{A}=X-(X-A)^\circ$. 换句话说, $\bar{A}$ 为包含 A 的最小闭集.
- 集合 A 的边界是指 $\partial A=\bar{A}-A^\circ$.
- 若 $\bar{A}=X$, 则集合 A 称为 X 的稠密子集. 比如有理数集是实数集的稠密子集.

2.4　连续映射

两个度量空间之间的映射是它们作为集合的映射. 映射的连续性有两个彼此等价的定义, 第一个更简洁, 第二个更常见.

定义 2.2. 给定映射 $f:X\to Y$. 如果对于 Y 的任意开集 V, 集合 $U=f^{-1}(V)=\{x|f(x)\in V\}$ 均为 X 的开集, 那么称映射 f 连续.

定义 2.3. 先定义映射 $f:X\to Y$ 在点 x 处连续: 如果对于任意 $\epsilon>0$, 存在 $\delta>0$, 使得当 $d_X(x,x')<\delta$ 时, 必有 $d_Y(f(x),f(x'))<\epsilon$, 那么称 f 在点 x 处连续. 这里 d_X 与 d_Y 分别为 X 与 Y 上的度量. 如果 f 在 X 中每点都连续, 那么称 f 为 X 上的连续映射.

习题 2.4. 证明以上两个定义彼此等价.

给定 3 个度量空间 X,Y,Z, 以及映射 $f:X\to Y, g:Y\to Z$. 复合映射 $h=g\circ f$ 定义为 $h(x)=g(f(x))$, 从而 h 为从 X 到 Z 的映射.

引理 2.1. 两个连续映射的复合也是连续映射.

证明. 用定义 2.2 来证明更方便. 设 W 为 Z 的开集, 我们要证明 $h^{-1}(W)$ 为 X 的开集. 注意到 $h^{-1}(W)=f^{-1}(V), V=g^{-1}(W)$. 因为 g 连续, 所以 V 为开集; 又因为 f 连续, 所以 $f^{-1}(V)$ 为开集, 即 $h^{-1}(W)$ 为开集. 因为 W 是任意的, 所以 h 为连续映射. □

习题 2.5. 构造满足下列条件的从度量空间 X 到度量空间 Y 的映射 f:

- f 为双射.
- f 为连续映射.
- f 的逆映射 f^{-1} 不连续.

这是一道经典习题.

2.5 同 胚

给定两个度量空间 X, Y. 如果映射 $h : X \to Y$ 为双射, 且 h 与 h^{-1} 都连续, 那么称 h 为同胚. (对比习题 2.5.) 如果空间 X 和 Y 之间存在同胚映射, 那么称 X 与 Y 同胚. 直观来讲, 两个集合同胚意味着可以将其中一个变形成为另一个. 通常我们不在意使用的是什么度量. 之所以提到度量, 其实是为了说清楚连续和开集的意义. 一个避开度量的做法是引进拓扑空间的概念. 某种意义上, 拓扑空间比度量空间更方便、更灵活, 当然也更抽象. 对此感兴趣的读者可以参考点集拓扑的书 [MUN].

肉眼看上去非常不同的集合也可以彼此同胚. 下面的习题便是个例子.

习题 2.6. 证明标准度量下平面的下列子集彼此同胚:

- 开圆盘.
- 三角形内部.
- 平面本身.

习题 2.7. 给定 $\mathbf{R}$ 的标准度量 $d(x, y) = |x - y|$. 证明 $\mathbf{R}$ 与带有标准度量的 $\mathbf{R}^2$ 不同胚.

习题 2.8. (此题较难) 仿照习题 2.1, 给出 $\mathbf{R}^3$ 上的一个度量. 证明 $\mathbf{R}^2$ 与 $\mathbf{R}^3$ 不同胚. 事实上, 当且仅当 $m = n$ 时, $\mathbf{R}^m$ 与 $\mathbf{R}^n$ 同胚. 此类结论的证明已经属于代数拓扑的范畴了.

2.6 紧 致

有时我们会用到紧致的概念. 度量空间 X 的一个开覆盖是指 X 上开子集组成的一个集合 $\{U_\alpha\}$, 其元素的并集为 X. 一个覆盖的子覆盖是指 $\{U_\alpha\}$

的一个子集, 其元素的并集仍为 X. 有限子覆盖是指 $\{U_\alpha\}$ 的一个有限子集, 其元素的并集为 X.

定义 2.4. 如果度量空间 X 的任何一个开覆盖都存在有限子覆盖, 那么称 X 为紧致空间.

对 Euclid 空间的子集来说, 紧致的概念很好理解. 当 X 为 Euclid 空间子集时, X 是紧致的当且仅当 X 为闭集且包含在某个球的内部. 该结论称为 Heine-Borel 定理.

紧致的概念最初与连续映射相关. 设 X 与 Y 同胚, 则 X 紧致当且仅当 Y 紧致. 下面我们证明一个结论, 以此显示紧致这一工具的威力.

引理 2.2. 给定连续函数 $f: X \to \mathbf{R}$. 如果 X 是紧致的, 那么 f 为有界函数.

证明. 记 $U_n = f^{-1}((-n, n))$. 因为 f 连续, 所以 U_n 为开集. 显然 $\{U_n\}$ 为 X 的开覆盖. 因为 X 紧致, 所以存在一个有限子覆盖. 记 U_N 为该子覆盖中最大的开集, 则在 X 上有 $|f| \le N$. □

2.7　曲　　面

回到定义 2.1. 给定曲面 X. 这意味着 X 首先是个度量空间, 从而可以谈论 X 上的开集、闭集以及从 X 到另一个度量空间的连续映射. 其次, 要成为曲面, X 还要满足其上任何一点 $x \in X$ 都存在一个邻域 U 同胚于 $\mathbf{R}^2$. 可以把 U 想象成一个包含 x 的小的开圆盘, 因此在 X 的任何一点局部看起来都像是平面. 这就是在第 1.1 节提到的曲面的严格定义.

习题 2.9. $\mathbf{R}^3$ 中单位球 S^2 定义为集合 $\{(x, y, z) | x^2 + y^2 + z^2 = 1\}$. 该集合上带有 $\mathbf{R}^3$ 上的标准度量. 证明: S^2 为一个曲面. 即, 对于 S^2 上任意一点 x, 需要找出一个开集 $U_x \subset S^2$, 及映射 $f_x : U_x \to \mathbf{R}^2$, 使得 f_x 为同胚. (提示: 利用对称性, 只需要在一点处找出这样的邻域即可.)

习题 2.10. 考虑 $\mathbf{R}^4$ 的子集

$$T^2 = \{(x, y, z, w) | x^2 + y^2 = 1; z^2 + w^2 = 1\}.$$

该集合上带有 $\mathbf{R}^4$ 的标准度量. 注意 T^2 为两个圆周的乘积. 证明 T^2 为一个曲面, 通常称为环面. (提示: 利用对称性.) 弄明白黏合构造之后, 可以看出 T^2 与上一章提到的正方形环面同胚.

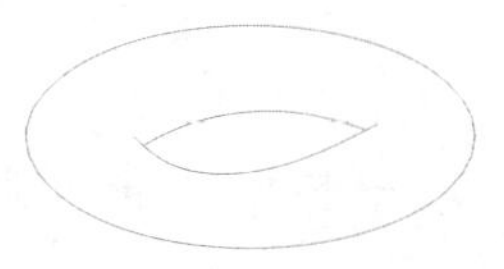

图 2.1: 环面

下一章将构造更多各式各样的曲面.

2.8 流　　形

流形本质上是高维曲面. 虽然本书主要讨论曲面, 但为了方便感兴趣的读者, 我们还是利用这一节来介绍一下流形. 只对曲面感兴趣的读者可以跳过本节.

定义 2.5. $n-$维流形是一个度量空间, 其每点处都存在一个邻域同胚于 $\mathbf{R}^n$.

注记: 以上定义不是最标准的流形定义. 流形的通常定义中用的不是度量空间, 而是 Hausdorff 空间. 不过大多数情形下, 两种定义得到的流形是一致的. 我们假定流形是度量空间是因为它更加具体.

本节末尾将给出一个流形的漂亮例子. 在这之前要先介绍一个获得流形的工具. 该工具就是隐函数定理, 它是多元微积分里的经典结论. 隐函数定理的最一般形式及其证明可以在任何一本高等微积分的课本中找到, 比如 [SPI]. 本节证明该定理的一个特例. 尽管说是特例, 但是也足够我们得到许多不同的流形.

给定连续函数 $f:\mathbf{R}^{n+1}\to\mathbf{R}$. 假设 f 的偏导数存在且连续, 即, 梯度向量 ∇f 存在且连续. 如果 $f(x_1,\cdots,x_{n+1})=0$ 与 $\nabla f(x_1,\cdots,x_{n+1})=0$ 不可能同时成立, 那么称 0 为 f 的正则值.

定理 2.3. 如果 0 为 f 的正则值, 那么 $f^{-1}(0)$ 为 $n-$ 维流形.

证明. 记 $S=f^{-1}(0)$. 首先 S 为度量空间, 其上任意两点的距离为 $\mathbf{R}^{n+1}$ 的 Euclid 距离(译注: 原文有误). 接下来证明 S 上每一点同胚于 $\mathbf{R}^n$ 的邻域.

设 $p=(x_1,\cdots,x_{n+1})\in S$ 为 S 上任一点. 我们知道 ∇f 非零. 对空间进行旋转或伸缩或者把 f 乘以常数, 都不会改变 S. 因此, 不失一般性, 假定

$$p=(0,\cdots,0);\quad \nabla f(p)=(0,\cdots,0,1).$$

记 $P = \mathbf{R}^n \times \{0\}$. 将 $(0, \cdots, 0, 1)$ 想象为竖直方向, 而将 P 想象为水平方向, 见图 2.2.

令 Q 为以 $(0, \cdots, 0)$ 为心, 边长为 ϵ 的开正方体. 一条线段称为特殊线段, 如果它的两个端点分别在 Q 的底面和顶面上. 因为 ∇f 连续变化, 所以可以取 ϵ 足够小, 使得 f 在特殊线段上从下往上为增函数. 令 $U = Q \cap S$, 则 U 为 S 中点 p 的开邻域. 只要证明 U 同胚于 $\mathbf{R}^n$ 中的开立方体即可, 因为后者同胚于 $\mathbf{R}^n$.

$Q \cap P$ 为一个 $\mathbf{R}^n$ 的开立方体. $h(x_1, \ldots, x_{n+1}) = (x_1, \ldots, x_n, 0)$ 为一个从 U 到 $Q \cap P$ 的映射. 我们只需要证明 h 为同胚映射. 以下为证明要点.

- h 为距离递减映射. 因此用 $\epsilon - \delta$ 语言可证 h 为连续映射.

- 因为 f 是单调函数, 所以每条竖直线与 S 至多有一个交点, 因此 h 为单射.

- 用部分特殊线段将 Q 顶面上的点与 $(0, \cdots, 0)$ 联结. 因为 $f(0, \cdots, 0) = 0$ 且 f 由下至上单调递增, 所以 f 在 Q 的顶面的值为正. 同样地, f 在 Q 的底面上的值为负. 因为 f 由下至上沿着竖直线单增, 根据中间值定理, 在竖直线段的某处 $f = 0$. 因此每条竖直线段都与 S 相交, 从而 h 为满射.

- 假设 X_1 和 X_2 为 $Q \cap P$ 中两个距离很近的点. 考虑 $h^{-1}(X_1)$ 与 $h^{-1}(X_2)$ 的第 $(n+1)$-维坐标, 分别记为 z_1, z_2. 如果 z_1, z_2 距离很远的话, 我们可以用部分特殊线段联结 (X_1, z_1) 与 (X_2, z_2). 但是 (X_1, z_1) 和 (X_2, z_2) 都在 S 中, 从而导致矛盾, 因为 f 在特殊线段上单调. 这说明, 尽管不那么严格, h^{-1} 也连续.

因此, 我们证明了 S 中每一点都有一个邻域同胚于 $\mathbf{R}^n$. □

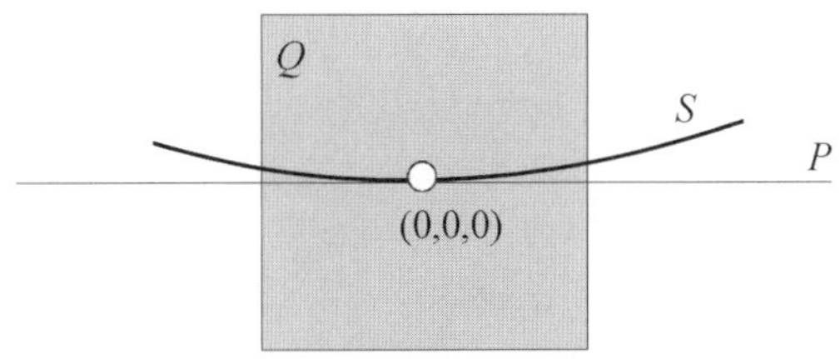

图 2.2: S 的局部正方体邻域

现在给出 3-维流形的一个有趣例子. 把实值的 2×2 矩阵看作 $\mathbf{R}^4$ 的点. 从 2×2 矩阵全体到 $\mathbf{R}$ 有以下映射

$$f\left(\begin{bmatrix} a & b \\ c & d \end{bmatrix}\right) = ad - bc - 1.$$

习题 2.11. 证明 0 为 f 的正则点.

上例中的 $f^{-1}(0)$ 通常记为 $\mathrm{SL}_2(\mathbf{R})$. 即, $\mathrm{SL}_2(\mathbf{R})$ 为行列式为 1 的实 2×2 矩阵全体. 根据定理 2.3, $\mathrm{SL}_2(\mathbf{R})$ 为 3-维流形. 类似的论证表明, $\mathrm{SL}_n(\mathbf{R})$ 所有行列式为 1 的实 $n \times n$ 矩阵全体为一个 $n^2 - 1$ 维流形, 称为 Lie 群. [CHE] 为 Lie 群的经典著作, 也可以参考 [TAP].

第 3 章　黏合构造法

本章讲解第 1 章提到的黏合构造. 该构造通常是对拓扑空间做的, 但只要略加小心也可以用在度量空间. 使用拓扑空间的好处是黏合总是可操作, 坏处是读者要花更多的时间弄明白该构造究竟指的是什么? 而对于度量空间, 黏合构造不一定永远可行, 但是每一步都很好理解. 不过, 在我们的讨论中, 度量空间的黏合永远可行.

3.1　空间的黏合

先来回顾实分析中下确界的概念. 设 $S \subset \mathbf{R}$ 为非负实数构成的集合, 则 $x = \inf S$ 表示 S 闭包中最小的实数. 这样的数总存在且唯一. 下确界存在唯一称为实数完备公理.

设 X 为一集合, $\delta : X \times X \to \mathbf{R}$ 为一映射, 满足 $\delta(x, y) = \delta(y, x) \geq 0$. 注意: δ 不必满足三角不等式. 本节目的是介绍如何将 δ 换成新的函数, 使得它保有 δ 的一些性质, 同时也满足三角不等式.

给定两点 $x, y \in X$, 从 x 到 y 的一条链是指有限个点 $x = x_0, x_1, \cdots, x_n = y$, 记为 C. 定义

$$\delta(C) = \delta(x_0, x_1) + \delta(x_1, x_2) + \cdots + \delta(x_{n-1}, x_n).$$

显然, 只要 $x \neq y$, 就有 $\delta(C) \geq 0$. 其次, 定义

$$d(x, y) = \inf_C \delta(C).$$

这里下确界是关于所有联结 x 和 y 的链 C.

这一定义看上去不可思议. 我们来解释它为何直观. 把 $\delta(x, y)$ 看作从 x 地到 y 地, 比如说从普罗维登斯到大溪地的机票. 假定你打定主意要去大溪地, 你有大把时间, 但是没多少钱. 你上网搜索所有路线, 包括需要转机的路线, 只要最终到达大溪地即可. 在浏览完所有路线之后, 你选择最便宜的路

线, 这就是 $d(x,y)$. 这个比喻和我们的正式定义不同之处在于: X 可能是包含无穷多个元素的度量空间, 两点之间的链可能有无穷多条. 你要取的是下确界而不是最小值, 因为后者可能不存在. 函数 d 有时称为 δ 的道路化.

习题 3.1. 证明 d 满足以下公理:

- $d(x,y) \geq 0$.
- $d(x,y) = d(y,x)$.
- $d(x,y) \leq d(x,z) + d(z,y)$.

因此 d 似乎为一个度量, 但是我们没说 $d(x,y) = 0$ 当且仅当 $x = y$. 事实上, 构造 $X = \mathbf{R}^2$ 上一个 δ 的例子, 满足前两条度量公理, 但是其道路化为零映射.

设 X 为一个集合. X 上的一个等价关系 "$\sim$" 满足以下性质:

- $x \sim x$ 对所有 x 成立.
- $x \sim y$ 当且仅当 $y \sim x$.
- 若 $x \sim y, y \sim z$, 则 $x \sim z$.

x 的等价类是指集合 $S = \{y \in X | y \sim x\}$, 即 S 为所有等价于 x 的元素全体. 因为两个等价类要么不相交要么完全相等, 因此等价类也构成集合, 记为 $X/\sim$.

下面看 $\sim$ 如何影响度量. 设 d' 为 X 上的度量. $X/\sim$ 为 X 的等价类集合. 对任意 $S_1, S_2 \in X/\sim$, 定义

$$\delta(S_1, S_2) = \inf d'(s_1, s_2),$$

其中下确界取自所有 $s_1 \in S_1, s_2 \in S_2$. 换句话说, S_1 与 S_2 的距离为 S_1 中元素与 S_2 中元素距离的"最小值".

令 d 为 δ 的道路化. 如果 d 为 $X/\sim$ 上的度量, 那么称 $X/\sim$ 为好商. 可以把 $X/\sim$ 看作将 X 中属于同一等价类的点黏合起来, 而且如果 $x \sim y$, x' 在 x 附近, y' 在 y 附近, 在道路化之后要求 x' 仍然离 y' 很近. 因此, 至少在好商情形下, 当黏合两点时, 它们周围的点也会被拉近, 就如同橡皮一样. 在给出好商的具体例子之前, 我们指出有时黏合的结果会是一团糟.

习题 3.2. 设 $X = \mathbf{R}$. 定义 $x \sim y$ 当且仅当 $x - y$ 为有理数. 证明 $\mathbf{R}/\sim$ 不是好商.

3.2　空间黏合的例子

本节以习题为主, 好让读者有机会熟悉黏合构造的具体过程.

习题 3.3. 设 $X = X_1 \cup X_2$, 其中 X_1, X_2 分别为单位圆盘, 各自带有标准度量, 且如果 $p_1 \in X_1, p_2 \in X_2$, 那么 $d(p_1, p_2) = 1$. 想象两个圆盘, 一个在另一个上方. 定义 $p_1 \sim p_2$ 当且仅当 $p_1 = p_2$ 或者 p_1 与 p_2 为 X_1 与 X_2 边界上相同位置的点. 证明 $X/\sim$ 为好商, 且同胚于 2 维球面.

习题 3.4. 射影平面为 S^2 在等价关系 $p \sim -p$ 之下的商. p 与 $-p$ 称为对径点. 证明射影平面为曲面.

习题 3.5. 给定圆柱 $X = S^1 \times [0,1]$. 定义等价关系满足 $(x,0) \sim (x,1)$ 且 $(x,y) \sim (x,y)$. 证明 $X/\sim$ 为好商, 且同胚于环面. 见图 2.1.

习题 3.6. 设 X 为形如

$$T \times \{1,2,3,4,5,6,7,8\}$$

的度量空间, 其中 T 为三角形. 即, X 为 8 个不相交的三角形的并集. 定义 X 上的等价关系, 使其商空间同胚于球面.

习题 3.7. 如何黏合有限个三角形得到第 1 章提到的八边形环面?

习题 3.8. 在第 1.1 节提到了正方形环面, 这里给出另一个构造. 在 $\mathbf{R}^2$ 上定义等价关系 $(x_1, y_1) \sim (x_2, y_2)$, 当且仅当 $x_1 - x_2$ 与 $y_1 - y_2$ 均为整数. 证明两种等价关系均给出好商, 且商空间彼此同胚, 并证明该空间同胚于图 2.1 甜甜圈的表面.

下面来介绍圆柱和 Möbius 带. 严格来讲, 它们是带边界的曲面, 分别由黏合长方形的一组对边而组成, 见图 3.1.

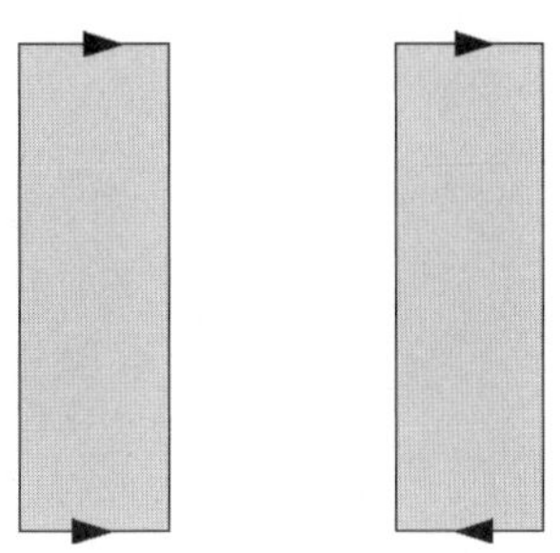

图 3.1: 圆柱与 Möbius 带

Möbius 带有几个神奇的性质. 首先, 它只有一条边界. 其次, 如果生活在它上面的一只虫子从顶端爬向底端, 当它到达底端与起点相同的位置时, 它的左边变成了右边.

如果一个紧致曲面不包含 Möbius 带, 那么称该曲面为可定向的, 否则称为不可定向的. 图 3.2 给出两个不可定向曲面的典型例子. 左边是射影平面, 右边是 Klein 瓶. 在左右两个图中, 我们分别标出了 Möbius 带的位置.

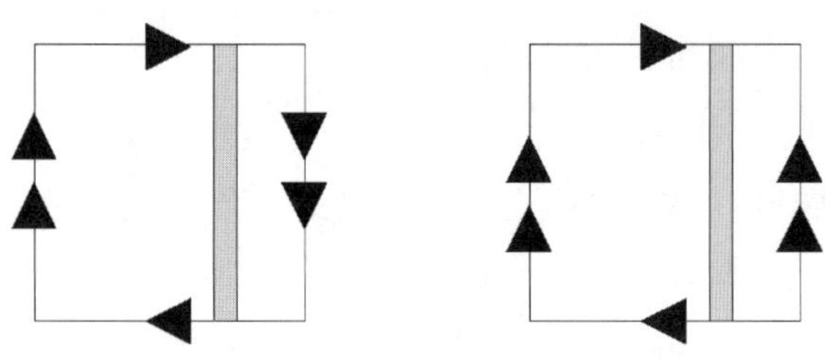

图 3.2: 圆柱与 Möbius 带

习题 3.9. 证明由图 3.2 定义的射影平面与按照习题 3.4 定义的曲面同胚.

3.3 曲面的分类

给定两个紧致曲面 S_1 与 S_2. 设 D_1, D_2 分别为 S_1, S_2 上小的开圆盘, 假定 D_1, D_2 有同样长的边界. 从 S_1, S_2 中分别挖去 D_1, D_2, 然后将 $S_1 - D_1, S_2 - D_2$ 的边界用等距同构黏合起来得到的曲面称为 S_1 与 S_2 的连通和, 记为 $S_1 \sharp S_2$. 从技术上讲, $S_1 \sharp S_2$ 依赖于 D_1, D_2 的选取, 但是使用不同的 D_1, D_2 得到的结果彼此同胚. 图 3.3 给出了两个环面的连通和.

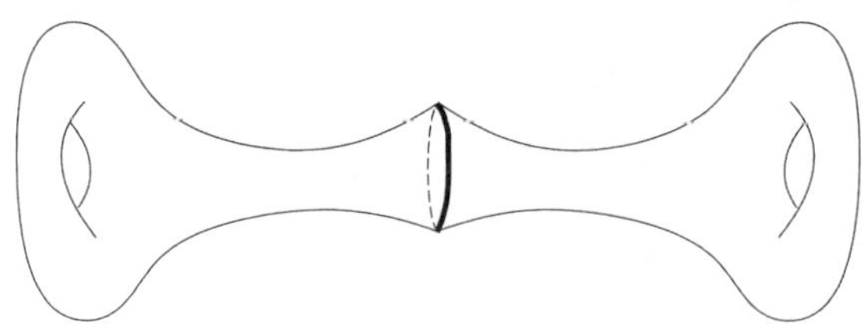

图 3.3: 连通和

习题 3.10. 证明 $S_1\sharp S_2$ 为一曲面. (提示: 主要困难在于选取接缝处的坐标卡.)

记 T^2 为环面, 则 g 个环面的连通和构成的曲面

$$T^2\sharp\cdots\sharp T^2$$

称为亏格为 g 的曲面. 紧致曲面的亏格为一个整数 g, 使得 $\chi(S)=2-2g$. 这里 χ 是第 1 章提到的曲面 S 的 Euler 示性数. 亏格为 g 的曲面有时记为 Σ_g. 之所以能用这个记号, 是因为任何 g 个环面连通和构成的曲面彼此同胚. 这一结论是曲面分类定理的一部分.

定理 3.1 (曲面分类定理). 设 X 为紧致曲面. 如果 X 可定向, 那么存在一个 g, 使得 X 同胚于 Σ_g. 如果 X 不可定向, 那么存在一个 g, 使得 X 同胚于 $P\sharp\Sigma_g$. 这里 P 为射影平面.

如果 X 可由有限个三角形黏合而成, 那么定理 3.1 的证明是初等的. 大致来说, 将 X 切开成一个多边形, 然后研究该多边形的哪些边应该黏合在一起. [KIN] 中的证明遵循的就是这个思路. 下一节要介绍的 Euler 公式的证明与定理 3.1 的证明非常相似.

关于一般紧致曲面 X 的证明可归结为由一组三角形黏合而成的曲面的情形. 换句话说, 证明 X 同胚于一个由三角形黏合而成的曲面. 我们称这样的曲面存在三角剖分. 事实上, 每个紧致曲面都存在三角剖分, 但是证明并不容易.

3.4　Euler 示性数

我们来证明可定向曲面的 Euler 公式. 假定 Σ_g 可分解为多边形, 我们将证明

$$\chi(\Sigma_g)=\text{面数}-\text{边数}+\text{点数}=2-2g. \tag{3.1}$$

上式第一个等号给出 $\chi(\Sigma_g)$ 的定义, 第二个等号给出 $\chi(\Sigma_g)$ 的计算公式.

首先, 我们把分解转化为仅有一个面的情形. 假定 Σ_g 被分解成多个面, 则可以找到两个面 F_1 与 F_2 共有一条边 e. 将 e 去掉, 得到 $F=F_1\cup_e F_2$. 即, 将 F_1 与 F_2 沿着 e 黏合成为 F. 这样得到一个新的分解, 其面数与边数都比原来少 1. 而这样做不改变 Euler 示性数.

接下来考虑只有一个面 F 的情形. 其边界逐对黏合, 黏合遵循的方法称为曲面 Σ_g 的黏合方案. 如果可以找到两对黏合边 $(e_1, e_2), (f_1, f_2)$, 使得任何联结 e_1 和 e_2 的线段都与联结 f_1 和 f_2 的线段相交, 那么称该黏合方案包含交叉对, 如图 3.4 所示. 换句话说, 在 F 的边界上 (e_1, e_2) 与 (f_1, f_2) 分别将彼此隔开.

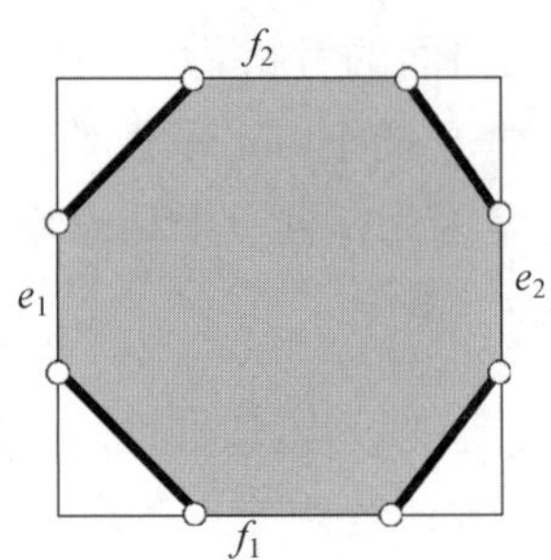

图 3.4: 两对交叉对的黏合边

引理 3.2. 如果 Σ_g 的黏合方案不含交叉对, 那么该曲面可通过黏合相邻边得到.

证明. 假定黏合方案中既没有交叉对也不存在相邻黏合边并证明这不可能. F 中一条特殊线段是指 F 内联结一对黏合边中点的线段. 设 L_1 为一条特殊线段, 通过旋转不妨假设 L_1 为竖直线段. 因为 L_1 不联结相邻两边且 F 中没有交叉对, 因此可以在 L_1 左边找到一条特殊线段 L_2. 因为 L_2 也不联结相邻两边, 所以能找到 L_3 将 L_1 与 L_2 分离. 类似地, 可以找到特殊线段 L_4 将 L_1, L_2 与 L_3 分离. 这样不断重复下去, 得到无穷多条彼此不同的特殊线段 $L_1, L_2, \cdots$. 这与 F 只有有限条边相矛盾. □

引理 3.3. 如果 Σ_g 的黏合方案包含交叉对, 那么它不是球面.

证明. 设 (e_1, e_2) 与 (f_1, f_2) 为 Σ_g 的交叉对. 不失一般性, 假定 e, f 为单位正方形的一部分, 如图 3.4 所示. 联结 e 与 f 的粗线代表 F 的一些边的并集. 虽然我们没有这么画, 但是有的粗线可以是空集.

将单位正方形对边黏合得到一个环面, 如图 3.5(a) 所示. 在环面上去掉图 3.5 中的白色四边形盖子, 并将相应的边按原本的黏合方案黏合在一起就得到 Σ_g. 这些边界都用加粗的黑线表示.

把环面的环柄画在四边形盖子内部可能更方便理解, 如图 3.5(b) 所示, 字母 “H” 代表环柄. 它实际上隐藏在阴影四边形的背后, 而此时图 (a) 中白色的四边形盖子要画出来的话, 就要画在阴影区域的外边了. 图 3.5(b) 说明 Σ_g 可以看作环面与另一个可定向曲面的连通和. 因此, Σ_g 不可能是球面. □

引理 3.4. Euler 公式对球面成立.

证明. 对 F 的边数进行数学归纳. 如果 F 只要两条边, 那么 Σ_0 的剖分包含 1 条边 2 个点, 从而 $\chi(\Sigma_0) = 1 - 1 + 2 = 2$ (译注: 原文有误), 这就证明了两条边的情形. 对于一般情形, 根据引理 3.3, Σ_0 的黏合方案中不包含交叉对. 再根据引理 3.2, F 中必有邻边相黏合. 因为 F 可定向, 这两条邻边必定黏合方向相反, 如图 3.6 所示.

将这两条邻边黏合之后, 得到 Σ_g 的一个新的黏合方案, 该方案中的多边形的边比 F 少了两条, 从而根据归纳假设, Euler 公式对球面成立. □

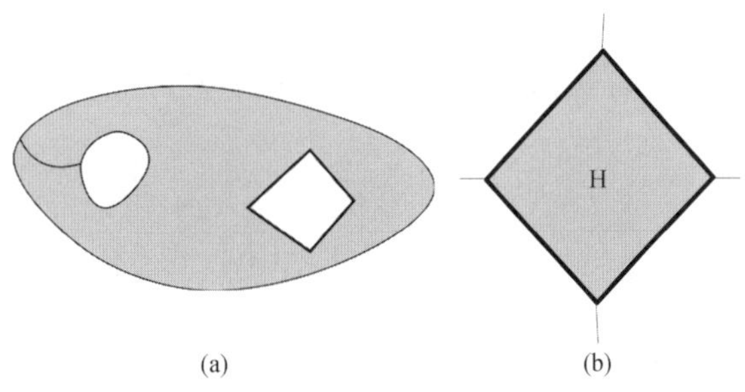

图 3.5: 带盖的环面

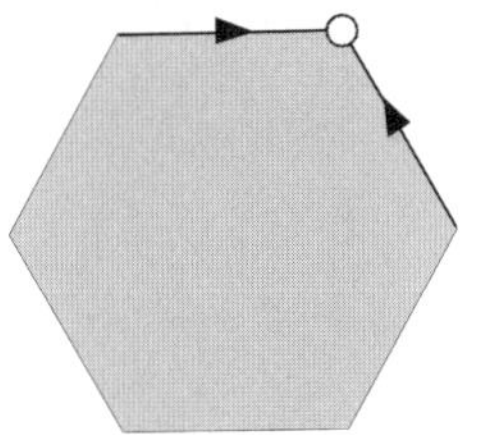

图 3.6: 黏合两条邻边

下面考虑一般曲面情形. 我们对亏格 g 进行归纳. 已经证明了 Σ_0 上的 Euler 公式. 根据引理 3.2 和 3.4, 引理 3.3的逆也成立: 如果 Σ_g 不是球面, 那么它的黏合方案必定包含交叉对. 否则, 根据引理 3.2, 可以将 Σ_g 的邻边黏合起来得到一个球面, 而球面的亏格为0, 与 Σ_g 矛盾.

因此我们从一个交叉对开始, 重复引理 3.3 证明中的构造, 就得到了图 3.5. 如果把带环柄的圆盘换成圆盘, 就得到一个基于多边形 F' 的黏合方案. 该方案给出曲面 Σ_{g-1}. 这里 F' 比 F 少 4 条边, 但是有相同顶点, 且 F 与 F' 黏合的方式一致.

根据归纳法假设, Euler 公式对 Σ_{g-1} 成立, 所以

$$f' - e' + v' = 2 - 2(g-1),$$

这里 $f' = 1$ 为 F' 的面数, e' 为 F' 的边数, v' 为 F' 的顶点数. 根据构造

$$f' = f, \quad e' = e - 2, \quad v' = v.$$

因此

$$f - e + v = 2 - 2g.$$

习题 3.11. 证明 Euler 公式对不可定向曲面也成立.

第 4 章　基　本　群

本章给出基本群的定义. 这一概念在第 1.3 节做过简单介绍. 下一章将给出基本群计算的例子. 正如在第 1.3 节提到的, 基本群赋予了曲面上全体闭路一个结构. 此结论对任何拓扑空间都对. 本章先引进群的定义, 然后我们将暂时离开群的话题, 但是群的概念在之后会神奇再现. 对基本群的严格处理见 [HAT].

4.1　群论概要

没有学过群论的读者可以在任何一本抽象代数的书中找到群论的内容, 比如 [HER]. 群 G 为一个集合, 带有运算 $*$, 满足:

- 对任意 $g_1, g_2 \in G$, $g_1 * g_2$ 有定义且属于 G.
- $g_1 * (g_2 * g_3) = (g_1 * g_2) * g_3$ 对任意 $g_1, g_2, g_3 \in G$ 都成立.
- 存在唯一的 $e \in G$, 使得 $e * g = g * g$ 对所有 $g \in G$ 成立.
- 对任意 $g \in G$, 存在唯一的 $h \in G$, 使得 $g * h = h * g = e$. h 称为 g 的逆元, 记为 $h = g^{-1}$.

如果群 G 还满足 $g_1 * g_2 = g_2 * g_1$, 那么称为交换群. 如果群 G 的一个子集 H 在 $*$ 下封闭, 那么称 H 为 G 的子群. 因此如果 $h \in H$, 那么 $h^{-1} \in H$. 如果 $h_1, h_2 \in H$, 那么 $h_1 * h_2 \in H$.

以下为群的一些例子.

- **Z** 在加法 "+" 运算下构成交换群.
- 如果 G_1, G_2 为群, 那么 $G_1 \times G_2$ 在运算 $(g_1, g_2) * (h_1, h_2) = (g_1 * h_1, g_2 * h_2)$ 下构成一个群.

- 行列式为 1 的 n 阶整系数矩阵在矩阵乘法下构成非交换群.
- 设 A 为 n 个元素的集合. 比如, $A=\{1,\cdots,n\}$. A 上的置换是指双射 $f:A\to A$. 不同的置换共有 $n!$ 个, 它们在映射复合运算之下构成有限群, 记为 S_n.

给定群 G_1,G_2. 如果映射 $f:G_1\to G_2$ 满足

$$f(a*b)=f(a)*f(b)$$

对所有 $a,b\in G_1$ 成立, 那么称 f 为同态. 这里左边的 $*$ 为 G_1 的群运算, 右边的 $*$ 为 G_2 的群运算. 如果 f 为同态且为双射, 那么 f 称为同构.

下面是一个很好的同态的例子. 记 G 为有限群, n 为其元素个数. 我们建立一个从 G 到 S_n 的同态. 这里 S_n 取为 G 上的置换群. 给定 $g\in G$, 如何将 g 对应于 G 的一个置换? 定义 $f_g:G\to G, f_g(h)=g*h$. f_g 为一个双射且 $f_{g_1}=f_{g_2}$ 当且仅当 $g_1=g_2$. 映射 $g\to f_g$ 为从 G 到 S_n 的同态. 这其实证明了 Cayley 定理: 任何有限群同构于置换群的子群.

4.2 同伦等价

回到度量空间. 设 X,Y 为度量空间, 设 $I=[0,1]$ 为单位区间. 给定映射 $f_0,f_1:X\to Y$. 如果存在一个连续映射 $F:X\times I\to Y$ 使得

- 对所有 $x\in X$, $F(x,0)=f_0(x)$.
- 对所有 $x\in X$, $F(x,1)=f_1(x)$.

那么称 f_0 与 f_1 同伦.

形象地说, 定义 $f_t:X\to Y, f_t(x)=F(x,t)$, 那么映射 f_t 为 f_0 与 f_1 的插值. 当 t 离 0 近的时候, f_t 接近 f_0, 而当 t 离 1 近的时候, f_t 接近 f_1. 映射 F 称为 f_0 到 f_1 的同伦.

如果 f_0,f_1 同伦, 那么记为 $f_0\sim f_1$. 用 $C(X,Y)$ 表示从 X 到 Y 的所有连续映射, "$\sim$" 可以看作 $C(X,Y)$ 上的等价关系.

习题 4.1. 证明 $\sim$ 为 $C(X,Y)$ 上的一个等价关系.

习题 4.2. 证明 $C(X,\mathbf{R}^n)$ 的任意两个元素同伦等价. (提示: 证明任意映射 $f:X\to\mathbf{R}^n$ 同伦于 f_0, 其中 $f_0(x)=0$ 为零映射. 然后利用同伦为等价关系的事实.)

习题 4.3. (此题较难) 给定多项式

$$P(x) = x^n + a_{n-1}x^{n-1} + \cdots + a_0.$$

设 Q 为多项式 $Q(x) = x^n$. 从而 P, Q 的最高幂次项相同. P 可以看作从 $\mathbf{C}$ 到 $\mathbf{C}$ 的映射, 这里 $\mathbf{C}$ 为复平面. 给定正数 R, 设 X 为 $\mathbf{C}$ 中以 0 为心, R 为半径的圆, 即

$$X = \{z \in \mathbf{C} || z| = R\}.$$

首先证明如果 R 足够大, 那么 $0 \notin P(X)$, 从而 P, Q 可以看作从 X 到 $Y = \mathbf{C} - \{0\}$ 的映射. 其次证明当 R 充分大时, P, Q 同伦.

4.3　基 本 群

从现在开始取 $X = I$ 为单位区间. 我们要通过研究从 I 到 Y 的映射来研究空间 Y 本身. 本节固定 Y 上的一点 y_0, 称为基点.

Y 上一条闭路是指映射 $f : I \to Y$, 使得 $f(0) = f(1) = y_0$. 叫闭路的原因不言而喻. 两条闭路称为同伦等价, 记为 $f_0 \sim f_1$, 如果存在一个从 f_0 到 f_1 的同伦 F, 使得 $f_t = F(x,t)$ 对所有 $t \in [0,1]$ 均为闭路, 且 $F(0,t) = F(1,t) = y_0$ 对所有 t 成立. 图 4.1 给出了两条同伦的闭路. 与习题 4.1 一样, 闭路同伦为等价关系, 但这里的定义与上一节有所不同, 因为增加了 $F(0,t) = F(1,t) = y_0$ 这一限制条件.

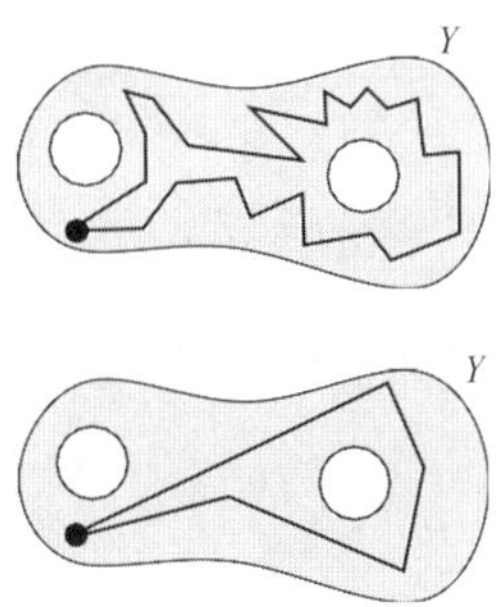

图 4.1: 两条同伦闭路

作为集合, $\pi_1(Y, y_0)$ 定义为所有闭路等价类的全体. 有趣的是可以赋予它一个群结构. 具体构造如下: 给定 $\pi_1(Y, y_0)$ 中两个元素 $[f], [g]$, 并设 f, g 分别是这两个等价类的代表. 即 f, g 均为从 I 到 Y 的闭路.

定义新闭路 $h = f * g$ 如下:

- 如果 $x \in [0,1/2]$, 那么定义 $h(x) = f(2x)$. 即, h 的前半段走过闭路 f, 不过速度为 f 的两倍.

- 如果 $x \in [1/2,1]$, 令 $x' = x - 1/2$, 定义 $h(x) = g(2x')$. 即, h 的后半段走过闭路 g, 同样速度为 g 的两倍.

记 $h = f * g$, 见图 4.2.

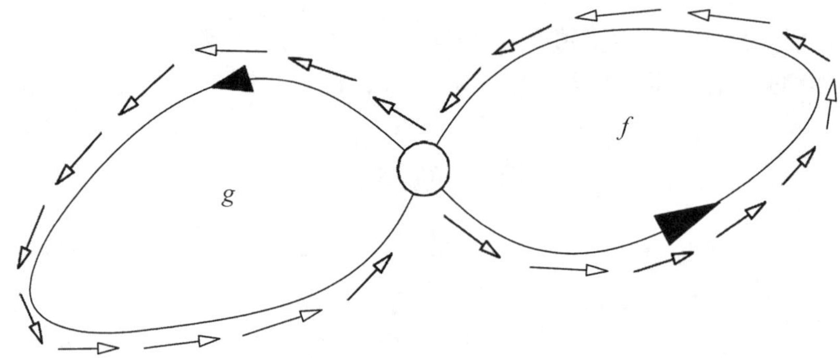

图 4.2: 闭路的乘积

习题 4.4. 设 $\hat{f}, \hat{g}$ 分别为 $[f], [g]$ 的另一组代表. 即, $f, \hat{f}$ 与 $g, \hat{g}$ 分别为同伦等价闭路. 令 $\hat{h} = \hat{f} * \hat{g}$. 证明 $[\hat{h}] = [h]$. 换句话说, 证明 $\hat{h}$ 与 h 同伦等价. 该习题不难, 但是证明冗长.

根据习题 4.4, 可以定义

$$[f] * [g] = [f * g]. \tag{4.1}$$

该定义不依赖于等价类代表元的选取.

习题 4.5. 证明: 任给 3 条闭路 f, g, h, $(f * g) * h$ 同伦等价于 $f * (g * h)$. 这意味着, $([f] * [g]) * [h] = [f] * ([g] * [h])$. 这是群的交换律.

习题 4.6. 定义闭路 e 为 $e(x) = y_0, x \in I$. 证明 $[e] * [g] = [g] * [e]$ 对所有闭路 g 成立. 这意味着, $[e]$ 为 $\pi_1(Y, y_0)$ 的单位元.

习题 4.7. 给定闭路 g. 定义闭路 g^* 使得 $g^*(x) = g(1 - x)$. 换句话说, g^* 沿着相反方向走过闭路g. 证明: 如果 g_1, g_2 同伦, 那么 g_1^*, g_2^* 同伦. 最后证明 $[g] * [g^*] = [e], [g^*] * [g] = [e]$. 即, $[g]$ 的逆元是 $[g^*]$.

把习题 4.5, 4.6, 4.7 综合起来, 得到 $\pi_1(Y, y_0)$ 为一个群. 因此, 对任意空间 Y, 可以选定一点 y_0, 使得 $\pi_1(Y, y_0)$ 为一个群, 称为 Y 的基本群. 下一节将看到基本群不依赖于基点 y_0 的选取.

4.4　基点的改变

如果存在一个连续映射 $f: I \to Y$ 使得 $f(0) = y_0, f(1) = y_1$, 那么称 y_0 与 y_1 道路连通. 如果 Y 中任意两点都道路连通, 那么称 Y 为道路连通空间. 比如 $\mathbf{R}^n$ 为道路连通, $\mathbf{Z}$ 则不是.

引理 4.1. 假设两点 $y_0, y_1 \in Y$ 道路连通, 那么 $\pi_1(Y, y_0)$ 与 $\pi_1(Y, y_1)$ 群同构. 特别地, 如果 Y 为道路连通空间, 则 $\pi_1(Y, y)$ 在同构意义下不依赖 y 的选取, 因此可以简记为 $\pi_1(Y)$.

证明. 令 d 为联结 y_0 与 y_1 的道路. 令 d^* 为 d 的逆道路, 联结 y_1 与 y_0. 我们将利用 d 与 d^* 来定义 $\pi_1(Y, y_0)$ 到 $\pi_1(Y, y_1)$ 的映射. 给定一个以 y_0 为基点的闭路 $f_0: I \to X, f_0(0) = f_0(1) = y_0$, 构造以 y_1 为基点的闭路如下

$$f_1 = d * f_0 * d^*.$$

(译注: 原文有误.) 即, f_1 先沿着 d 的反方向 d^* 从 y_1 到 y_0, 然后再沿着 f_0 走一圈回到 y_0, 最后沿着 d 从 y_0 回到 y_1. 闭路 f_1 画出来就像一条套马索, 见图 4.3.

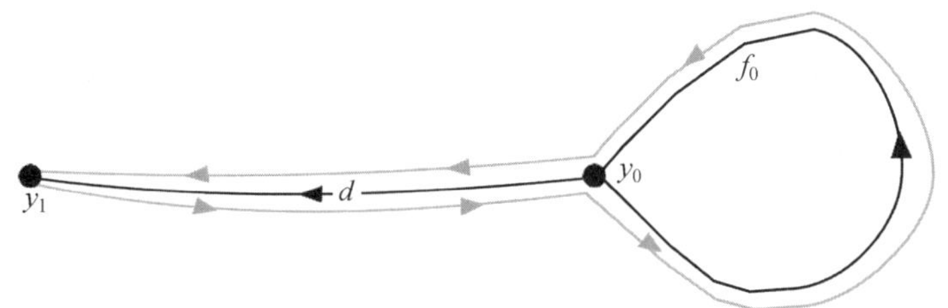

图 4.3: 套马索

使用与上面习题类似的方法可以证明: 如果 f_0 与 $\hat{f}_0$ 同伦, 那么 f_1 与 $\hat{f}_1$ 也同伦. 换句话说, 把 $[f_0] \in \pi_1(Y, y_0)$ 对应到 $[f_1] \in \pi_1(Y, y_1)$ 的映射 H 有定义, 且不依赖于等价类代表的选取, 从而有一个合理定义的映射 $H: \pi_1(Y, y_0) \to \pi_1(Y, y_1)$. 可以证明: H 为群同态. 即, $H([f] * [g]) = H([f]) * H([g])$. 借助图形, 证明并不难.

我们不打算直接证明 H 是双射, 而是定义映射

$$H^*:\pi_1(Y,y_1)\to\pi_1(Y,y_0).$$

即, 把闭路 f_1 映为

$$f_0^*=d^* * f_1 * d.$$

注意到 f_0^* 与 f_0 不一定为同一条闭路. 通过画图可以看出 f_0^* 有一部分叠在一起没有撑开, 但是可以证明 $[f_0^*]=[f_0]$, 即, 它们同伦. 因此, H 与 H^* 互为逆映射, 从而 H 为同构. □

4.5 函子性质

函子性质是指两类对象之间的一个对应, 该对应与这两类对象的自然变换相容. 这一概念的精确定义可以在任何关于范畴论的书籍中找到. 在这里, 每一个带基点的空间 (Y,y_0) 对应基本群 $\pi_1(Y,y_0)$. 带基点空间之间的自然变换是保持基点的连续映射, 而群之间的自然变换是群同态.

我们宣称: 从带基点的空间范畴到群范畴的由基本群给出的对应与这两个范畴中的自然变换相容, 因此基本群具有函子性质. 引理 4.2 与 4.3 给出具体的证明细节.

引理 4.2. 设 $(Y,y_0),(Z,z_0)$ 为两个带基点的空间. 定义 $f:Y\to Z$ 为连续映射且 $f(y_0)=z_0$, 则存在一个群同态 $f_*:\pi_1(Y,y_0)\to\pi_1(Z,z_0)$.

证明. 设 $[a]\in\pi_1(Y,y_0)$ 为闭路同伦等价类, 其代表元为 a, 从而 $a:I\to Y$ 为一闭路. 复合映射 $f\circ a$ 为 Z 的闭路. 定义 $f_*([a])=[f\circ a]$. 如果 $[a_0]=[a_1]$, 那么存在从 a_0 到 a_1 的同伦 H, 而 $f\circ H$ 是 $f\circ a_0$ 到 $f\circ a_1$ 的同伦. 因此, $[f\circ a_0]=[f\circ a_1]$, 从而 f_* 有定义. 注意到 $f\circ(a*b)=(f\circ a)*(f\circ b)$, 我们有 $f_*([a]*[b])=f_*([a])*f_*([b])$. 即, f_* 为群同态. □

给定连续映射 $f:Y\to Z$ 及 $g:Z\to W$. 假设 $f(y_0)=z_0, g(z_0)=w_0$, 则 $g\circ f$ 为从 Y 到 W 的连续映射, $(g\circ f)_*$ 为从 $\pi_1(Y,y_0)$ 到 $\pi_1(W,w_0)$ 的同态.

引理 4.3. $(g\circ f)_*=g_*\circ f_*$.

证明. 设 $[a]\in\pi_1(Y,y_0)$, 则

$$(g\circ f)_*([a])=[(g\circ f)\circ a]=[g\circ(f\circ a)]=g_*([f\circ a])=g_*\circ f_*([a]).$$

□

如果 $f: Y \to Y$ 为恒等映射, 那么 f_* 为 $\pi_1(Y, y_0)$ 上的恒等映射. 另外, 如果 $h: Y \to Z$ 为同胚, 那么存在 h^{-1}. 但是 $h \circ h^{-1}$ 为恒等映射, 所以 $h_* \circ h_*^{-1}$ 为恒等同态. 同理, $h_*^{-1} \circ h_*$ 也为恒等同态. 即, h_* 以及 h_*^{-1} 为群同构. 因此我们有:

定理 4.4. 如果 $\pi_1(Y, y_0)$ 与 $\pi(Z, z_0)$ 不同构, 那么不存在从 Y 到 Z 的同胚将 y_0 映到 z_0.

上述定理有点烦琐, 原因是我们并不在乎基点. 如果 Y 为道路连通空间, 那么 $\pi_1(Y, y_0)$ 不依赖于 y_0. 因此有:

定理 4.5. 假设 Y, Z 为道路连通空间. 如果 $\pi_1(Y)$ 与 $\pi(Z)$ 不同构, 那么 Y 与 Z 不同胚.

定理 4.5 的用处在于可以通过研究基本群来判断空间是否同胚. 当然问题在于如何计算基本群. 下一章我们将介绍基本群的计算.

4.6　一些准备工作

本节为基本群的计算做些准备, 一旦有了更多理论, 基本群的计算也将变得更加容易. 究竟哪些基本群可以计算呢? 根据习题 4.2 容易看出 $\mathbf{R}^n$ 的任意两条以 0 为基点闭路都同伦, 所以 $\pi_1(\mathbf{R}^n, 0)$ 为平凡群.

习题 4.8. (此题较难)

4.8 A 证明: S^2 存在一个闭路, 其象充满 S^2. (提示: 你如果听说过实分析中的 Hilbert 平面填充曲线, 此题就不难.)

4.8 B 证明: $\pi_1(S^2, p)$ 为平凡群, 其中 p 为 S^2 上任一点. (提示: 直观来讲, 如果一条闭路不经过 q $(\neq p)$, 那么可以把它朝远离 q 的方向往点 p 收缩. 当然还需要考虑 4.8A 中那样的闭路.)

习题 4.9. 给定两个带基点空间 $(Y, y_0), (Z, z_0)$. 乘积 $(Y \times Z, (y_0, z_0))$ 为一个带基点的空间. 证明:

$$\pi_1(Y \times Z, (y_0, z_0)) = \pi_1(Y, y_0) \times \pi_1(Z, z_0).$$

习题 4.10. (此题较难) 证明: $\pi_1(S^1, p)$ 为非平凡群. (提示: 将 S^1 看作 $\mathbf{R}^2$ 中的单位圆. 考虑闭路 $f(t) = (\cos 2\pi t, \sin 2\pi t)$. 证明该闭路不同伦等价于恒等闭路.)

令 $T^2 = S^1 \times S^1$, 这里 T^2 为环面. 根据习题 4.9 及 4.10, $\pi_1(T^2)$ 为非平凡群, 这里省去了基点是因为 T^2 道路连通. 但是根据习题 4.8, $\pi_1(S^2)$ 为平凡群. 从而 S^2 与 T^2 不同胚.

第 5 章　基本群的例子

本章的目的是计算下面熟知空间的基本群:

- 圆周.
- 环面.
- 2 维球面.
- 射影平面.
- 透镜空间.
- Poincaré 同调球.

我们将给出前 3 个例子的计算细节, 然后引导读者计算其余的 3 个例子. 最后一节内容对本科生来讲有点高深, 但是作者实在无法割舍.

5.1 环绕数

设 S^1 为圆周. 我们将其看作 $\mathbf{C}$ 上模长为 1 的复数全体. 选取复数 1 为 S^1 的基点. 本节将解释如何赋予每条连续闭路 $g:[0,1]\to S^1$ 一个整数.

首先, 把想法做个直观解释, 然后再将其严格化. 把闭路 g 想象成一条虫子爬行的路径, 你在圆心位置目不转睛地观察它(要做到这点, 需要假设你的脖子是橡胶做的). 当该虫子结束它的旅程时, 你的目光停留在开始的位置, 但是你的脑袋可能已经转了好几圈. 环绕数记录的就是你脑袋转过的圈数. 它是个整数, 逆时针转动取正值, 顺时针取负值.

现在给出正式定义. 令 $\mathbf{R}$ 为实数集. 存在一个自然映射 $E:\mathbf{R}\to S^1$

$$E(t)=\exp\{2\pi \mathrm{i}t\}=\cos 2\pi t+\mathrm{i}\sin 2\pi t.$$

该映射显然为满射且连续, 但它还有其他特殊性质. S^1 上一段特殊开弧是指集合

$$C(z)=\{w\in S^1|d(z,w)<1/100\}.$$

这里 $d(z,w)=|z-w|$ 为 Euclid 距离. 1/100 的选取是任意的, 纯属方便, 关键是要求特殊开弧必须比半圆短.

习题 5.1. 设 C 为一段特殊开弧. 证明: $E^{-1}(C)$ 由可数个不相交的开区间组成且 E 限制在其中任何一个区间上均为该区间到 C 的同胚.

引理 5.1. 设 $[a,b]\subset\mathbf{R}$ 为一区间. 假定 $g:[a,b]\to S^1$ 为一映射, 使得 $g([a,b])$ 包含一段特殊开弧. 假设存在一个映射 $\widetilde{g}:\{a\}\to\mathbf{R}$ 使得 $E\circ\widetilde{g}(a)=g(a)$, 则可以定义扩张映射 $\widetilde{g}:[a,b]\to\mathbf{R}$, 使得 $E\circ\widetilde{g}=g$ 在 $[a,b]$ 上恒成立, 且该扩张唯一.

证明. 如果 E 的逆存在, 可以定义 $\widetilde{g}=E^{-1}\circ g$, 我们也只能这样定义 $\widetilde{g}$. 因此 $\widetilde{g}$ 到 $[a,b]$ 的扩张唯一. 遗憾的是, E 不一定可逆. 好在根据习题 5.1, E 在某种意义下可逆. 设 C 为特殊开弧 (其存在性根据引理假设). 设 $\widetilde{C}\subset E^{-1}(C)$ 为习题 5.1 中唯一包含 $\widetilde{g}(a)$ 的区间, 则映射 $E:\widetilde{C}\to C$ 为同胚. 令 $F:C\to\widetilde{C}$ 为 E 的逆. 因为 $g([a,b])\subset C$, 我们可以且只能定义 $\widetilde{g}=F\circ g$. □

设 $1=E(\mathbf{Z})$ 为 S^1 上的基点. 设 $I=[0,1]$, $\pi_1(S^1,1)$ 中的元素为映射 $g:I\to S^1$, 满足 $g(0)=g(1)=1$.

习题 5.2. 给定映射 g. 证明: 存在自然数 N 满足以下性质: 如果 $x,y\in[0,1]$ 且 $|x-y|<1/N$, 那么 $g([x,y])$ 包含在一段特殊开弧中. (提示: 你可以利用 $[0,1]$ 中任何无穷序列必有收敛子列这一结论. 该结论称为 Bolzano-Weierstrass 定理.)

下面引理是引理 5.1 的加强.

引理 5.2. 给定闭路 $g:[0,1]\to S^1$, 存在唯一映射 $\widetilde{g}:[0,1]\to\mathbf{R}$, 使得 $\widetilde{g}(0)=0$ 且 $E\circ\widetilde{g}=g$ 在 $[0,1]$ 上成立.

证明. 根据习题 5.2, 可以找到自然数 N, 使得点 $t_i=i/N$ 具有下面性质: 对于 $i=0,\dots,N-1$, $g([t_i,t_{i+1}])$ 包含在特殊开弧中. 下面使用归纳法. 根据引理 5.1, 可以在 $[t_0,t_1]$ 上唯一定义 $\widetilde{g}$. 再根据引理 5.1, $\widetilde{g}$ 在 $[t_1,t_2]$ 上唯一定义. 依此类推. □

定义 5.1. g 的环绕数定义为 $\widetilde{g}(1) \in \mathbf{Z}$, 记为 $w(g)$. $\widetilde{g}(1) \in \mathbf{Z}$ 是因为 $g(1) = E(\widetilde{g}(1)) = 0$.

我们断言环绕数只依赖于闭路的同伦等价类. 回到环绕数的直观意义上. 假设两只虫子在一个圆周上爬动且它们距离很近, 那么当你的目光跟踪它们时, 眼睛的方向总是一致的, 因此你追踪其中任一只脑袋转动的圈数都相等. 下面是这一结论的严格证明.

引理 5.3. 设 g_0 与 g_1 为 S^1 上的同伦闭路, 那么 $w(g_0) = w(g_1)$.

证明. 设 G 为 g_0 与 g_1 的同伦. 令 $g_t(x) = G(x,t)$. 使用与习题 5.2 同样的方法可以证明: 存在一个自然数 N, 使得如果 $s,t \in [0,1], |s-t| < 1/N$ 且 $x \in [0,1]$ 为固定数, 那么

$$|G(x,s) - G(x,t)| < 1/100.$$

即, $d(g_s(x) - g_t(x)) < 1/100$. 而 $d(\widetilde{g}_s(x), \widetilde{g}_t(x))$ 要么小于 $1/100$ 要么大于 $> 1/2$. 根据连续性, $d(\widetilde{g}_s(x), \widetilde{g}_t(x))$ 不随 t 变化. 因为 $d(\widetilde{g}_s(0), \widetilde{g}_t(0)) = d(0,0) = 0 < 1/100$, 所以 $d(\widetilde{g}_s(x), \widetilde{g}_t(x)) < 1/100$. 因此, $w(g_s) = w(g_t)$, 从而 $w(g_0) = w(g_1)$. □

5.2　圆　　周

我们将利用环绕数来计算圆周的基本群 $\pi_1(S^1, 1)$.

给定作为 $\pi_1(S^1, 1)$ 元素代表的闭路 g, 定义

$$w([g]) = w(g).$$

根据引理 5.3, 映射 $w : \pi_1(S^1, 1) \to \mathbf{Z}$ 有合理定义 .

引理 5.4. w 为满射.

证明. 令 $g(t) = \exp\{2\pi i n t\}$, 则 $w(g) = n$. □

习题 5.3. 证明 w 为同态.

引理 5.5. w 为同构.

证明. 因为 w 为同态, 所以只需要证明如果 $w(g) = 0$, 那么 g 同伦于常值闭路. 事实上, 如果 $w(g) = 0$, 那么 $\widetilde{g} : [0,1] \to \mathbf{R}$ 为一闭路. 但是 $\pi_1(\mathbf{R}, 0) = 0$, 从而存在一个从 $\widetilde{g}$ 到常值闭路 $\widetilde{g}_0 : S^1 \to \mathbf{R}$ 的闭路同伦 $\widetilde{G}$. 则 $E \circ \widetilde{G}$ 为 g 到 S^1 上常值闭路的同伦. 因此, w 为同构. □

注记: 证明中用到圆周的主要性质是关于映射 $E:\mathbf{R}\to S^1$ 的存在性及其特殊性质, 也用到了 $\pi_1(\mathbf{R},0)=0$. 事实上, 这是一个计算基本群的一般方法. 用到的特殊性质可以概括如下: $\mathbf{R}$ 为 S^1 的一个万有覆叠, 而 E 为万有覆叠映射. 下一章将对万有覆叠做一般讨论.

5.3 代数基本定理

代数基本定理断言: 每一个复系数多项式

$$P(z)=a_0+a_1z+\cdots+a_nz^n$$

都有根. 利用圆周基本群可以给这个结论一个漂亮证明. 方便起见, 通过逐项除以 a_n, 不妨假设 $a_n=1$. 将 P 看作从 $\mathbf{C}$ 到 $\mathbf{C}$ 的连续映射. 如果 P 没有根, 那么 P 为从 $\mathbf{C}$ 到 $\mathbf{C}-\{0\}$ 的连续映射.

记 C_r 为以 0 为心、r 为半径的圆周, S^1 为模长为 1 的复数全体. 给定 $r>0$, 考虑

$$\gamma_r:S^1\to S^1,\quad \gamma_r(u)=\frac{P(ru)}{|P(ru)|}.$$

根据构造 γ_r 为连续闭路, 因此为 $\pi_1(S^1)$ 的元素.

当 r 很小时, $P(C_r)$ 为环绕 $P(0)\neq 0$ 的闭路, 因此, 当 r 很小时, $[\gamma_r]=0\in\pi_1(S^1)$. 但是 γ_r 连续依赖于 r, 所以对所有 r, $[\gamma_r]=0$. 另外, 当 $z\in C_r$, r 很大时,

$$P(z)=z^n+f(z),\quad |f(z)|<\epsilon_r|P(z)|.$$

这里 ϵ_r 为常数, 且当 $r\to\infty$ 时, $\epsilon_r\to 0$. 即, z^n 为 $P(z)$ 的主项.

当 $r\to\infty$ 时, γ_r 趋于闭路 $z/|z|\to(z/|z|)^n$ (译注: 原文有误). 因此当 r 很大时, $[\gamma_r]=n$, 这是个矛盾. 从而 P 不是从 $\mathbf{C}$ 到 $\mathbf{C}-\{0\}$ 的连续映射, 即 0 必为 P 的象点, 也就是说, P 必有根.

5.4 环　　面

第 4 章习题 4.9 断言

$$\pi_1((Y,y)\times(Z,z))=\pi_1(Y,y)\times\pi_1(Z,z).$$

环面 T^2 同胚于 $S^1\times S^1$ 且道路连通, 所以 $\pi_1(T^2)=\mathbf{Z}\times\mathbf{Z}$. 类似地, $\pi_1(T^n)=\mathbf{Z}^n$.

5.5　2 维球面

设 $I=[0,1]$. 设 x 为 S^2 上给定的基点. 本节通过一些习题, 引导大家证明 $\pi_1(S^2,x)=0$.

以 x 为基点的闭路 $g:[0,1]\to S^2$ 称为"坏"闭路, 如果 $g(I)=S^2$; 否则称为"好"闭路.

习题 5.4. 证明"好"闭路同伦于一点.

习题 5.5. 设 $[a,b]$ 为区间, H 为 $\mathbf{R}^3$ 的半球面. 设 $f:[a,b]\to H$ 为连续映射. 证明: 存在同伦 $F:[a,b]\times[0,1]\to H$ 使得:

- $F(a,t)$ 与 $F(b,t)$ 不依赖于 t.
- $F(x,0)=f(x)$ 对所有 x 成立.
- $f_1:[a,b]\to H$ 为联结 $f(a)$ 与 $f(b)$ 的圆弧. 这里 $f_1=F(x,1)$.

习题 5.6. 给定 S^2 的任意一条闭路, 证明: 存在一个有限分割 $0=t_0<\cdots<t_n=1$ 使得 g 将区间 $[t_i,t_{i+1}]$ 映到半球面上. 根据习题 5.5, g 同伦于"好"闭路.

因为 S^2 的所有闭路同伦于"好"闭路, 而"好"闭路同伦于一个点, 所以 S^2 的所有闭路同伦于一点, 即, $\pi_1(S^2,x)=0$. 对 $S^n, n>2$, 上述证明方法也可行.

5.6　射影平面

同第 3.2 节一样, 将射影平面看作商空间 $S^2/\sim$, 这里 $x\in S^2$ 等价于其对径点 $-x$. 存在自然映射 $E:S^2\to\mathbf{P}^2, E(x)=[x]$. 正如记号显示, 这里 E 扮演的角色与研究圆周时用到的映射相同.

设 $x_+=(0,0,1), x_-=(0,0,-1)$. 显然 $E(x_+)=E(x_-)$.

习题 5.7. 给定基点 $[x_+]$ 处的闭路 $g:[0,1]\to\mathbf{P}^2$. 证明: 存在唯一映射 $\widetilde{g}:[0,1]\to S^2$ 使得 $\widetilde{g}(0)=x_+$ 且 $E\circ\widetilde{g}=g$. (提示: 与圆周情形一样的证法.)

注意到 $\widetilde{g}(1)=x_+,x_-$. 如果 $\widetilde{g}(1)=x_+$, 那么定义 $w(g)=1$; 否则 $w(g)=-1$.

习题 5.8. 证明: $w([g])$ 的定义不依赖于等价类 $[g]$ 的代表元的选取. 证明: w 给出 $\pi_1(\mathbf{P}^2)$ 到 $\mathbf{Z}/2$ 的同构.

一般地, 我们有 $\mathbf{P}^n = S^n/\sim$, 其中 $x \sim -x$. 因此, 总存在一个从 S^n 到 $\mathbf{P}^n$ 的自然映射. 类似地, 可以证明 $\pi_1(\mathbf{P}^n) = \mathbf{Z}/2$. 这里 $\mathbf{P}^n$ 称为 n 维射影空间.

5.7 透镜空间

阅读本节内容读者需要了解流形的概念. 详见第 2.8 节.

把 S^3 看作集合

$$\{(z,w)||z|^2+|w|^2=1\} \subset \mathbf{C}^2 = \mathbf{R}^4.$$

这是一种另类的方法来指明 3 维球面是 $\mathbf{R}^4$ 中的单位球面. 等式 $\mathbf{C}^2 = \mathbf{R}^4$ 是因为映射

$$(x_1 + \mathrm{i}y_1, x_2 + \mathrm{i}y_2) \to (x_1, y_1, x_2, y_2).$$

下面定义 S^3 上一个有趣的等价关系. 定义

$$(z,w) \sim (uz, u^2w)$$

当且仅当 u 为 5 次单位根. 每一个 $S^3/\sim$ 的等价类都包含 5 个点. 该空间称为 $L(2,5)$, 其中 2 来自 u^2, 5 是因为 u 为 5 次单位根. 显然, 可以类似地构造其他空间.

这里大致介绍一下如何画图展示 $L(2,5)$. $L(2,5)$ 上任何一点等价于形如 (z,w) 的点, 其中 z 的辐角位于区间 $[0, 2\pi/5]$. 把这个集合记为 $S \subset S^3$. 把 S 分解成

$$S = \cup_{\theta\in[0,2\pi/5]} S_\theta,$$

其中 S_θ 由形如 (z,w) 的点组成, 其中 z 的辐角为 θ. 整个 S^3 由 5 个形状相同的 S 拷贝密铺. 比如说, 与 S 相邻的一个拷贝由所有 S_θ $(\theta \in [2\pi/5, 4\pi/5])$ 组成.

现在我们来说明如何部分地展示 S. S_θ 是一个圆盘, 其边界为圆周

$$C = \{0\} \times \{w||w|=1\}.$$

所有集合 S_θ 除了有共同边界 C 之外彼此不相交. 所以 S 看起来像一个圆的枕头, 或者由两片隐形镜片组成的实心区域. 图 5.1(a) 显示的是 S 的侧象, 其中两点表示边界 C. 将该图沿着竖直中心轴旋转就得到 S 的立体象.

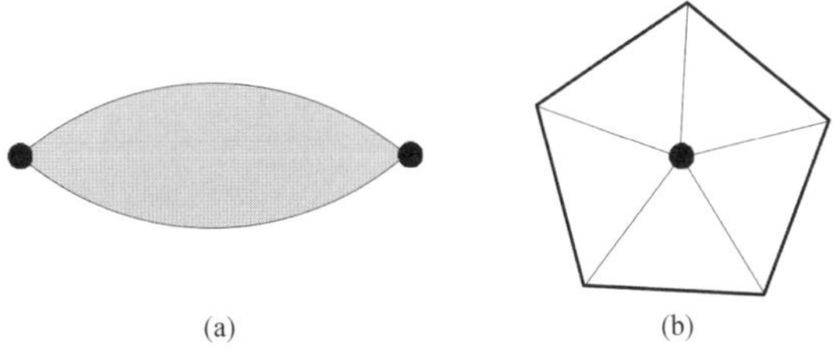

图 5.1: 区域 S

图 5.1(b) 是 S 的俯视图. 我们看到的是 S_0, 其余的 S_θ 都在其下方. 另一个边界是 $S_{2\pi/5}$ (译注: 即 S 自下而上仰视 S 所看到的边界). 我们把 C 画成了五边形, 是为了强调 C 由 5 部分组成. 注意以下性质:

- S 的所有点均只等价于自己.
- 所有 $S_0 - C$ 的内点与 $S_{2\pi/5} - C$ 的内点一一对应.
- C 上任何一点对应于其余 4 条边的相应点. 图 5.1(b) 的三角剖分可以看作黏合方案.

以上描述并不完备, 更多细节留给读者思考.

习题 5.9. 证明 $L(2,5)$ 为第 3.1 节意义下的"好"商空间, 且为流形.

存在自然映射 $E: S^3 \to L(2,5)$. 利用 E 可以证明 $\pi_1(L(2,5)) = \mathbf{Z}/5$. 将这一构造进行推广可以得到 3 维流形, 使其基本群为 $\mathbf{Z}/n$. 该空间 $L(m,n)$ 称为透镜空间.

5.8　Poicaré 同伦球面

在给出最后一个例子之前, 我们需要转移话题. 先来介绍 S^3 的另一种研究方法. 设 $SO(3)$ 为 S^3 的保持方向的旋转变换全体. 可以构造一个奇妙的从 S^3 到 $SO(3)$ 的映射, 该映射实质上是 S^3 到 $\mathbf{P}^3$ 的映射. 因此给定 S^3 (译注: 原文有误) 上一点 q, 我们构造 S^3 上一个旋转 R_q 与之对应.

构造如下. 将 S^3 看成单位四元数组, 即, S^3 的点看作形如

$$a + b\mathrm{i} + c\mathrm{j} + d\mathrm{k}, \quad a,b,c,d \in \mathbf{R}, a^2+b^2+c^2+d^2=1$$

的元素, 其中记号 $\mathrm{i}, \mathrm{j}, \mathrm{k}$ 满足

- $\mathrm{i}^2 = \mathrm{j}^2 = \mathrm{k}^2 = -1$.

- $\mathrm{ij} = \mathrm{k}, \mathrm{jk} = \mathrm{i}, \mathrm{ki} = \mathrm{j}$.

给定以上规则, 四元数可以进行相乘, 类似于复数乘法.

给定 $q \in S^3$, 定义

$$q^{-1} = a - b\mathrm{i} - c\mathrm{j} - d\mathrm{k}.$$

可以验证 $qq^{-1} = q^{-1}q = 1$. 换言之, 单位四元数构成乘法群.

$\mathbf{R}^3$ 可以看作纯四元数. 即, 形如 $0 + a\mathrm{i} + b\mathrm{j} + c\mathrm{k}$ 的四元数. 映射

$$0 + a\mathrm{i} + b\mathrm{j} + c\mathrm{k} \to (a, b, c)$$

给出到 $\mathbf{R}^3$ 的同构. 因此纯四元数集合带有 $\mathbf{R}^3$ 上的 Euclid 度量.

给定 $p \in \mathbf{R}^3$. 定义

$$R_q(p) = qpq^{-1}.$$

习题 5.10. (此题较难) 证明 R_q 保持纯四元数集合 $\mathbf{R}^3$, 且为保向旋转.

四元数乘法满足结合律. 因此

$$R_{q_1} \circ R_{q_2}(p) = q_1(q_2pq_2^{-1})q_1^{-1} = R_{q_1q_2}(p)$$

对所有 p 成立. 因此, 映射 $q \to R_q$ 为同态. 你可能已经猜到, 我们要定义 $E(q) = R_q$. 注意 $E(-q) = E(q)$, E 的核为 $\{1, -1\}$, 因此 E 为连续满射且具有局部逆这一好性质, 且为 S^3 到 $SO(3)$ 的 2 对 1 同态.

下面来看本章最后一个例子. 给定 S^3 上四元数结构, 可以定义一个非常有趣的 3 维流形. 如果 $G \subset SO(3)$ 为有限子群, 那么 $\widetilde{G} = E^{-1}(G)$ 也是一个子群, 其元素个数为 G 的两倍. 定义 S^3 上的等价关系 $q_1 \sim q_2$ 当且仅当存在 $g \in \widetilde{G}$ 使得 $gq_1 = q_2$. 如果 G 中有 N 个元素, 那么 $\widetilde{G}$ 中有 $2N$ 个元素. $S^3/\sim$ 的每个等价类有 $2N$ 个元素. 该商空间其实是个流形, 其基本群为 $\widetilde{G}$.

作为特例, 设 G 为保持定向的二十面体对称群, 它是 $SO(3)$ 最有趣的子群, 则 $\widetilde{G}$ 为 120 阶群, 称为二元二十面体群. 该流形称为 Poincaré 同调球, 其基本群为 $\widetilde{G}$.

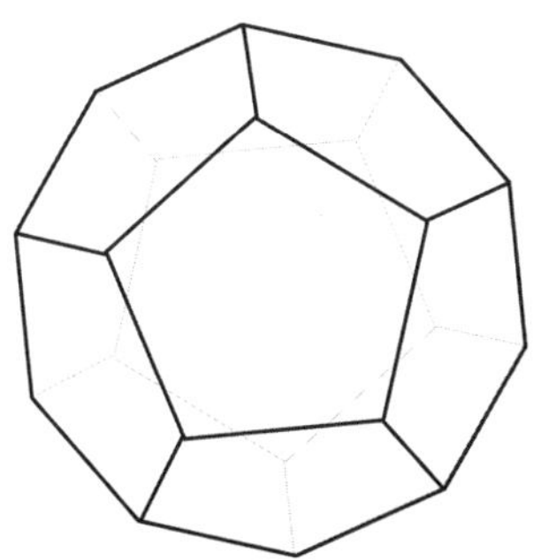

图 5.2: 十二面体

Poincaré 同调球是几何中最重要的例子之一. 在透镜空间 $L(2,5)$ 的例子里, S^3 可以由 5 个双透镜 S 密铺. 而在 Poincaré 同调球的例子里, 可以证明 S^3 可以由 120 个球面十二面体密铺. 这些球面十二面体从组合角度与 Euclid 空间的十二面体一样, 只不过像球面三角形一样, 是"充气"的十二面体. 图 5.2 展示了一个十二面体, 粗线条的棱在正面可以看得到, 细线条的棱在背面所以看不到.

S^3 上任何一点等价于某个十二面体上的一点, 这些十二面体的内部彼此不等价. 因此研究 Poincaré 同调球关键在于研究这些十二面体边界上的点如何黏合. 实际上, 十二面体的每个面与其对面黏合, 不过需要先旋转 $2\pi/5$.

第 6 章　覆叠空间与覆叠群

在第 1.4 节我们介绍了正方形环面上本质闭路的展开与平面整数格点的联系. 对于八边形环面也有类似的结论. 本章及下一章, 我们将把展开的过程严格化, 并进行推广. 本章的中心话题是覆叠空间与覆叠群, 它们扮演的角色类似于第 1.4 节平面及整数格点的角色. 同时, 我们也将覆叠空间, 覆叠群与基本群联系起来.

6.1　覆叠空间

给定道路连通空间 $\widetilde{X}$ 和 X. 设 $E:\widetilde{X}\to X$ 为一连续映射. 一个 X 中的开集 $U\subset X$ 称为被均匀覆叠, 如果 $E^{-1}(U)$ 是可数个不相交的 $\widetilde{U}_1,\widetilde{U}_2,\ldots$ 的并集, 使得 $E:\widetilde{U}_j\to U$ 为同胚. (此定义是合理的, 因为 $\widetilde{U}_j$ 自己也是度量空间.) 通常要求 U 为道路连通. 集合 $\widetilde{U}_j$ 称为原象 $E^{-1}(U)$ 的分支, 那么映射 E 称为覆叠映射, 如果 X 上每一点都有邻域被均匀覆叠. 此时 $\widetilde{X}$ 称为 X 的覆叠空间.

最典型的例子是第 5.1 节讨论过的映射 $E:\mathbf{R}\to S^1$. 本节用另一种方法来描述它. 仍旧把直线看作 $\mathbf{R}$, 但是圆周看作将区间 $[0,1]$ 黏合两个端点而成. 此时 E 定义为 $E(x)=[x-\text{floor}\,(x)]$, 这里 floor (x) 为不超过 x 的最大整数. $x-\text{floor}\,(x)$ 为 x 的小数部分, 由此, $E(x)$ 为 x 的小数部分的等价类. E 是连续的, 尽管看起来似乎不是. 因为如果 x_1 为比某个整数略小一些的数, 而 x_2 为比该整数略大一些的数, 那么 $E(x_1)$ 与 $E(x_2)$ 分别靠近 $[0,1]$ 的两个端点, 而黏合使得 $E(x_1)$ 与 $E(x_2)$ 离得很近.

习题 6.1. 验证上述 $E:\mathbf{R}\to S^1$ 确为覆叠映射. 并说明两种定义方法给出同样的覆叠映射.

6.2　覆　叠　群

下面给出覆叠空间的一些例子. 由于覆叠空间的想法却是因为覆叠群的引入而更加重要, 因此先来介绍覆叠群. 对于带基点的度量空间, 已经引进一个群, 即, 基本群. 现在将用另一种方法重新引入这个群. 设 $E:\widetilde{X}\to X$ 为上文定义的覆叠映射. 覆叠变换为一个同胚 $h:\widetilde{X}\to\widetilde{X}$, 使得 $E\circ h=E$.

为了加深印象, 把覆叠群与扑克牌做个类比. 从一副扑克牌到具体一张牌有一个自然映射. 想象你在一张牌上方举着一副牌, E 为竖直投影. 如果你将手中的牌重新洗一遍, 然后再作投影, 映射 E 没有任何改变. 因此, 覆叠变换类似于洗牌.

一般地, 想象 $\widetilde{X}$ 为一副扑克牌, X 为单独一张牌. 这个类比不太准确, 因为 $\widetilde{X}$ 是连通的. 但是对 X 中任何一个邻域 $U\subset X$, 集合 $E^{-1}(U)$ 的确像一副扑克牌. 覆叠变换 h 对 $\widetilde{U}$ 的不同分支进行置换, 好比洗牌一样.

如果 h 为覆叠变换, 那么 h^{-1} 也是; 如果 h_1,h_2 为覆叠变换, 那么 $h_1\circ h_2$ 也是. 因此, 覆叠变换全体在复合映射下构成一个群, 称为 $(\widetilde{X},X,E)$ 的覆叠群.

让我们回顾一下上一节的覆叠空间的例子. 在两个例子中, 变换 $x\to x+1$ 均为覆叠变换. 在第一个例子中, 这是因为有等式 $\exp\{2\pi\mathrm{i}(x+1)\}=\exp\{2\pi\mathrm{i}x\}$; 而在第二个例子中, 由 E 的定义显然得知 $x\to x+1$ 为覆叠映射.

习题 6.2. 证明上述例子中的覆叠群为 $\mathbf{Z}$. 换言之, 映射 $x\to x+n$, $n\in\mathbf{Z}$ 构成所有覆叠变换全体.

注意: $(\mathbf{R},S^1,E)$ 的覆叠群为 $\mathbf{Z}$, 与基本群 $\pi_1(S^1)$ 相同, 即, 这两个群同构. 随后我们将给出覆叠群与基本群同构的条件.

6.3　平 坦 环 面

第二个覆叠空间的典型例子是 $E:\mathbf{R}^2\to X$, 这里 X 为平坦环面. 正如第 1.9 节讲过的, 平坦环面可以通过黏合平行四边形 P_0 的对边得到, 见图 6.1.

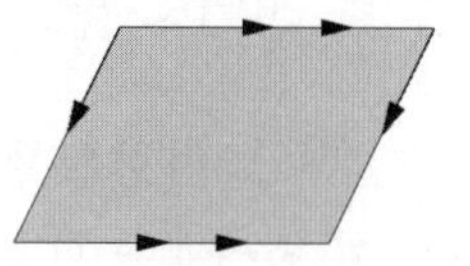

图 6.1: 平坦环面

该曲面同胚于 $S^1 \times S^1$, 其基本群同构于 $\mathbf{Z}^2$. 存在一个从 $\mathbf{R}^2$ 到 X 的漂亮覆叠. 如图 6.2 所示, 可以用平行四边形 P_0 通过平移密铺 $\mathbf{R}^2$. 给定 $\mathbf{R}^2$ 中任意一点 x, 设 x 属于平行四边形 P_x, 存在唯一平移 $T_x : P_x \to P_0$. 从而可以定义 $E(x) = [T_x(x)] \in X$.

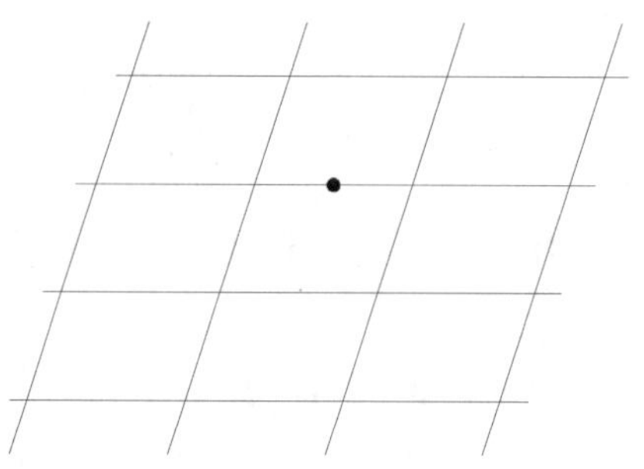

图 6.2: 平行四边形密铺

以上定义 E 的方法好处在于当 x 处于几个平行四边形交界处时, $E(x)$ 也是合理定义的. 比如说 x 为图 6.2中的黑点, 即它在某条横边中点处. 这时 P_x 可以取为以 x 所在边为顶边或底边的平行四边形. 在第一种情形下, $T_x(x)$ 落在 P_0 的顶边的中点处; 而在第二种情形下, $T_x(x)$ 落在 P_0 底边的中点处. 但这两个点在 X 中为同一个点.

习题 6.3. 证明 $E : \mathbf{R}^2 \to X$ 为覆叠映射, 而此时的覆叠群为 $\mathbf{R}^2$ 密铺平行四边形所用到的平移群, 即 $\mathbf{Z}^2$. 我们再一次得到覆叠群与基本群同构.

平坦环面的例子比较特殊, 还不足以代表一般情形. 比如说它的覆叠群与基本群均为交换群, 这一点非常特殊. 尽管如此, 我认为我 80% 的直觉来自这个例子, 所以它完全值得仔细研究. 而我另外 19% 的直觉来自下一节的习题 6.5, 剩余的 1% 来自更加复杂的例子.

6.4 更多例子

本节介绍两个覆叠空间及覆叠群的例子. 第一个例子的覆叠群和基本群为非平凡有限群.

习题 6.4. 设 S^2 为 2 维球面. $\mathbf{P}^2$ 为射影平面, 定义为 S^2 对径点组成的等价类. 证明: 自然映射 $S^2 \to \mathbf{P}^2$ 为覆叠映射. (注: 解这道题需要用到 $\mathbf{P}^2$ 上的度量.) 证明: 覆叠群为 $\mathbf{Z}/2$. 我们再一次得到覆叠群与基本群同构.

到目前为止, 我们讨论过的所有例子里, 覆叠群都是交换群. 下面的习题是个重要例子, 它的覆叠群不是交换群.

习题 6.5. 设 X 为同胚于横 8 字形的空间, 如图 6.3(b) 所示. 设 $\widetilde{X}$ 为四价无穷树. 构造一个映射 $\widetilde{X} \to X$ 使其成为覆叠映射. (图 6.3(a) 显示了该树的一部分, 而真正的树是无穷延伸的, 在每个顶点都有 4 个分叉). 证明: $(\widetilde{X}, X, E)$ 的覆叠群同构于两个生成元的自由群. 我们再一次得到覆叠群与基本群同构.

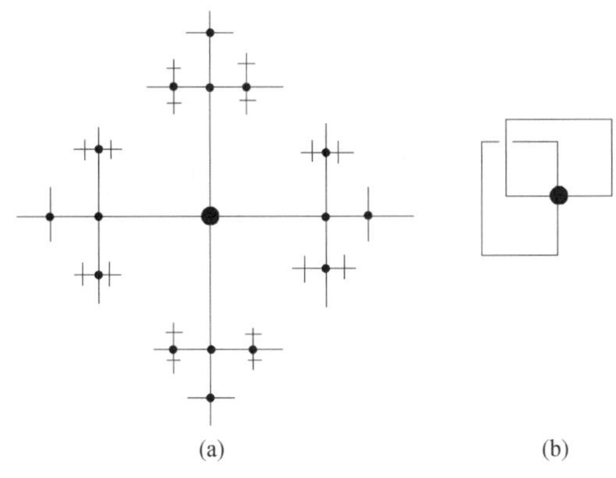

图 6.3: 四价树与 8 字形

6.5 单连通空间

我们知道, 道路连通空间中任意两点都可以用一条连续曲线联结. 设 X 为道路连通的度量空间. X 称为单连通, 如果 $\pi_1(X)$ 为平凡群. 这一定义不依赖于基点的选取. 平面是单连通的, 树也是单连通的.

假设 $f_0, f_1 : [0,1] \to X$ 为两条道路, 且 $f_0(0) = f_1(0), f_0(1) = f_1(1)$, 即这两条道路有相同的起点和终点. 如果存在一个同伦 F, 使得 $f_t(0)$ 与 $f_1(1)$

不依赖于 t, 我们称 f_0 与 f_1 道路同伦. 和往常一样, 这里 $f_t(x) = F(x,t)$, 其中 F 为单位正方形上的映射. 直观来说, 道路同伦将一条道路连续地变为另一条道路, 且保持端点不动. 如果 $f_t(0) = f_t(1)$, 那么道路同伦就成了闭路同伦.

下面的习题揭示了道路同伦与单连通的关系.

习题 6.6. 设 X 为单连通空间. 证明: 任意两条端点相同的道路同伦. (证明概要: 设 x 为两条道路的共同起点. 考虑由 f_0 与 f_1^{-1} 构成的闭路 g. $[g] \in \pi_1(X,x)$, 从而 g 同伦于点 x 的退化闭路. 设 G 为从 g 到点 x 的闭路同伦映射. 将 G 进行改造使其成为 f_0 与 f_1 的同伦. 图 6.4 给出了具体的构造方法.)

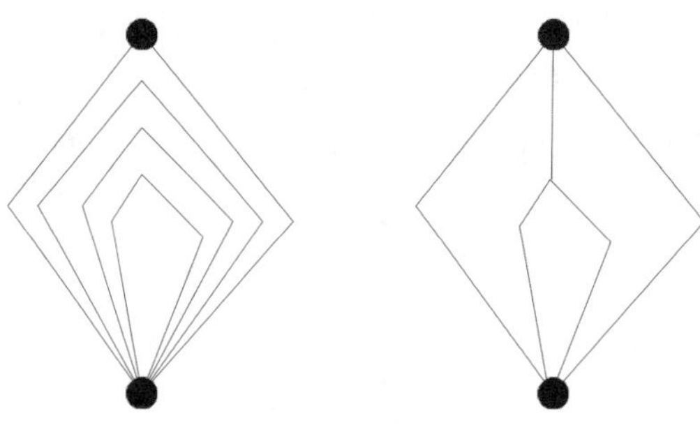

图 6.4: 改变同伦

习题 6.7. 设 $\{B_i\}$ 为 $\mathbf{R}^3$ 中可数个不相交的闭球体. 证明 $\mathbf{R}^3 - \cup_i B_i$ 为单连通空间.

6.6 同构定理

下面介绍本章的主要定理. 作者个人认为它也是代数拓扑学最漂亮的定理之一.

定理 6.1 (同构定理). 假设:

- $E : \widetilde{X} \to X$ 为覆叠映射.
- $\widetilde{X}$ 与 X 为道路连通空间.
- $\widetilde{X}$ 为单连通空间.

则 $\pi_1(X)$ 同构于 $(\widetilde{X}, X, E)$ 的覆叠群.

本章剩下的几节给出同构定理的证明.

6.7　Bolzano-Weierstrass 定理

度量空间 X 中一个点列 $\{c_j\}$ 称为 Cauchy 列, 如果对于任意 $\epsilon > 0$, 存在自然数 N, 使得 $i, j > N$ 时, 有 $d(c_i, c_j) < \epsilon$. 收敛列一定是 Cauchy 列. 人们不禁要问: 其逆是否成立? 如果 X 中每一个 Cauchy 列都收敛到 X 中一点, 那么X 称为完备的.

习题 6.8. 证明: $\mathbf{Q}$, 有理数全体, 不是完备空间.

$\mathbf{R}$ 的基本公理指出它一定是完备空间. 你一定好奇如何证明 $\mathbf{R}$ 完备. 通常的办法是从 $\mathbf{Q}$ 出发来定义 $\mathbf{R}$, 使得 $\mathbf{R}$ 自然满足完备性. 下面是大概思路. 设 X 为 $\mathbf{Q}$ 中所有 Cauchy 列的全体. 定义两个 Cauchy 列 $\{a_i\}$ 与 $\{b_i\}$ 等价, 如果 $a_1, b_1, a_2, b_2, \ldots$, 也是一个 Cauchy 列. 直观来讲, 等价的 Cauchy 列如果收敛的话极限应该相同. $\mathbf{R}$ 定义为 X 的等价类全体. Cauchy 列可以逐项加减乘除 (分母非零), 而这些运算均保持等价关系.

习题 6.9. 在 $\mathbf{R}$ 为完备空间的公理假设下, 证明下列结论. 设 $Q_1 \supset Q_2 \supset Q_3 \supset \cdots$ 为 $\mathbf{R}^n$ 中的立方体套, 使得 Q_j 的直径当 j 趋于无穷时趋于 0, 则 $\cap_j Q_j$ 为单点集. (提示: 考虑 Q_j 的中心.)

定理 6.2 (Bolzano-Weierstrass 定理). $\mathbf{R}^n$ 中单位立方体 Q_0 中的任何序列 $\{c_j\}$ 必有收敛子列.

证明. Q_0 是 2^n 个边长为 $1/2$ 的立方体的并集. 其中至少有一个, 不妨记为 Q_1, 包含无穷多个 c_j. 而 Q_1 为 2^n 个边长为 $1/4$ 的立方体的并集, 其中至少有一个, 记为 Q_2, 包含无穷多个 c_j. 依此类推. 根据习题 6.9 (译注: 原文有误), 交集 $\cap_i Q_i$ 为单点集, 该点即是 $\{c_j\}$ 的极限. □

6.8　提 升 性 质

本节以 $E : \widetilde{X} \to X$ 表示覆叠映射. 设 Q 为 $\mathbf{R}^n$ 中的立方体, $f : Q \to X$ 为连续映射. (大多数时候, 我们感兴趣的是 Q 为 2 维正方形.) f 的一个提升是指映射 $\widetilde{f} : Q \to \widetilde{X}$, 使得 $E \circ \widetilde{f} = f$. 这一定义是上一章覆叠映射的推广. 本节目的是给出上一章例子中所用结论的严格证明.

先来证明一个技术性引理.

引理 6.3. 存在自然数 N, 使得如果 $Q' \subset Q$ 为 Q 中边长不超过 $1/N$ 的子立方体, 那么 $f(Q')$ 包含在 X 的被均匀覆叠的邻域中.

证明. 假设结论不成立, 则存在一串立方体 $\{Q_j\}$, 其直径趋于 0, 但是 $f(Q_j)$ 不属于 X 的被均匀覆叠的邻域. 设 c_j 为 Q_j 的中心. 根据 Bolzano-Weierstrass 定理, $\{c_j\}$ 必有收敛子列. 通过只保留以该子列为中心的子立方体, 不妨假设 $\{c_j\}$ 收敛到 $x \in Q$. 则 $f(x)$ 包含在某个被均匀覆叠的邻域 U 中. 于是当 j 充分大时, 根据 f 的连续性, $f(Q_j) \subset U$, 从而导致矛盾. □

引理 6.4. 设 Q 为一立方体, $f : Q \to X$ 为连续映射. 设 v 为 Q 的一个顶点. $\widetilde{x} \in \widetilde{X}$ 为 $\widetilde{X}$ 上一点, 使得 $E(\widetilde{x}) = f(v)$. 假设 $f(Q)$ 包含在一个被均匀覆叠的邻域中, 则存在唯一一个提升 $\widetilde{f} : Q \to \widetilde{X}$, 使得 $\widetilde{f}(v) = \widetilde{x}$.

证明. 设 $U \subset X$ 为被均匀覆叠的邻域, 使得 $f(Q) \subset U$. $E^{-1}(U)$ 为 $\widetilde{U}_1, \widetilde{U}_2, \cdots$ 的不相交并集, 使得 $E : \widetilde{U}_j \to U$ 为同胚. 设 $\widetilde{U}_k$ 为包含 x 的分支, F 为 E 限制在 $\widetilde{U}_k$ 上的逆, 则有且必有 $\widetilde{f} = E \circ f$. □

与上一章一样, 我们希望将 $f(Q)$ 包含在某个被均匀覆叠的邻域这一假设去掉.

定理 6.5. 设 Q 为一立方体, $f : Q \to X$ 为连续映射. 设 v 为 Q 的顶点, 设 $\widetilde{x} \in \widetilde{X}$ 使得 $E(\widetilde{x}) = f(v)$. 则存在唯一提升 $\widetilde{f} : Q \to \widetilde{X}$, 使得 $\widetilde{f}(v) = \widetilde{x}$.

证明. 根据引理 6.3, 可以找到某个自然数 N 使得任何直径不超过 $1/N$ 的立方体均被 f 映射到 X 的某个被均匀覆叠的邻域中. 将 Q 分拆为 $Q = Q_1 \cup \cdots \cup Q_m$. 对 $Q_1, \ldots, Q_m$ 重新命名, 使得对任何 k, Q_k 与某个 $Q_j, j < k$ 至少有一个共同顶点 v_k, 且 $v = v_1$ 为 Q_1 的顶点. 依照引理 6.4, 在 Q_1 上定义 $\widetilde{f}$, 由此我们知道 $\widetilde{f}(v_2)$ 的值, 进而可以在 Q_2 上定义 $\widetilde{f}$. $\widetilde{f}$ 的唯一性确保 $\widetilde{f}$ 在 Q_2 中与 Q_1 中的定义相容, 因为 $Q_1 \cap Q_2$ 包含在某个被均匀覆叠的邻域中. 这样依次下去, 直到我们在整个 Q 上唯一地定义好了 $\widetilde{f}$. □

我们只会用到上述定理在 $Q = [0,1]$ 或者 $[0,1]^2$ 的结论, 但是知道一般结论成立也不无好处.

6.9 同构定理的证明

证明分四步:

(1) 同构映射的构造.

(2) 证明该映射为同态.

(3) 证明该同态为单同态.

(4) 证明该同态为满同态.

6.9.1　同构映射 $\varPhi$ 的构造

因为 X 为道路连通空间, $\pi_1(X,x)$ 的同构不依赖于基点的选取. 设 $x\in X$ 为一个基点, $G=\pi_1(X)$, 而 D 为覆叠变换群. 设 $\widetilde{x}\in\widetilde{X}$ 使得 $E(\widetilde{x})=x$. 在接下来的证明中 $\widetilde{x}$ 固定不变. 假设 $h\in D$ 为一覆叠变换, 则 $\widetilde{y}=h(\widetilde{x})$ 为另外一点. 注意到

$$E(\widetilde{y})=E\circ h(\widetilde{x})=E(\widetilde{x})=x.$$

因为 $\widetilde{X}$ 为道路连通空间, 则存在一个道路 $\widetilde{f}:[0,1]\to\widetilde{X}$ 使得 $\widetilde{f}(0)=\widetilde{x},\widetilde{f}(1)=\widetilde{y}$. 定义 $f=E\circ\widetilde{f}$. 根据构造, f 为以 x 为基点的闭路. 定义

$$\varPhi(h)=[f]\in G. \tag{6.1}$$

下面证明 $\varPhi$ 有合理定义. 假设 $\widetilde{f}_0,\widetilde{f}_1$ 为联结 $\widetilde{x},\widetilde{y}$ 的两条道路. 因为 $\widetilde{X}$ 为单连通空间, 所以存在从 $\widetilde{f}_0$ 到 $\widetilde{f}_1$ 的道路同伦 $\widetilde{F}$. 但是 $F=E\circ\widetilde{F}$ 为从 f_0 到 f_1 的闭路同伦, 从而 $[f_0]=[f_1]$. 即 $\varPhi$ 有合理定义.

6.9.2　$\varPhi$ 为同态的证明

映射 $\varPhi$ 是同态的证明看上去有点费解, 但是只要画个图一切就变得十分显然. 给定 $h_1,h_2\in D$ 为两个覆叠变换. 我们将证明

$$\varPhi(h_1\circ h_2)=\varPhi(h_1)\varPhi(h_2).$$

设 $\widetilde{y}_j=h_j(\widetilde{x}),j=1,2$. 设 $\widetilde{f}_j$ 为 $\widetilde{x}$ 到 $\widetilde{y}_j$ 的一条道路. 令 $f_j=E\circ\widetilde{f}_j$, 则 $\varPhi(h_j)=[f_j]$.

令 $\widetilde{z}=h_1\circ h_2(\widetilde{x})$. 注意到 $h_1\circ\widetilde{f}_2$ 为联结点 $h_1(\widetilde{x})=\widetilde{y}_1$ 与 $h_1(\widetilde{y}_2)=h_1\circ h_2(\widetilde{x})$ 的道路, 所以道路 $\widetilde{f}_1*(h_1\circ\widetilde{f}_2)$ 将 $\widetilde{x}$ 与 $\widetilde{z}$ 相联结. 但是

$$\begin{aligned}\varPhi(h_1\circ h_2)&=[E\circ(\widetilde{f}_1*(h_1\circ\widetilde{f}_2))]=[(E\circ\widetilde{f}_1)*(E\circ(h_1\circ\widetilde{f}_2))]\\ &=^*\ [(E\circ\widetilde{f}_1)*(E\circ\widetilde{f}_2)]=[f_1*f_2]=[f_1][f_2]=\varPhi(h_1)\varPhi(h_2),\end{aligned}$$

其中带 * 号的等式是因为 $E \circ h_1 = E$.

习题 6.10. 把上述证明在平坦环面的情形下逐步验证一遍, 并画出辅助图形.

6.9.3 Φ 为单射的证明

因为 Φ 为同态, 要证 Φ 为单射, 只要证明 Φ 的核为平凡核即可. 假定 $\Phi(h)$ 为 $\pi_1(X,x)$ 的单位元.

引理 6.6. $h(\widetilde{x}) = \widetilde{x}$.

证明. 令 $\widetilde{y} = h(\widetilde{x})$. 我们来证 $\widetilde{y} = \widetilde{x}$. 设 $\widetilde{f}$ 为联结 $\widetilde{x}$ 与 $\widetilde{y}$ 的道路. 令 $f = E \circ \widetilde{f}$, 则 $\Phi(h) = [f]$. 根据假设, 存在从 f 到常值闭路的同伦 F. 设 Q 为正方形, 根据构造, $F : Q \to X$ 为连续映射使得 $f_0 = f$ 而 f_1 为常值映射. 由提升定理知, 存在一个提升 $\widetilde{F} : Q \to \widetilde{X}$, 使得 $\widetilde{F}(0,0) = \widetilde{x}, E \circ \widetilde{F} = F$. 这里 $\widetilde{F}$ 满足 3 条性质:

- $\widetilde{f}_0$ 为 $f_0 = f$ 的提升. 根据唯一性, $\widetilde{f}_0 = \widetilde{f}$.
- $\widetilde{f}_1$ 为常值路径, 因为 f_1 为常值闭路.
- $F(0,t)$ 与 $F(1,t)$ 为 X 中的基点且不依赖于 t. 因此, $\widetilde{F}(0,t)$ 与 $\widetilde{F}(1,t)$为常值映射, 且 $\widetilde{f}_t$ 不依赖于 t.

由第 1 条性质知 $\widetilde{f}_0$ 的端点为 $\widetilde{x}$ 和 $\widetilde{y}$; 由第 2 条性质知 $\widetilde{f}_1$ 的端点为 $\widetilde{x}$ 和 $\widetilde{x}$; 由第 3 条性质知这两组端点相同, 从而 $\widetilde{x} = \widetilde{y}$. □

下面的引理给出 Φ 为单射的证明.

引理 6.7. 如果覆叠变换 h 满足 $h(\widetilde{x}) = \widetilde{x}$, 那么 h 为恒等变换.

证明. 设 $\widetilde{y}$ 为 $\widetilde{X}$ 中另一个点. 我们证明 $h(\widetilde{y}) = \widetilde{y}$. 设 $\widetilde{f}$ 为联结 $\widetilde{x}$ 与 $\widetilde{y}$ 的道路. 令 $x = E(\widetilde{x}), y = E(\widetilde{y})$, $f = E \circ \widetilde{f}$, 则 $f : [0,1] \to X$ 为联结 x 与 y 的道路. 道路 $\widetilde{f}$ 与 $h \circ \widetilde{f}$ 均为 f 的提升, 且在 0 处取相同的值, 即 $\widetilde{f}(0) = \widetilde{x}, h \circ \widetilde{f}(0) = h(\widetilde{x}) = \widetilde{x}$. 根据提升的唯一性, 这两个提升相同, 从而 $\widetilde{y} = \widetilde{f}(1) = h \circ \widetilde{f}(1) = h(\widetilde{y})$. □

6.9.4　Φ 为满射的证明

给定 $[g] \in \pi_1(X, x)$, 我们要构造一个覆叠变换 h 使得 $\Phi(h) = [g]$. 令 $\widetilde{y} \in \widetilde{X}$ 为任意点. 我们需要定义 $h(\widetilde{y})$. 令 $\widetilde{f}$ 为联结 $\widetilde{x}$ 与 $\widetilde{y}$ 的道路, 令 $f = E \circ \widetilde{f}$, 则 f 为 X 中联结 x 与 $y = E(\widetilde{y})$ 的道路. 考虑联结道路 $\gamma = g * f$. 根据提升定理, 可以找到一个提升道路 $\widetilde{\gamma}$ 联结 $\widetilde{x}$ 与 $h(\widetilde{y})$. 图 6.5 给出了 $\widetilde{X} = \mathbf{R}^2, X = T^2$ 时 h 的构造.

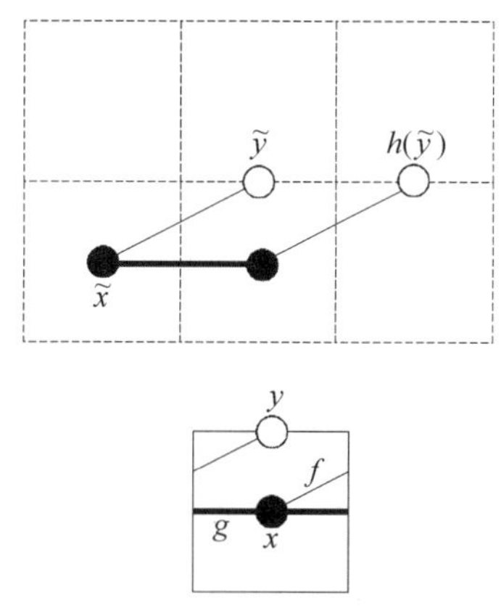

图 6.5: 道路的提升

习题 6.11. 证明定义 $h(\widetilde{y})$ 不依赖于 f 和 g 的选取. (提示: 仿照上一节的证明.)

为了计算 $\Phi(h)$, 考虑 $\widetilde{y} = \widetilde{x}$ 的情形. 这时可以将 $\widetilde{f}$ 取为常值道路, $\widetilde{\gamma}$ 为联结 $\widetilde{x}$ 与 $h(\widetilde{x})$ 的道路. $E \circ \widetilde{\gamma}$ 与 $g = E \circ \widetilde{g}$ 的区别仅仅在于前者多联结了一个常值闭路. 如果 h 为覆叠变换, 就有 $\Phi(h) = [\gamma] = [g]$. 因此剩下的最后一步就是证明 h 为覆叠变换.

引理 6.8. $E \circ h = E$.

证明. 我们来计算 $E \circ h(\widetilde{y})$. 根据构造, γ 与 f 均为联结 x 与 y 的道路, 因此

$$E \circ h(\widetilde{y}) =^1 E \circ \widetilde{\gamma}(1) = \gamma(1) = y = f(1) = E \circ \widetilde{f}(1) =^2 E(\widetilde{y}).$$

等式 $=^1$ 是因为 $\widetilde{\gamma}(1) = h(\widetilde{y})$, 等式 $=^2$ 是因为 $\widetilde{f}(1) = \widetilde{y}$. □

引理 6.9. h 为连续变换.

证明. 设 $\widetilde{y} \in \widetilde{X}$ 为一点. 令 $y = E(\widetilde{y})$. 存在一个 X 中 y 的被均匀覆叠的邻域 U_1. 令 $\widetilde{U}$ 为 $h^{-1}(U_1)$ 中包含 $\widetilde{y}$ 的分支. 令 $\widetilde{U}_2 = h(\widetilde{U}_1)$. 则 $\widetilde{U}_2$ 为另一个分支, 因为 $E \circ h = E$. 令 F_j 为 E 在 $\widetilde{U}_j$ 上的逆映射. 则在 $\widetilde{U}_1$ 上, $h = F_2 \circ E$. 作为两个连续映射 E, F_1 的复合, h 也连续. □

假设我们构造的是 $[g]^{-1}$, 就得到 h^{-1}. 因此 h 可逆, 且依照引理 6.9 的证明, h^{-1} 也连续. 从而 h 为同胚. 由此知道 h 属于覆叠变换群. 这就完成了定理的证明.

第 7 章　万有覆叠的存在性

上一章我们证明了 $(\widetilde{X}, X, E)$ 的覆叠群与 X 的基本群 $\pi_1(X)$ 同构. 这里, $\widetilde{X}$ 为单连通覆叠空间, $E : \widetilde{X} \to X$ 为覆叠映射. $\widetilde{X}$ 称为 X 的唯一万有覆叠. 所谓唯一, 是指 X 的任意两个万有覆叠空间彼此同胚.

本章在 X 的某些假设下证明万有覆叠空间的存在性. 我们给出的关于 X 的条件似乎不那么自然, 但是希望这样做会使得存在性的证明读起来更顺畅. 我们的主要研究对象是紧致曲面, 而任何紧致曲面都满足我们的条件.

关于万有覆叠存在唯一性的最一般结论, 感兴趣的读者可以参考 [HAT]. 确保万有覆叠空间 $\widetilde{X}$ 存在的最一般条件是: X 为半局部单连通, 而此时 $\widetilde{X}$ 也是唯一的.

7.1　主 要 结 论

给定度量空间 M 以及其上两条连续道路 $f_0, f_1 : [0,1] \to M$, 定义

$$D(f_0, f_1) = \sup_{t\in[0,1]} d(f_0(t), f_1(t)). \tag{7.1}$$

给定 M 上一点 x. 如果每一个点 $y \in M$ 都存在一条连续道路 $\gamma_y : [0,1] \to M$, 使得 $\gamma_y(0) = x, \gamma_y(1) = y$, 那么称 (M, x) 为锥形. 我们约定 γ_x 为 点x 处的平凡道路. 此外, 还有以下关于连续性的假设. 对任意 $y \in M$, 任意 $\epsilon > 0$, 存在 $\delta > 0$, 使得如果 $d(y, z) < \delta$, 那么 $D(\gamma_y, \gamma_z) < \epsilon$.

以上定义的基本想法是将 M 看作一个以 x 为顶点的锥. $(\mathbf{R}^n, 0)$ 是锥的典型例子, 这里你可以选取的道路是从原点出发速度为 1 的直线段.

习题 7.1. 证明: 如果 M 同胚于 $\mathbf{R}^n$, 那么 (M, x) 为锥形.

M 中道路 f_0 称为好道路, 如果存在 $\epsilon > 0$ 满足: $D(f_0, f_1) < \epsilon$ 且 f_0, f_1 有相同端点, 那么存在 f_0 到 f_1 的保持端点的同伦 F. 即, $f_t(0) = F(0, t)$, $f_t(1) = F(1, t)$ 不依赖于 t.

如果 M 中任何一条道路都是好道路, 且 M 中任何一点 x 都存在 $\epsilon > 0$ 使得以 x 为心, ϵ 为半径的开球 $B_\epsilon(x)$ 为单连通且为锥形, 空间 M 称为好空间. 这里 ϵ 可以依赖于 x 以及道路的选取.

下面为我们的主要结论.

定理 7.1. 任何好的度量空间都存在单连通覆叠.

习题 7.2. 证明平坦环面是好的.

习题 7.3. 证明任何有限图是好的.

习题 7.4. (此题较难) 证明任何紧致曲面是好的. (提示: 在定理 12.9 的证明中将给出完备双曲曲面情形的证明.)

习题 7.5. 给出一个度量空间例子, 其上没有非平凡的好道路. (提示: "瑞士奶酪". 译注: 数学中, "瑞士奶酪"是指复平面中单位闭圆盘挖去可数个边界不相交的开圆盘后得到的紧致空间.)

下面给出 $\widetilde{X}$ 及映射 $E : \widetilde{X} \to X$ 的构造. 取定 X 上基点 x. 定义 $\widetilde{x}$ 为 $(y, [f])$ 的集合, 其中 $y \in X$ 为一点, f 为联结 x 与 y 的道路. 这里 $[f]$ 为 f 的同伦等价类. 即 $[f_1] = [f_2]$ 当且仅当存在从 f_0 到 f_1 的保持端点的同伦.

目前 $\widetilde{X}$ 仅为一个集合. 定义

$$D([f_0], [f_1]) = \inf D(f_0, f_1). \tag{7.2}$$

这里下确界取自所有 $[f_0]$ 及 $[f_1]$ 的代表元 f_0, f_1. 最后, 定义

$$\widetilde{d}((y_0, [f_0]), (y_1, [f_1])) = d(y_0, y_1) + D([f_0], [f_1]). \tag{7.3}$$

习题 7.6. 证明 $\widetilde{d}$ 为 $\widetilde{X}$ 上一个度量. (提示: 唯一困难的地方是证明由 $\widetilde{d}(p, q) = 0$ 可以推出 $p = q$. 这里 $p, q \in \widetilde{X}$. 这等价于证明由 $D([f_0], [f_1]) = 0$ 可得 $[f_0] = [f_1]$. 利用 X 为好空间的假设来证明这一点.)

有显然映射 $E : \widetilde{X} \to X$, $E(y, [f]) = y$. 有几个关于 E 的性质立马可以得到. 因为 E 为度量非增映射, 所以 E 为连续映射. 还有, E 为满射, 因为 X 为道路连通空间.

习题 7.7. 利用 X 道路连通的事实证明 $\widetilde{X}$ 也是道路连通的.

剩下的就是证明 E 为一个覆叠映射, 且 $\widetilde{X}$ 为单连通空间. 下面两节分别来证明这两个论断.

7.2　E 为覆叠映射的证明

给定 X 上一点 y 以及以 y 为心、ϵ 为半径的球 U, 使得 U 为单连通且为锥形. 设 H 为联结 x 与 y 的道路同伦等价类. 首先, 来构造同胚 Ψ : $E^{-1}(U) \to U \times H$. 这是 $E^{-1}(U)$ 为 U 的不相交分支的并集的严格说法.

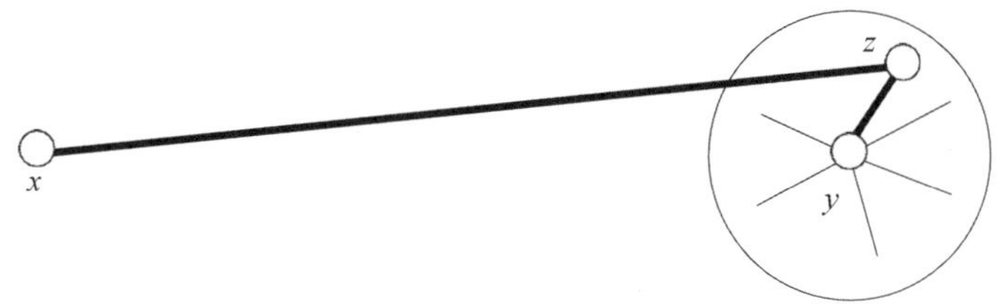

图 7.1: 道路的提升

对于任意 $z \in U$, 令 $\gamma(y,z)$ 为锥形定义中提到的从 y 到 z 的道路. 令道路 $\gamma(z,y)$ 为 $\gamma(y,z)$ 的逆道路. 给定 $(z,[f]) \in E^{-1}(U)$, 定义

$$\Psi(z,[f]) = (z,[f * \gamma(z,y)]), \tag{7.4}$$

如图 7.1 所示. 如果 f_0, f_1 均为 $[f]$ 的代表元, 那么从 f_0 到 f_1 的道路同伦可以延拓成从 $f_0 * \gamma$ 到 $f_1 * \gamma$ 的道路同伦. 因此 Ψ 有合理定义.

引理 7.2. Ψ 为双射.

证明. 如果 $\Psi(z_0,[f_0]) = \Psi(z_1,[f_1])$, 那么 $z_0 = z_1$. 令 $z = z_0 = z_1$. 我们知道: $[f_0 * \gamma(z,y)] = [f_1 * \gamma(z,y)]$. 记 $\gamma = \gamma(z,y)$. 我们有 $[f_0 * \gamma] = [f_1 * \gamma]$. 但是

$$[f_0] = [f_0 * \gamma * \gamma^{-1}] = [f_1 * \gamma * \gamma^{-1}] = [f_1].$$

因此, Ψ 为单射.

现在证明 Ψ 为满射. 给定 $(z,[g]) \in U \times H$. 道路 $f = g * \gamma(y,z)$ 联结 x 与 z, 道路 g 与 $f * \gamma(z,y) = g * \gamma(y,z) * \gamma(z,y)$ 显然同伦. 因此, $\Psi(z,[f]) = (z,[g])$. □

$U \times H$ 上可以定义度量使得不同分支的点的距离为 1. 在一个固定分支 $U \times \{h\}$ 上, 使用 U 上的度量.

引理 7.3. Ψ 为同胚.

证明. 已经证明 Ψ 为双射, 只需要证明 Ψ 与 Ψ^{-1} 均为连续映射. 先看 Ψ. 假设 $(z_0,[f_0])$ 与 $(z_1,[f_1])$ 非常接近, 则 $f_0*\gamma(z_0,y)$ 与 $f_1*\gamma(z_1,y)$ 为两条非常接近的联结 x 与 y 的道路. 因为 X 为好空间, 所以当这两条道路足够接近时

$$[f_0*\gamma(z_0,y)]=[f_1*\gamma(z_1,y)].$$

而 z_0,z_1 非常接近, 所以 $\Psi(z_0,[f_0])$ 与 $\Psi(z_1,[f_1])$ 的第二坐标相同, 第一坐标非常接近. 因此, (不严格地) 证明了 Ψ 为连续映射.

下面来看 Ψ^{-1}. 沿用上一个引理的记号. 我们有

$$\Psi^{-1}(z,[g])=(z,[f]),$$

其中 $f=g*\gamma^{-1}$. 如果 $(z_0,[g_0])$ 与 $(z_1,[g_1])$ 距离小于 1, 那么 $[g_0]=[g_1]$. 但是这样就能用 g 来代表 $[g_0]$ 和 $[g_1]$. 从而 $f_0=g*\gamma(z_0,y)^{-1}$ 与 $f_1=g*\gamma(z_1,y)^{-1}$ 将非常接近. 因此, Ψ^{-1} 为连续映射. □

现在我们知道 Ψ 为从 $E^{-1}(U)$ 到 $U\times H$ 的一个同胚. 令 $\pi:U\times H\to U$ 为投射. $U\times H$ 的分支具有形式 $U\times\{h\}$, $h\in H$. 将 π 限制在每个分支 $U\times\{h\}$ 上都是同胚.

最后, 注意到

$$E=\pi\circ\Psi. \tag{7.5}$$

对 $E^{-1}(U)$ 的每个分支 $\widetilde{U}$, 存在一个 $h\in H$, 使得 $\Psi(\widetilde{U})=U\times\{h\}$, 且 Ψ 为 $\widetilde{U}$ 与 $U\times\{h\}$ 的同胚. 而 E 在 $\widetilde{U}$ 上的限制为两个同胚的合成, 从而也是同胚. 由此证明了 E 为覆叠映射.

7.3 $\widetilde{X}$ 为单连通空间的证明

我们将 $\widetilde{X}$ 中的基点 $\widetilde{x}$ 取为 $(x,*)$, 其中 $*$ 为联结 x 与自身的平凡道路. 假设 $f:[0,1]\to\widetilde{X}$ 为闭路, 则 $f(t)=(x_t,[\gamma_t])$, 其中 $x_t\in X$. γ_t 为联结 x 与 x_t 的道路. 注意到 $x=x_0=x_1$ 且 $[\gamma_0]$ 与 $[\gamma_1]$ 均为 $\pi_1(X)$ 的单位元.

令 $\beta(s)=x_s$. 定义 $\beta_t:[0,1]\to X$ 为

$$\beta_t(s)=\beta(st). \tag{7.6}$$

注意到 β_t 与 γ_t 均为联结 x 与 x_t 的道路.

引理 7.4. $[\beta_t]=[\gamma_t]$ 对所有 $t\in[0,1]$ 成立.

证明. 设 J 为所有满足 $[\beta_t]=[\gamma_t]$ 的 t 的集合. 我们知道 $0\in J$, 因为 β_0 与 γ_0 均在 $\pi_1(X,x)$ 中平凡. 我们证明 J 在 $[0,1]$ 中既开又闭, 从而 $J=[0,1]$.

J 为闭集. 假设 $[\beta_t]=[\gamma_t]$ 对收敛于 s 的序列 t 成立. 因为 β 与 f 都连续, 所以

$$(x_s,[\gamma_s])=\lim_{t\to s}(x_t,[\gamma_t])=\lim_{t\to s}(x_t,[\beta_t])=(x_s,[\beta_s]).$$

从而 $[\beta_s]=[\gamma_s]$, 即 $s\in J$.

J 为开集. 假设 $[\beta_t]=[\gamma_t]$. 令 $\beta_{t,s}$ 为 β 在 $[t,s]$ 上的限制. 对距离 t 很近的 s, 取 $\gamma_t*\beta_{t,s}$ 作为 $[\gamma_s]$ 的代表元. 这里利用了条件 $E:\widetilde{X}\to X$ 为覆叠映射. 但是

$$[\gamma_s]=[\gamma_t*\beta_{t,s}]=[\beta_t*\beta_{t,s}]=[\beta_s],$$

其中第 2 个等式是因为 $[\beta_t]=[\gamma_t]$. □

根据引理 7.4, 我们有

$$f(t)=(\beta(t),[\beta_t]). \tag{7.7}$$

因为 f 为 $\widetilde{X}$ 中闭路, 点 $f(1)=(x,[\beta])$ 为 $\widetilde{X}$ 的基点, 从而 $[\beta]$ 为 $\pi_1(X,x)$ 的平凡元素.

现在构造 f 与 $\widetilde{X}$ 的常值闭路之间的同伦. 我们有 $f=f_\beta$, 其中 f_β 为式子 (7.7) 的右端. 将 $f_\beta=(\beta(t),[\beta_t])$ 看作 β 的函数, f_β 随 β 连续变化. 因为在 $\pi_1(X,x)$ 中 $[\beta]=0$, 可以将 β 连续地缩成一个常值闭路, 这样一来, 式 (7.7) 定义的闭路也可以连续缩成 $\widetilde{X}$ 中一点. 换言之, $\widetilde{X}$ 中每一条闭路同伦于常值闭路. 因此 $\widetilde{X}$ 为单连通空间.

第 2 部分

曲面几何

第 8 章　Euclid 几　何

本章开启第2部分内容. 接下来的 3 章分别介绍 3 种经典的 2 维几何. 本章给出平面上 Euclid 几何的一些定理. 因为 Euclid 几何大家比较熟悉, 我们不花时间在基础知识上. 第 1 节介绍基本概念, 接下来的几节把注意力集中在一些有趣的定理上, 这些定理与复杂多边形分割有关.

8.1　Euclid 空　间

$\mathbf{R}^n$ 中的点积定义为

$$(x_1, \cdots, x_n) \cdot (y_1, \cdots, y_n) = x_1 y_1 + \cdots + x_n y_n. \tag{8.1}$$

向量 $\boldsymbol{X} = (x_1, \cdots, x_n)$ 的模定义为

$$\|\boldsymbol{X}\| = \sqrt{\boldsymbol{X} \cdot \boldsymbol{X}}. \tag{8.2}$$

点积满足 Cauchy-Schwartz 不等式. 我们将给出该不等式的两个证明.

引理 8.1. 给定任意两个向量 $\boldsymbol{X}$ 与 $\boldsymbol{Y}$, 有

$$|\boldsymbol{X} \cdot \boldsymbol{Y}| \leq \|\boldsymbol{X}\|\|\boldsymbol{Y}\|.$$

假设 $\boldsymbol{Y}$ 非零, 则等式成立当且仅当 $\boldsymbol{X}$ 为 $\boldsymbol{Y}$ 的常数倍.

证明 1. 不妨假设 $\boldsymbol{Y} \neq \mathbf{0}$. 对任意 t, 我们有

$$\|\boldsymbol{X}\|^2 + t^2\|\boldsymbol{Y}\|^2 - 2t(\boldsymbol{X} \cdot \boldsymbol{Y}) = \|\boldsymbol{X} - t\boldsymbol{Y}\|^2 \geq 0.$$

将 $t = (\boldsymbol{X} \cdot \boldsymbol{Y})/\|\boldsymbol{Y}\|^2$ 代入上式, 两边乘以 $\|\boldsymbol{Y}\|^2$, 然后再加以整理就得到要证的不等式. 而等号成立的唯一可能就是 $\|\boldsymbol{X} - t\boldsymbol{Y}\| = 0$, 此时 $\boldsymbol{X} = t\boldsymbol{Y}$. □

上面的证明为标准证明. 接下来给出另一个证明, 它看起来虽然有些复杂, 但是不像第一个证明那样出人意料.

证明 2. 如果两个实数 c, s 满足$c^2+s^2=1$, 那么映射

$$\boldsymbol{R}_{12}\begin{pmatrix}x_1\\x_2\\\vdots\\x_n\end{pmatrix}=\begin{pmatrix}cx_1+sx_2\\-sx_1+cx_2\\\vdots\\x_n\end{pmatrix} \tag{8.3}$$

保持点积不变. 该映射只改变前两个坐标. 类似地, 可以定义 $\boldsymbol{R}_{ij}$, 它只依赖于 c, s 且只改变第 i, j 个坐标. 不断对 $\boldsymbol{Y}$ 进行上述变换可以将 $\boldsymbol{Y}$ 最终变成 $\boldsymbol{Y}=(y_1,0,\cdots,0)$. 此时不等式显然成立. □

$\mathbf{R}^n$ 中的 Euclid 距离定义为

$$d(\boldsymbol{X},\boldsymbol{Y})=\|\boldsymbol{X}-\boldsymbol{Y}\|. \tag{8.4}$$

引理 8.2. d 满足三角不等式.

证明. 对于任意两个向量 $\boldsymbol{A}$ 和 $\boldsymbol{B}$,

$$\begin{aligned}&\|\boldsymbol{A}+\boldsymbol{B}\|^2=(\boldsymbol{A}+\boldsymbol{B})\cdot(\boldsymbol{A}+\boldsymbol{B})\\=\quad&\|\boldsymbol{A}\|^2+2(\boldsymbol{A}\cdot\boldsymbol{B})+\|\boldsymbol{B}\|^2\\\leq^*\quad&\|\boldsymbol{A}\|^2+2\|\boldsymbol{A}\|\|\boldsymbol{B}\|+\|\boldsymbol{B}\|^2=(\|\boldsymbol{A}\|+\|\boldsymbol{B}\|)^2.\end{aligned} \tag{8.5}$$

带 * 的不等式成立是因为 Cauchy-Schwartz 不等式. 因此,

$$\|\boldsymbol{A}+\boldsymbol{B}\|\leq\|\boldsymbol{A}\|+\|\boldsymbol{B}\|.$$

取 $\boldsymbol{A}=\boldsymbol{X}-\boldsymbol{Y}$, $\boldsymbol{B}=\boldsymbol{Y}-\boldsymbol{Z}$, 我们有

$$\begin{aligned}&d(\boldsymbol{X},\boldsymbol{Z})=\|\boldsymbol{X}-\boldsymbol{Z}\|=\|\boldsymbol{A}+\boldsymbol{B}\|\leq\|\boldsymbol{A}\|+\|\boldsymbol{B}\|\\\leq\quad&\|\boldsymbol{X}-\boldsymbol{Y}\|+\|\boldsymbol{Y}-\boldsymbol{Z}\|=d(\boldsymbol{X},\boldsymbol{Y})+d(\boldsymbol{Y},\boldsymbol{Z}).\end{aligned}$$

上述不等式对任意 $\boldsymbol{X},\boldsymbol{Y},\boldsymbol{Z}$ 均成立, 从而引理得证. □

向量 $\boldsymbol{X}$ 与 $\boldsymbol{Y}$ 的夹角 θ 满足

$$\cos\,\theta=\frac{\boldsymbol{X}\cdot\boldsymbol{Y}}{\|\boldsymbol{X}\|\|\boldsymbol{Y}\|}. \tag{8.6}$$

为了理解上式, 考虑 $\|\boldsymbol{X}\| = \|\boldsymbol{Y}\| = 1$ 的情形. 可以用 Cauchy-Schwartz 不等式第二个证明的变换使得 $\boldsymbol{X} = (1,0,\cdots,0)$, $\boldsymbol{Y} = (c,s,0,\cdots,0)$, 其中 $c^2+s^2=1$. 这样得到

$$\cos\theta = c. \tag{8.7}$$

上式正是已知的 $\cos\theta$ 的定义. 即, 当单位向量与 x 轴正向夹角为 θ 时, $\cos\theta$ 定义为其横坐标值.

到目前, 我们已经定义了 Euclid 空间的距离与夹角. 接下来谈谈一个立体的体积. 给定 $\mathbf{R}^n$ 中 n 个线性无关的向量 $\boldsymbol{V}_1,\cdots,\boldsymbol{V}_n$. 由这些向量定义的平行六面体定义为

$$\sum a_j\boldsymbol{V}_j, \quad a_1,\cdots,a_n \in [0,1].$$

该六面体的体积定义为

$$\det(\boldsymbol{V}_1,\cdots,\boldsymbol{V}_n) = \sum_{\sigma}(-1)^{|\sigma|}\prod_{i=1}^{n} V_{i\sigma(i)} \tag{8.8}$$

的绝对值 (译注: 原文有误). 这里和式取遍所有 $\{1,2,\cdots,n\}$ 的置换 σ. 如果 σ 为偶置换, 那么 $|\sigma|=0$; 否则 $|\sigma|=1$. V_{ij} 为 $\boldsymbol{V}_i$ 的第 j 个元素. 如果你没见到过行列式的定义, 你可以参考任何一本线性代数的书籍. 本书不是学习这一概念的地方.

倘若每个立体都可以分解成平行六面体, 一个立体的体积就可以定义为这些平行六面体的体积之和. 遗憾的是, 这个假设不成立. 我们还需要借助极限. 比如说, 给定一个立体, 你用小的立方体来填充它, 当填充越来越细密时, 这些立方体的体积之和趋于一个极限. 这就是微积分里体积的定义方法. 对于我们熟悉的立体, 比如球体, 椭球体等, 这个定义足够了.

利用测度论方法可以对更多的立体定义体积. 除了在第 22 章证明 Banach-Tarski 定理之外, 我们研究的都是非常简单的立体, 它们的体积在各种定义下都一样.

8.2 勾股定理

$\mathbf{R}^2$ 中距离的定义自然地蕴涵着勾股定理. 从点 (a,b) 到 $(0,0)$ 的距离定义为 $c=\sqrt{a^2+b^2}$, 因此自然地 $a^2+b^2=c^2$. 这里 a,b,c 为以 $(0,0),(a,0),(a,b)$ 为顶点的直角三角形的三条边. 注意: 该三角形很特殊, 它有两条边平行于坐标轴.

现在我们对平面任意直角三角形证明勾股定理. 证明有许多, 这里选两个作者个人喜欢的.

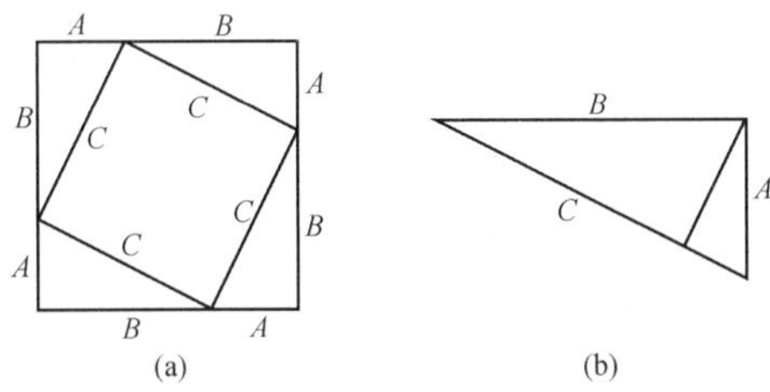

图 8.1: 勾股定理的两种证明

图 8.1(a) 大正方形的面积为 $(A+B)^2$, 同时大正方形可以分解为 4 个面积为 $AB/2$ 的直角三角形以及一个面积为 C^2 的小正方形之和. 因此, $(A+B)^2 = 2AB + C^2$. 简化后就有 $A^2 + B^2 = C^2$. 这是第一个证明.

下面是第二个证明. 给定任意直角三角形, 存在一个常数 k 使得斜边上的高与斜边的比为 k, 这里 k 只依赖于直角三角形的形状而不依赖于其大小. 该直角三角形的面积为 $kL^2/2$, 其中 L 为斜边边长. 因为 k 只依赖于直角三角形的形状, 而图 8.1(b) 的 3 个直角三角形相似, 整个大直角三角形的面积为 $kC^2/2$, 而两个小直角三角形的面积分别为 $kA^2/2$ 和 $kB^2/2$. 因此, $kC^2/2 = kA^2/2 + kB^2/2$. 两边消去 $k/2$ 得到 $C^2 = A^2 + B^2$.

8.3　相交弦夹角定理

本节证明平面几何的一个经典结论. 设 S^1 为单位圆, A, B 为 S^1 的两条弦, 如图 8.2(a) 所示. 设 $R(A,B) \subset S^1$ 为 A, B 两弦所夹锐角对应的一对圆弧 (图 8.2 中加粗的一对圆弧). 在夹角为直角时, 任取其中一对. 设 $L(A,B)$ 为圆弧对 $R(A,B)$ 的长度.

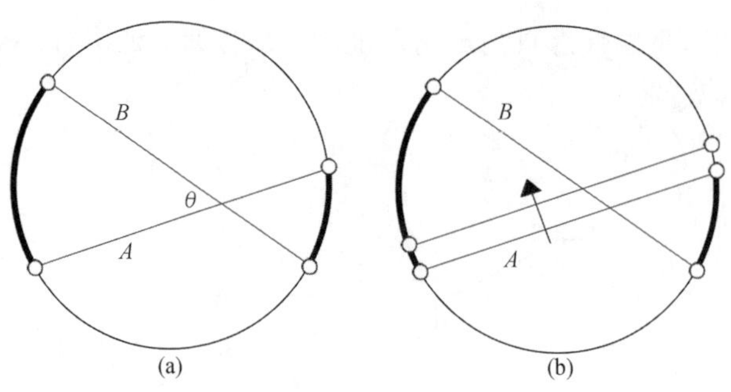

图 8.2: 弦 A 与弦 B

定理 8.3 (相交弦夹角定理). $L(A,B)$ 仅依赖于 A,B 两弦之间的夹角 $\theta(A,B)$ 而不依赖于交点的位置.

证明. 把 A,B 假想成可以移动的牙签. 图 8.2(b) 显示了 A 平行移动的结果. 根据对称性, 圆弧对 $R(A,B)$ 中的一段弧增加的弧长与另一段弧减少的弧长相等, 因此总弧长 $L(A,B)$ 不变. 平移弦 B 的结果也一样. 另外, 把圆盘转动任意角度既不改变 A,B 的夹角也不改变 $L(A,B)$. 通过旋转与平移, 可以把 A,B 的交点变到圆盘中任一点, 而 $L(A,B)$ 保持不变. □

当 A,B 的交点在圆心时, $L(A,B)=2\theta(A,B)$. 根据相交弦夹角定理, 这个等式无论交点在哪里都恒成立.

作为极端情形, 该定理也适用于 $A\cap B\subset S^1$ 的情形. 此时可以重新表述定理的结论. 固定 S^1 上两点 x_1,x_2, 而 y 为 S^1 上任意一点. 令 $\theta(y)$ 为弦 $\overline{yx_1}$ 与弦 $\overline{yx_2}$ 的夹角, 则根据相交弦夹角定理, $\theta(y)$ 不依赖于 y 的选取.

8.4 Pick 定理

Pick 定理是大学时我从同窗好友 Sinai Robins 那里学到的. 想要了解 Pick 定理更多细节及其高维推广的读者, 可以参考由 Matthias Beck 与 Sinai Robins 合著的 [BRO].

设 $\mathbf{Z}^2\subset\mathbf{R}^2$ 为整数格点集. $\mathbf{R}^2$ 中格点多边形是指顶点在 $\mathbf{Z}^2$ 中的多边形. 即, 顶点坐标为整数的多边形. 图 8.3 给出了一些格点多边形的例子. 设 P 为格点多边形, $i(P)$ 为 P 内部的格点数, $e(P)$ 为 P 边界上的格点数 (包括 P 的顶点).

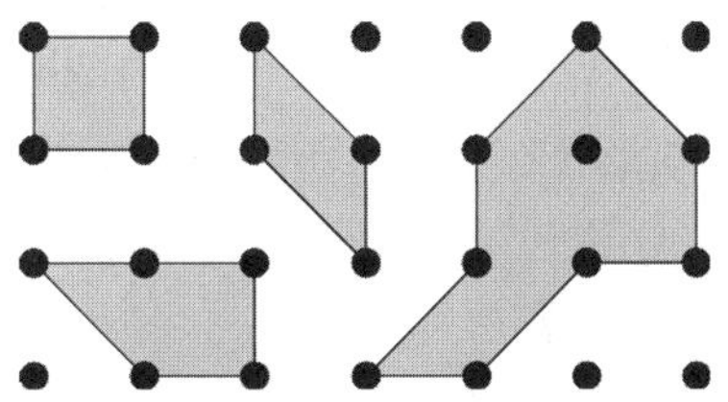

图 8.3: 格点多边形

定理 8.4 (Pick 定理). P 的面积等于

$$i(P)+\frac{e(P)}{2}-1.$$

读者可以验证上述公式对图 8.3 中格点多边形的正确性. 在定理证明过程中, 我们将经常使用"P 的面积"的说法, 而实际指的是由 P 围成的图形的面积, 希望这一说法不会产生误解.

习题 8.1. 设 P 为顶点为整数的平行四边形, 证明 P 的面积为整数. (提示: 在复平面上, 假设 P 的顶点为 O, V, W 以及 $V+W$. 证明: 面积$(P) = \mathrm{Im}(V\overline{W})$.)

如果格点平行四边形 P 满足 $i(P)=0$, $e(P)=4$, 那么称其为本原格点平行四边形.

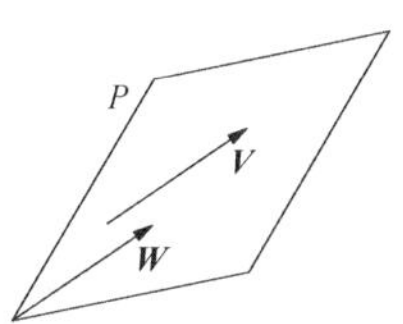

图 8.4: 向量的平移

引理 8.5. Pick 定理对本原格点平行四边形成立.

证明. 根据习题 8.1, 格点平行四边形面积为整数, 因此只需要证明 P 的面积至少为 1.

设 X 为正方形环面, 其面积为 1. 设 $E:\mathbf{R}^2\to X$ 为万有覆叠映射 (见第 6.3 节). 令 P° 为本原平行四边形内部.

我们证明 $E(P^\circ)$ 为到 X 的嵌入. 否则, 可以找到 P° 中两点 x_1, x_2, 使得 $E(x_1)=E(x_2)$, 但是 $x_1-x_2\in\mathbf{Z}^2$. 令 $\boldsymbol{V}$ 为以 x_1 为起点, x_2 为终点的向

量, 该向量有整数坐标. 根据 P 的凸性, 可以找到与 $\boldsymbol{V}$ 平行的向量 $\boldsymbol{W}$, 使得 $\boldsymbol{W}$ 的起点为 P 的顶点, 终点落在 P 的边上或者内部 (如图 8.4 所示).

因为 $\boldsymbol{W} \in \mathbf{Z}^2$, P 的顶点也在 $\mathbf{Z}^2$ 中, 所以 $\boldsymbol{W}$ 的终点在 $\mathbf{Z}^2$ 中. 这样就会有 $i(P) > 0$ 或者 $e(P) > 4$, 这是矛盾的. 所以, $E(P)$ 为嵌入. 因此

$$\text{面积}(P) = \text{面积}(E(P)) \leq \text{面积}(X) = 1.$$

□

如果格点三角形 T 满足 $i(T) = 0$ 且 $e(T) = 3$, 那么 T 称为本原格点三角形.

习题 8.2. Pick 定理对本原格点三角形成立.

我们称多边形 P 可剖分成格点多边形 P_1 与 P_2, 如果:

- P_1, P_2 围成的开区域互不相交且 $P_1 \cap P_2$ 为连通的折线.
- P 围成的闭区域是 P_1 和 P_1 围成的闭区域的并集.

如图 8.5 所示.

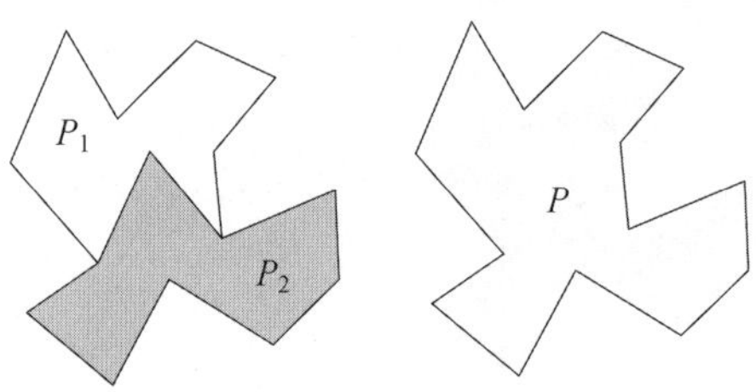

图 8.5: 多边形剖分

引理 8.6. 假设 P 可剖分为 P_1, P_2. 如果 Pick 定理对 P_1, P_2 均成立, 那么它对 P 也成立.

证明. 设 $A =$ 面积(P), $A_1 =$ 面积(P_1), $A_2 =$ 面积(P_2). 显然 $A = A_1 + A_2$. 记 $P_1 \cap P_2$ 的顶点数为 n. 令 $i = i(P), i_1 = i(P_1), i_2 = i(P_2)$. 令 $e = e(P), e_1 = e(P_1), e_2 = e(P_2)$. 我们有,

$$i = i_1 + i_2 + n - 2, \quad e = e_1 + e_2 - 2n + 2.$$

因此,

$$
\begin{aligned}
i+\frac{e}{2}-1 &= i_1+i_2+n-2+\frac{e_1}{2}+\frac{e_2}{2}-n+1\\
&=\left(i_1+\frac{e_1}{2}-1\right)+\left(i_2+\frac{e_2}{2}-1\right)=^{*} A_1+A_2=A.
\end{aligned}
$$

这里带 * 的等式是根据 Pick 定理得出的. □

习题 8.3. 设 P 为格点多边形, 但不是本原三角形. 证明: P 可以剖分为两个格点多边形.

根据习题 8.3, 任意一个格点多边形都可剖分为有限个本原三角形的并集. 每个这样的本原三角形的面积为 1/2, 因此格点多边形的面积为半整数. 接下来的证明就是对面积进行归纳.

引理 8.7. 设 P 为面积不超过 1/2 的格点多边形, 则 P 必为本原三角形. 特别地, Pick 定理对 P 成立.

证明. 反复利用习题 8.3 的结论, 任意格点多边形可以剖分为本原三角形的并集. 如果 P 不是本原三角形, 那么 P 可以剖分为至少两个本原三角形, 而每一个本原三角形的面积为 1/2, 从而导致 P 的面积至少为 1. 这是矛盾的. □

现在假设 P 为任意格点多边形. 如果 P 不是本原三角形, 那么可以将 P 剖分为两个格点多边形 P_1, P_2, 它们的面积都更小. 根据归纳假设, Pick 定理对 P_1, P_2 成立. 根据引理 8.6, Pick 定理对 P 也成立. 这就证明了定理.

8.5　多边形剖分定理

多边形 P 的剖分是指将 P 表示为彼此不相重叠的小多边形的并集 $\bigcup\limits_{i=1}^{n} P_i$. 两个多边形 P 与 P' 称为剖分等价, 记为$P \sim P'$, 如果存在剖分

$$
P=\bigcup_{i=1}^{n} P_i,\quad P'=\bigcup_{i=1}^{n} P_i',
$$

使得对所有 $i=1,\cdots,n$, P_i 与 P_i' 等距同构. 大致来说, 两个多边形剖分等价是指可以将其中一个切成小多边形, 重新拼合成为另一个多边形. 本节证明下面的经典结果:

定理 8.8. 两个面积相等的多边形剖分等价.

这个定理通常称为 Bolyai-Gerwien 定理. 但据我所知, 这个定理最早出现在 William Wallace 的一项工作中. 见 [WAL].

习题 8.4. 证明: $\sim$ 为等价关系.

设 $R(A,B)$ 为边长为 A,B 的长方形. 根据习题 8.4, 通过伸缩, 只需要证明面积为 1 的多边形剖分等价于单位正方形 $R(1,1)$. 下面证明面积为 $a<1$ 的三角形剖分等价于 $R(1,a)$. 有了这个结论后, 我们可以将多边形切割成面积为 $a_1,\cdots,a_n$ 的三角形, 使得 $a_1+\cdots+a_n=1$, 然后将第 j 个三角形切割重组成 $R(1,a_j)$, 再将这些长方形摞起来得到 $R(1,1)$. (如图 8.6 所示.)

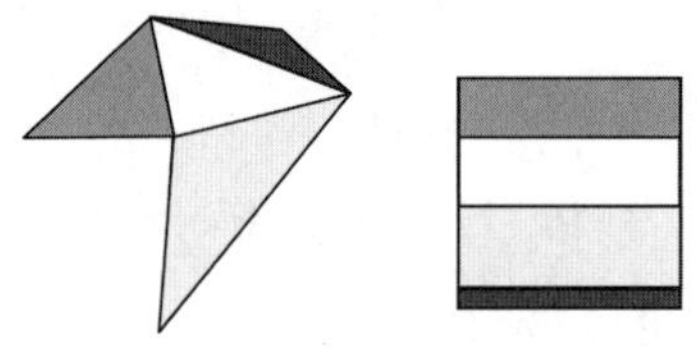

图 8.6: 证法图示

一旦证明了下面的引理, Bolyai-Gerwien 定理就得到了证明.

引理 8.9. 面积为 $a<1$ 的三角形剖分等价于 $R(1,a)$.

证明. 非直角三角形可以剖分为两个直角三角形, 因此只需要对直角三角形证明引理成立即可. 图 8.7 给出证明方法的图示.

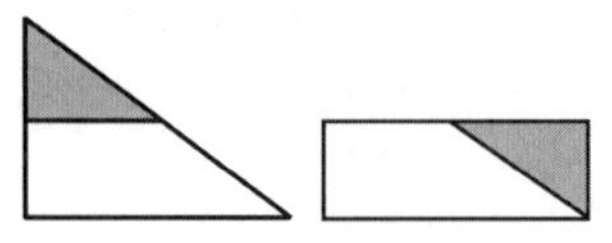

图 8.7: 直角三角形与长方形的等价

长方形 $R(A,B)$ 称为"好"长方形, 如果 $A/B\in[1/2,2]$. 将长方形竖着切成相等的两半, 然后将这两个小长方形竖着摞起来. 如此不断重复, 由此看出任何长方形都剖分等价于好长方形.

下面是证明的精彩之处. 图 8.8 显示如何证明面积为 2 的"好"长方形剖分等价于 $R(1,2)$. 即, 对任意 $s \in (1, \sqrt{2}]$,

$$R(1,2) \sim R(s, 2/s).$$

图 8.8 中 $s = \sqrt{1+t^2}$, 其中 $t \in (0,1]$.

现在我们知道任意两个面积为 2 的"好"长方形都剖分等价. 通过伸缩, 任何两个面积相等的"好"长方形都剖分等价. 而每个长方形都剖分等价于"好"长方形, 所以任何两个面积相等的长方形剖分等价. 由此, 面积为 a 的三角形剖分等价于面积为 a 的长方形, 从而等价于 $R(1,a)$.

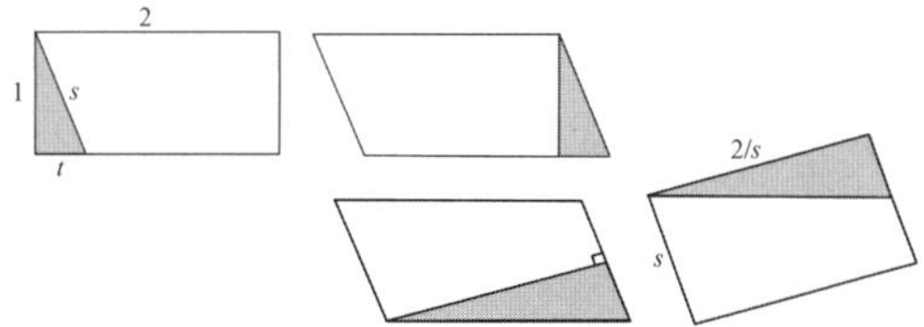

图 8.8: $R(1,2)$ 与 $R(s,2/s)$ 的等价

□

读者可能好奇 Bolyai-Gerwien 定理是否可以推广到高维. 答案是不能, 这就是所谓的 Dehn 剖分定理. 我们将在第 22 章给出该定理的证明.

8.6　线　积　分

作为证明 Green 定理的准备, 本节介绍线积分的概念. 本节内容可以在任何一本微积分的书中找到, 比如 [SPI].

线性泛函是一个 $\mathbf{R}^2$ 到 $\mathbf{R}$ 的映射. 开集 $U \subset \mathbf{R}^2$ 上的 1-形式 ω 是指在每一点 $p \in U$ 对应一个线性泛函 ω_p, 且 ω_p 光滑地依赖于 p. 我们提两个特殊的 1-形式, $\mathrm{d}x$ 与 $\mathrm{d}y$. 它们在每一点都有定义且

$$\mathrm{d}x(v_1, v_2) = v_1, \quad \mathrm{d}y(v_1, v_2) = v_2, \tag{8.9}$$

其中 (v_1, v_2) 为给定点处的向量. 可以将任何一个 1-形式写成这两个特殊 1-形式的线性组合

$$\omega = f\mathrm{d}x + g\mathrm{d}y, \tag{8.10}$$

其中 $f,g:U\to\mathbf{R}$ 为光滑函数. 在点 p 处有

$$\omega_p(V)=f(p)v_1+g(p)v_2. \tag{8.11}$$

这里 $\boldsymbol{V}=(v_1,v_2)$ 为点 p 处的向量.

令 $\gamma:[0,1]\to\mathbf{R}^2$ 为一条光滑曲线, ω 为 1-形式. 定义

$$\int_\gamma\omega=\int_0^1\omega_{\gamma(t)}(\gamma'(t))\mathrm{d}t.$$

习题 8.5. 证明:

$$\int_\gamma\omega_1+\omega_2=\int_\gamma\omega_1+\int_\gamma\omega_2.$$

习题 8.6. 证明:

$$\int_{-\gamma}\omega=-\int_\gamma\omega.$$

这里 $-\gamma$ 是 γ 的逆向道路.

线积分只依赖于 γ 的象集 $\{\gamma(t),t\in[0,1]\}$ 以及 γ 的方向. 假设 $s:[0,1]\to[0,1]$ 为保持方向的微分同胚. 取 $\beta=\gamma\circ s$, 则:

引理 8.10.

$$\int_\beta\omega=\int_\gamma\omega.$$

证明. 根据习题 8.5, 只需要对形如 $f\mathrm{d}x$ 和 $g\mathrm{d}y$ 的 ω 证明引理即可. 后者的证明与前者类似, 因此只需要考虑 $\omega=f\mathrm{d}x$ 即可. 此时 $\gamma(t)=(u(t),v(t))$. 注意到

$$\int_\gamma\omega=\int_0^1 fu'\mathrm{d}t=\int_0^1(fu')\circ s(t)s'(t)\mathrm{d}t,$$

其中 $u'=\mathrm{d}u/\mathrm{d}s$. 第 2 个等式是积分变量替换公式. 另一方面,

$$\int_\beta\omega=\int_0^1\frac{\mathrm{d}(u\circ s)}{\mathrm{d}t}f\circ s(t)\mathrm{d}t=\int_0^1(fu')\circ s(t)s'(t)\mathrm{d}t,$$

其中第 2 个等式是将导数的链式法则应用于被积函数. 两式的右端相同, 因此引理对 $f\mathrm{d}x$ 成立. □

这里有一点值得注意, 线积分仅依赖于 γ 的定向及其象. 因此可以在选定了方向的曲线上积分.

线积分也可以在逐段光滑的曲线上定义. 如果 $\gamma = \gamma_1 \cup \cdots \cup \gamma_n$, 其中 γ_j 为光滑曲线且首尾相连, 那么称γ为逐段光滑. 定义

$$\int_{\gamma} \omega = \sum_{j=1}^{n} \int_{\gamma_j} \omega.$$

特别地, 可以在多边形的边界上定义线积分.

习题 8.7. 本题很重要. 设 P, P_1, P_2 为图 8.5 所示的多边形, 假设它们全部按逆时针定向. 证明:

$$\int_P \omega = \int_{P_1} \omega + \int_{P_2} \omega.$$

习题 8.8. 设 γ 为逆时针定向的, 顶点为 $(0,0), (A,0)$ 及 $(0,B)$ 的三角形 $T(A,B)$. 证明:

$$\int_{\gamma} f\mathrm{d}x = \int_0^A (f(x,0) - f(x,x'))\mathrm{d}x,$$

其中 x' 作为 x 的函数满足 $\{(x,x')\}$ 为 $T(A,B)$ 的斜边 (译注: 原文有误).

8.7　多边形的 Green 定理

设 D 为平面多边形, $\gamma = \partial D$ 为按逆时针定向的边界. 设 $\omega = f\mathrm{d}x + g\mathrm{d}y$ 为包含 D 的开集上定义的 1-形式. Green 定理断言

$$\int_{\gamma} \omega = \iint_D (g_x - f_y)\mathrm{d}x\mathrm{d}y, \tag{8.12}$$

其中 $f_y = \frac{\partial f}{\partial y}, g_x = \frac{\partial g}{\partial x}$. 上式右端积分为二重积分.

先来证明 Green 定理的一个特例.

引理 8.11. 对 $D = T(A,B)$, 习题 8.8 中的直角三角形, $\gamma = \partial D, \omega = fdx$, Green 定理成立.

证明. 计算

$$\begin{aligned}\iint_D (-f_y)\mathrm{d}y\mathrm{d}x &= \int_{x=0}^{A} \left(\int_{y=0}^{x'} (-f_y)\mathrm{d}y \right) \mathrm{d}x \\ &= \int_0^A (f(x,0) - f(x,x'))\mathrm{d}x = \int_{\gamma} f\mathrm{d}x.\end{aligned}$$

第 2 个等式用到了微积分基本定理, 最后一个等式来自习题 8.8. □

习题 8.9. 设 γ, D 为引理 8.11 中所指. $\omega = gdy$. 证明: Green 定理成立.

综合引理 8.11, 习题 8.9, 以及习题 8.5, Green 定理对三角形 $T(A, B)$ 成立.

习题 8.10. 设 P 为满足 Green 定理的多边形. 证明 Green 定理对 P 的平移以及 P 沿坐标轴的反射也成立.

由习题 8.10 以及 Green 定理对 $T(A, B)$ 成立的事实, 我们得出 Green 定理对两条直角边平行于坐标轴的直角三角形也成立. 这样的三角形称为特殊三角形.

现在考虑一般情形. 设 $P = P_1 \cup \cdots \cup P_n$ 为多边形的一个剖分. 由习题 8.7 及归纳法得到下面的剖分原理:

(1) 如果 Green 定理对每个 P_i 成立, 那么它对 P 也成立.

(2) 如果 Green 定理对 P 以及 $P_1, \cdots, P_{n-1}$ 均成立, 那么对P_n也成立.

根据原理 (1), 只需要证明 Green 定理对三角形成立.

如果一个三角形有一边为水平, 那么它称为半特殊三角形. 任何三角形均可剖分成半特殊三角形, 所以只需要证明 Green 定理对半特殊三角形成立即可.

对任意一个半特殊三角形 T, 存在特殊三角形 T_1, T_2 使得 $T = T_1 \cup T_2$, 或者 $T_1 = T_2 \cup T$ (如图 8.9 所示). 因此, 只需要证明 Green 定理对特殊三角形成立即可, 这一点已经给出了证明, 于是定理得证.

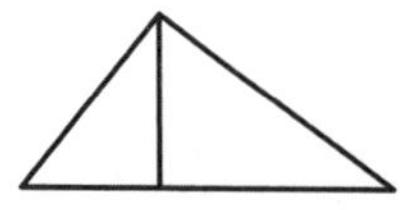
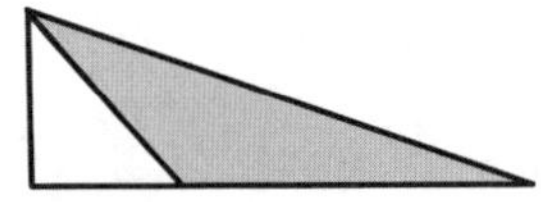

图 8.9: 三角形剖分

第 9 章　球面几何

本章证明几个球面几何的结果. 跟以前一样, 用 S^2 表示 $\mathbf{R}^3$ 中的球面. 本章大多数结论都可以在任何一本微分几何的书中找到, 例如 [BAL]. 而本章唯一的拓扑结论、毛球定理, 可以在大多数拓扑学书籍中找到, 比如 [GPO].

9.1　度量, 切平面与等距同构

S^2 上有两种自然度量, 其中弦度量最容易定义. 即 S^2 中两点 p, q 的距离定义为 $\|p-q\|$, 这正是 $\mathbf{R}^3$ 中的 Euclid 度量.

另一个度量常常称为弧度量. 定义 S^2 上一条曲线的长度为它作为 $\mathbf{R}^3$ 中曲线的长度. 因此, 如果 $\gamma:[a,b]\to S^2$ 为可微曲线, 那么我们有

$$L(\gamma)=\int_a^b\|\gamma'(t)\|\mathrm{d}t. \tag{9.1}$$

球面上两点 p, q 在弧度量下的距离定义为 S^2 中所有连接 p, q 的曲线长度的下确界. 下面将看到, 该下确界由连接 p, q 的一段大圆弧达到. 在第 11 章将会知道, 这是定义距离的一种普遍方法.

本章不考虑弦度量, 只考虑弧度量. 幸运的是任何弦度量下的等距也是弧度量下的等距, 反之亦然, 因为这两种度量可以用公式互相表示. 这点在弄清楚弧度量之下的最短道路之后会变得更加清楚.

接下来, 当研究 Riemann 曲面时, 将看到一个称为切平面的概念扮演着重要角色. 在球面情形中, 切平面的定义很简单. S^2 在点 p 的切平面 $T_p(S^2)$ 是过点 p 垂直于从 0 到 p 的向量的平面. 切平面有如下好性质: 任何一条可微曲线 $\gamma:[a,b]\to S^2$, 其速度曲线 $\gamma'(t)$ 位于切平面 $T_{\gamma(t)}(S^2)$ 中.

$\mathbf{R}^3$ 的旋转变换诱导出 S^2 上一个等距变换. 下面的矩阵

$$\boldsymbol{M}_t = \begin{bmatrix} \cos t & \sin t & 0 \\ -\sin t & \cos t & 0 \\ 0 & 0 & 1 \end{bmatrix}$$

给出一个这样的旋转, 它绕 z 轴旋转角度 t, 从而将 S^2 沿着过南北极的轴旋转角度 t. 类似地可以得到围绕其他两个坐标轴的旋转, 这样的旋转称为基本旋转.

通过基本旋转的复合, 可以将 S^2 上任何一点旋转到另外一点. 一旦知道如何将一点旋转到另一点, 就得到了 S^2 上的一个等距变换, 它保持某个点不变, 并围绕经过该点及其对径点的轴旋转角度 t. 事实上, 如果 $T: S^2 \to S^2$ 为等距变换将 $(0,0,1)$ 变为 p, 那么 $T\boldsymbol{M}_tT^{-1}$ 即为围绕 p 的旋转.

到目前为止, 我们提到的所有等距变换都是 $\mathbf{R}^3$ 中保定向的线性映射. 还有一半等距变换是 $\mathbf{R}^3$ 中反转定向的线性映射. 其中一个就是 $(x,y,z) \to (x,y,-z)$. 该映射将 S^2 的南北极互换, 保持赤道不动. 如果 $v \in S^2$ 为任一点, 那么映射

$$T_v(w) = w - 2(v \cdot w)v \tag{9.2}$$

为反转定向的等距变换. 首先, T_v 显然是线性变换, 且简单计算可得

$$T_v(w_1) \cdot T_v(w_2) = w_1 \cdot w_2.$$

注意到 $T_v(v) = -v$, 即 T_v 将 v 与 $-v$ 互换. 映射 (9.2) 称为基本反射.

9.2 测 地 线

测地线有许多等价定义. 为了避免引入过多术语, 我们给出一种定义, 它只用到讲过的知识. S^2 上一条测地线为满足下列性质的曲线 $\gamma: [a,b] \to S^2$.

- γ 的速度为常数.
- 如果 $t_1 < t_2$ 在 $[a,b]$ 中足够靠近, 那么 γ 限制在 $[t_1,t_2]$ 上, 也是连接 $\gamma(t_1)$ 与 $\gamma(t_2)$ 的最短线段. 换言之, γ 是局部长度最小曲线.

我们将证明一条曲线为测地线当且仅当该曲线速度恒定且落在某个大圆中. 大圆为过原点的平面与 S^2 相交而成的圆. S^2 上测地线的研究非常经典, 几乎每一本微分几何的书中都会提到. 下面先证明几个基本结论.

引理 9.1. 球面上两点间的可微最短路线存在且为大圆弧.

证明. 设 x, y 为 S^2 上两点, 存在旋转变换使 x 成为北极. 不妨假设 y 不是南极, 从而经过 x, y 有唯一一条大圆 C. 设 γ 为任意一条连接 x 与 y 的路径.

构造映射 $\phi: S^2 \to C$. 给定 $p \in S^2$, 定义 $\phi(p)$ 为 C 上与 p 同纬度的点. 从几何上来讲, 想象 S^2 绕着连接南北极的中轴线旋转, 看着 p 移动直到它到达 C.

微分 $\mathrm{d}\phi_p$ 是一个在$\phi(p)$的从切空间 $T_p(S^2)$ 到 C 的映射. 该映射满足:

- 如果 v 平行于经线, 则 $\|\mathrm{d}\phi_p(v)\| = \|v\|$.
- 如果 v 平行于纬线, 则 $\mathrm{d}\phi_p(v) = 0$.

注意经线与纬线总是互相垂直.

由以上两个性质得出: $\mathrm{d}\phi_p$ 是一个距离非增映射, 而且 $\mathrm{d}\phi_p$ 将所有不平行于经线的向量长度缩短. 因此, $\phi(\gamma)$ 的长度严格小于 γ 的长度, 除非 γ 本身就是经线的一部分, 而此时 γ 必为 C 的一部分, 因为经线本身为大圆, 而连接 x 与 y 的大圆是唯一的. □

如果 S^2 上两点 x, y 满足 $x = -y$, 那么称为对径点. 球面上两点称为对径点当且仅当它们位于不止一条大圆上. 当 x, y 为非对径点时, 定义测地线为连接 x 与 y 的大圆两条圆弧中短的一条.

了解了测地线的定义之后, 我们来证明一个 S^2 上等距变换的结论.

引理 9.2. S^2 上任何等距变换是基本反射的复合.

证明. 显然一个基本旋转, 即围绕坐标轴的旋转, 可以看作两个基本反射的复合. 因此, 如果可以证明任何一个等距变换均为基本旋转与基本反射的复合, 就证明了引理的结论.

任给 S^2 上一个等距变换 I. 因为可以用基本旋转将 S^2 上任一点变到另一点, 通过与 I 复合, 可以得到等距变换保持 $(0,0,1)$ 不动. 因此, 不失一般性, 不妨假设 I 保持 $(0,0,1)$ 不动.

S^2 的赤道 E 是指 S^2 中形如 $(x,y,0)$ 的点的集合. 赤道将球面分成上下两个半球面, 下半球面上的点离 $(0,0,1)$ 的距离比上半球面上点要远. 因此, $I(E) = E$, E 为一个圆, I 为 E 的等距变换. 所以 I 或者为旋转, 或者为反射. 通过与基本反射及基本旋转进行复合, 可以假设在 I 作用下 E 保持不动.

任意点 $p \in E$ 均与 $(0,0,1)$ 通过大圆弧 γ_p 相连. 该弧的长度为大圆的四分之一. 因为 I 保持 γ_p 两个端点不变, 而 γ_p 为连接这两个端点的唯一最短路线, 所以 $I(\gamma_p)=\gamma_p$, 且 I 保持距离, 因此在 I 变换下, γ_p 所有点都保持不动. 因为 p 为 E 上任意点, 从而 I 保持上半球面所有点不动. 同样地, 它也保持下半球面所有点不动. 因此 I 为恒等变换. □

9.3 测地三角形

设 d 为 S^2 的距离. 如果 $\boldsymbol{x},\boldsymbol{y}$ 为对径点, 则 $d(\boldsymbol{x},\boldsymbol{y})=\pi$. 一般地, $d(\boldsymbol{x},\boldsymbol{y})=\theta$, 这里 θ 为向量 $\boldsymbol{x}$ 与 $\boldsymbol{y}$ 的夹角. 熟知的线性代数公式给出

$$\cos(d(\boldsymbol{x},\boldsymbol{y}))=\boldsymbol{x}\cdot\boldsymbol{y},\quad \sin(d(\boldsymbol{x},\boldsymbol{y}))=\|\boldsymbol{x}\times\boldsymbol{y}\|, \tag{9.3}$$

其中 $\times$ 为叉积. 上述公式如此简单是因为 $\|\boldsymbol{x}\|=\|\boldsymbol{y}\|=1$.

用 $\mathbf{R}^3$ 的点积来度量 S^2 中角的大小. 假设 C_1,C_2 分别为从 $\boldsymbol{x}$ 到 $\boldsymbol{y}_1,\boldsymbol{y}_2$ 的测地线. C_1 与 C_2 在 $\boldsymbol{x}$ 处的夹角为 C_1,C_2 在点 $\boldsymbol{x}$ 处切向量的夹角, 同时也是平面 $\Pi_1(0,\boldsymbol{x},\boldsymbol{y}_1)$ 与平面 $\Pi_2(0,\boldsymbol{x},\boldsymbol{y}_2)$ 的二面角. 跟往常一样, 点$\boldsymbol{x}$ 处的夹角有两个, 其和为 π.

设 $\boldsymbol{x}_1,\boldsymbol{x}_2,\boldsymbol{x}_3$ 为球面上 3 个点, 均在同一个半球, 从而存在唯一测地线 C_j 连接 $\boldsymbol{x}_{j-1}$ 与 $\boldsymbol{x}_{j+1}$, 这里下标 j 按模 3 理解. 三条测地线围成的图形称为测地三角形. 设 θ_j 为点 $\boldsymbol{x}_j$ 处的内角. 关于测地三角形有一个漂亮的公式, 称为 Giraud 定理 (其实 Thomas Harriot 早在 1603 年就发现了该定理, 但是没有公开发表). 测地三角形面积等于

$$\theta_1+\theta_2+\theta_3-\pi. \tag{9.4}$$

这个结果是 Gauss-Bonnet 定理的特例. 后者的证明将在本书接近末尾的时候介绍. 这里给出 Giraud 定理的证明概要. 三个点同时在大圆上的情形是显然的. 除此之外, 测地三角形总是位于某个半球面上.

由两个半大圆围成的区域称为二角形. 二角形有两个顶点. 根据对称性, 二角形在这两个顶点处的内角相等, 而任意两个内角相等的二角形彼此等距.设 $A(\theta)$ 为内角为 θ 的二角形的面积.

引理 9.3. $A(\theta)=2\theta$ 对所有 $\theta\in[0,\pi]$ 成立.

证明. 当 $\theta=\pi$ 时, 二角形就是上半球面. 因此,

$$A(\pi)=2\pi \tag{9.5}$$

内角为 θ 的二角形可以分解为 n 个内角为 θ/n 的二角形, 从而

$$A(\theta) = nA(\theta/n). \tag{9.6}$$

由 (9.5) 及 (9.6), 当 θ 为 π 的有理倍数时, $A(\theta) = 2\theta$. 注意到 $A(\theta)$ 为 θ 的连续函数, 因此 $A(\theta) = 2\theta$ 对所有 θ 都成立. □

设 T 为位于某个半球面的测地三角形, 其内角分别为 $\theta_1, \theta_2, \theta_3$. 将 T 的边沿所在大圆延伸出去, 得到 6 个二角形将 S^2 覆盖. 如图 9.1 所示. 我们把 T 画在靠近北极的位置. 图 9.1 为球面的俯视图, T 在图的中心位置. T 的边绕着 S^2 延伸出去在南极附近形成另一个与 T 全等的测地三角形 T'. 因为我们假定 T 完全位于北半球, 所以 T 与 T' 不相交. 6 个二角形在图 9.1 中用深浅不同的颜色加以区分.

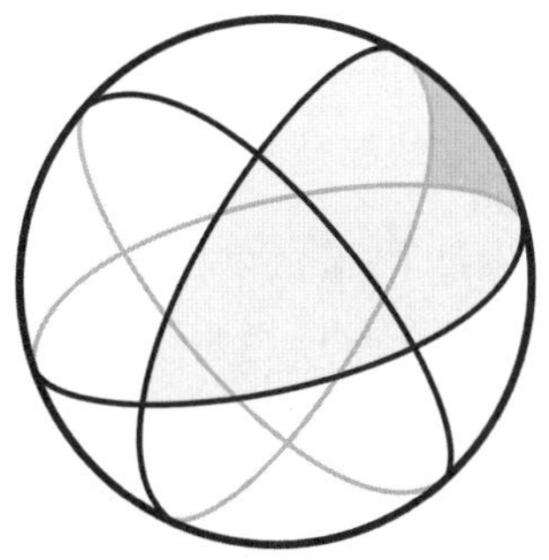

图 9.1: 球面的剖分

根据引理 9.3, 这 6 个二角形的总面积为

$$4(\theta_1 + \theta_2 + \theta_3). \tag{9.7}$$

除了二角形边界上的点外, $S^2 - (T \cup T')$ 中所有点都被一个二角形覆盖, 而 $T \cup T'$ 的每个点被 3 个二角形所覆盖. 设 A 为 T 的面积, 则有

$$4(\theta_1 + \theta_2 + \theta_3) = (4\pi - 2A) + 6A = 4\pi + 4A. \tag{9.8}$$

化简后得, $A = \theta_1 + \theta_2 + \theta_3 - \pi$.

9.4　凸　　性

对 S^2 的任何子集讨论凸性是不合理的, 因为 S^2 上两点之间可能有不止一条最短路径. 然而如下面习题 9.1 所示, 对于半球面的子集可以讨论凸性.

习题 9.1. 证明: 如果 X 为球面 S^2 的某个半球 H 的子集, 那么 X 中任意两点存在唯一长度不超过 π 的最短路径, 该路径完全包含在 H 中. 这样的线段称为测地线段.

如果 X 中任何两点的测地线段都在 X 中, 那么 X 称为凸集. 该定义看起来似乎依赖于 H 的选取, 其实则不然.

习题 9.2. 证明: X 的凸性不依赖于半球面的选取. 即, 如果 X 属于两个半球面 H_1, H_2 的交集 $H_1 \cap H_2$, 那么 X 关于 H_1 为凸集当且仅当它关于 H_2 为凸集.

给定 $X \subset H \subset S^2$ 为任意一个子集. X 的凸包是 H 中包含 X 的凸集的交集, 记为 $\mathrm{Hull}\,(X)$.

习题 9.3. 证明: $\mathrm{Hull}\,(X)$ 有合理定义, 且不依赖于半球 H 的选取. 并证明: $\mathrm{Hull}\,(X)$ 关于任何包含它的半球都是凸的.

下面两个习题可以看作是 Cauchy 刚性定理 (证明在第 24 章)的背景知识. 一个凸的球面多边形是 S^2 上单连通曲线, 其每条边均由位于某个半球的大圆弧围成, 且围成的区域为在该半球内的凸集. 假设相邻两边的夹角不等于 π. 根据习题 9.3, 凸球面多边形的定义不依赖于半球的选取.

习题 9.4. 设 Γ 为凸球面多边形. 设 $\widehat{C}$ 为 Γ 的某一边 C 所在的大圆. 证明: $\Gamma - C$ 必定包含在 $\widehat{C}$ 形成的两个半球中的一个.

习题 9.5. 假设 A, B 为两个凸球面三角形. 设 A_1, A_2, A_3 为 A 的三边, 而 B_1, B_2, B_3 为 B 的三边. 并假设 A_1 与 B_1 长度相等, A_2 与 B_2 长度相等. 假设 A_1, A_2 的夹角小于 B_1, B_2 的夹角, 则 A_3 必定比 B_3 短. 这是 Cauchy 手臂引理在 $n = 2$ 时的特例. 该定理将在第 24 章得到证明.

9.5 球极平面投影

设 $\mathbf{C}$ 为复平面. 用 ∞ 表示 $\mathbf{C}$ 外一点. 考虑 $\mathbf{C} \cup \{\infty\}$. 将 $\mathbf{C} \cup \{\infty\}$ 想象成一个球面. 首先, 在 $\mathbf{C} \cup \{\infty\}$ 上引进度量使其与球面同胚. 我们引进的 $\mathbf{C} \cup \{\infty\}$ 上的度量不是那么自然, 但是足够定义 $\mathbf{C} \cup \{\infty\}$ 到自身的连续映射.

一种给出 $\mathbf{C} \cup \{\infty\}$ 上度量的方法就是构造一个从 S^2 到 $\mathbf{C} \cup \{\infty\}$ 的映射. 它是 S^2 去掉一点, 比如说 $(0,0,1)$, 到 $\mathbf{C}$ 的同胚. 然后, 在 $\mathbf{C} \cup \{\infty\}$ 上取

度量使得该映射保持距离. 球极平面投影就是一个很好的 S^2 到 $\mathbf{C} \cup \{\infty\}$ 的映射.

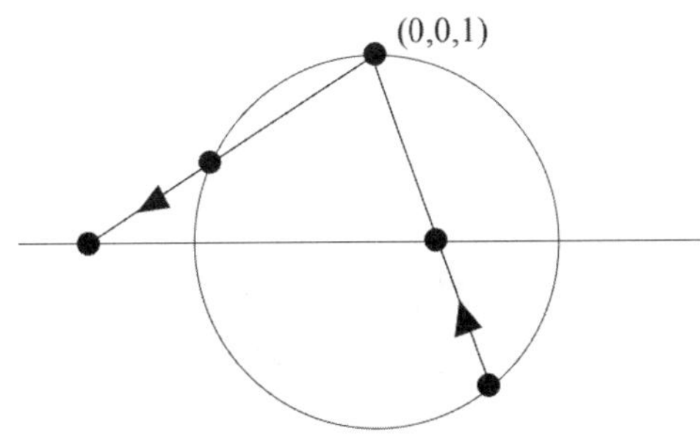

图 9.2: 球极平面投影

如图 9.2 所示 (画的时候降了 1 维). 球极投影有以下几何描述. 把复平面 $\mathbf{C}$ 看作 $\mathbf{R}^3$ 中的水平面 $\mathbf{R}^2 \times \{0\}$, S^2 一半在该平面上方, 一半在其下方. 将 $(0,0,1)$ 映射到 ∞. 对于 S^2 上其余任意一点 p, 定义 $\phi(p) \in \mathbf{C}$ 使得 $(0,0,1)$, p, $\phi(p)$ 三点共线.

$\phi(p)$ 由下面公式给出:

$$\phi(x,y,z) = \left(\frac{x}{1-z}\right) + \left(\frac{y}{1-z}\right)\mathrm{i}. \tag{9.9}$$

其逆映射为

$$\phi^{-1}(x+y\mathrm{i}) = \left(\frac{2x}{1+x^2+y^2}, \frac{2y}{1+x^2+y^2}, 1 - \frac{2}{1+x^2+y^2}\right).$$

容易验证, 以上两个映射互为逆映射.

习题 9.6. 验证球极投影公式 (9.9) 与几何解释相符.

习题 9.7. 验证 ϕ 给出 $S^2 - \{(0,0,1)\}$ 到 $\mathbf{C}$ 的同胚.

球极平面投影有以下好性质. 如果 $C \subset S^2$ 为一个圆, 那么 $\phi(C)$ 或者为圆, 或者为直线与 $\{\infty\}$ 的并集. 当 C 包含 $(0,0,1)$ 时, 这个结论有很清楚的几何描述. 想法是: S^2 上任何圆 C 都可以写成 $\Pi_C \cap S^2$. 这里 Π_C 为一个平面. 当 $(0,0,1) \in \Pi_C$ 时, 从几何描述我们得到

$$\phi(\Pi_C) = (\mathbf{C} \cap \Pi_C) \cup \{\infty\}.$$

基于圆锥截面的几何证明见 [HCV]. 在本书第 14.3 节还将给出一个复分析证明.

习题 9.8. (此题较难) 使用你自己的方法证明球极平面投影将 S^2 的圆周映为 $\mathbf{C}$ 中的圆或直线.

9.6 毛球定理

我们用毛球定理来作为本章的结束. 这其实是个关于球面拓扑而不是球面几何的定理, 但是它实在是太漂亮了.

S^2 的单位切向量场是指在每一点 p 处对应一个单位切向量, 且该切向量的选取连续依赖于 p. 毛球定理断言这样的切向量场不存在. 这个定理的名字如今用的人越来越少了. 之所以称为毛球定理, 是因为该定理有如下解释: 如果一个球面上长满头发, 无论你如何梳理, 都无法使得所有头发都平顺地贴在球面上. 也就是说, 总有一个地方头发会翘起来.

先假设这样的单位切向量场存在, 然后导出矛盾. 设 U 为 S^2 上的单位切向量场. 给定光滑闭路 $\gamma : [0,1] \to S^2$ 使得 $\gamma(0) = \gamma(1)$. 对任意 $t \in [0,1]$, 设 $\theta(t)$ 为切向量 $\gamma'(t)$ 与 U 在 $\gamma(t)$ 处的切向量逆时针方向夹角. 因为角度只是在模 2π 下才唯一确定, 所以角度的选取要格外小心, 务必保证 $\theta(t)$ 连续依赖于 t. 当 $t \to 1$ 时, $\theta(t) - \theta(0)$ (译注: 原文有误)趋于 2π 的整数倍. 令 (译注: 此处原文有误)

$$N(U, \gamma) = \lim_{t \to 1} \frac{\theta(t) - \theta(0)}{2\pi}. \tag{9.10}$$

这个定义不依赖于角度的选取, 只要保证 $\theta(t)$ 连续依赖于 t 即可. 直观来讲, 你沿着 γ 走一圈, 头始终朝向 U 的方向. 当你回到起点时, 你的头还是朝着出发时的方向, 只不过它已经逆时针转了 $N(U, \gamma)$ 圈.

习题 9.9. 证明: 只要 γ 的定向不改变, $N(U, \gamma)$ 与 γ 的光滑参数化无关. 另外, 证明当 γ_1, γ_2 为同伦闭路时, $N(U, \gamma_1) = N(U, \gamma_2)$. (提示: $N(U, \gamma)$ 为 γ 的连续函数且取整数值.)

取 γ 的一个定向使得 $N(U, \gamma) = 1$. 有两种方法将 γ 滑动到南极附近. 一种方法是如图 9.3(a) 所示, 将 γ 在球面上由上至下先延伸再收缩穿过赤道到达南极. 另一种方法如图 9.3(b) 所示, 保持 γ 的长短不变, 将其沿着某条经线滑动到南极.

第一种方法给出南极附近一条小的闭路 β, 而第二种方法给出 $-\beta$. 根据习题 9.9 (译注: 原文有误),

$$1 = N(U, \beta) = N(U, \gamma) = N(U, -\beta) = -N(U, \beta) = -1,$$

从而得到 $1 = -1$ 的矛盾, 这就证明了毛球定理.

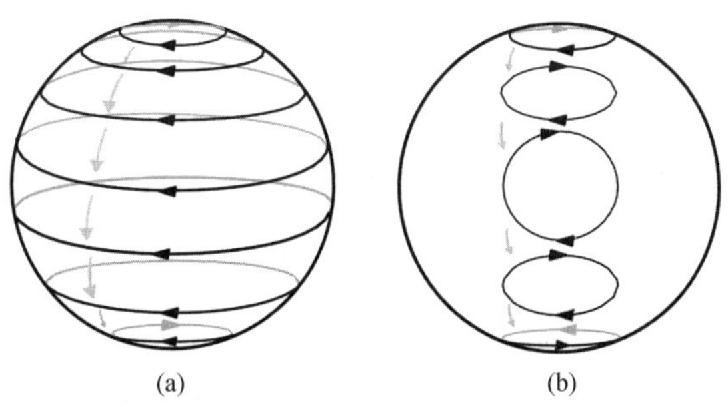

图 9.3: 两组同伦

第 10 章　双　曲　几　何

本章介绍双曲几何的基本概念. 本章大多数内容都可以在现有的书籍中找到, 比如 [BE1], [KAT], [RAT], 或者 [THU]. 本章前两节读起来可能不像几何, 但实际上对研究双曲几何非常重要.

10.1　分式线性变换

继续第 1.6 节的讨论. 假设

$$\boldsymbol{A} = \begin{bmatrix} a & b \\ c & d \end{bmatrix}$$

为一个 2×2 的行列式为 1 的复矩阵. 这样的矩阵全体记为 $\mathrm{SL}_2(\mathbf{C})$. 事实上, 该集合在矩阵乘法下构成群.

矩阵 $\boldsymbol{A}$ 定义了一个复分式线性变换

$$T_{\boldsymbol{A}}(z) = \frac{az+b}{cz+d}.$$

这样的映射称为 Möbius 变换. 注意到只要 $z \neq -d/c$, $T_{\boldsymbol{A}}(z)$ 的分母就不为 0. 为方便起见, 引进 ∞ 这个额外点并定义 $T_{\boldsymbol{A}}(-d/c) = \infty$. 这个定义是合理的, 因为 $\lim\limits_{z \to -d/c} |T_{\boldsymbol{A}}(z)| = \infty$.

行列式不等于 0 的条件保证 $a(-d/c) + b \neq 0$, 从而解释了为何上述极限成立. 定义 $T_{\boldsymbol{A}}(\infty) = a/c$, 这个定义也是合理的, 因为

$$\lim_{|z| \to \infty} T_{\boldsymbol{A}}(z) = \frac{a}{c}.$$

习题 10.1. 跟第 9.5 节一样, 引进 $\mathbf{C} \cup \{\infty\}$ 上一个度量使得它与单位球面 $S^2 \subset \mathbf{R}^3$ 同胚. 证明: $T_{\boldsymbol{A}}$ 关于该度量连续. (提示: 利用上面的极限公式来处理特殊点.)

习题 10.2. 证明公式

$$T_{\boldsymbol{AB}} = T_{\boldsymbol{A}} \circ T_{\boldsymbol{B}},$$

其中 $\boldsymbol{A}, \boldsymbol{B} \in \mathrm{SL}_2(\mathbf{R})$. 特别地, $T_{\boldsymbol{A}}^{-1}$ 存在 (因为 $\boldsymbol{A}^{-1}$ 存在). 根据习题 10.1, $T_{\boldsymbol{A}}^{-1}$ 为 $\mathbf{C} \cup \{\infty\}$ 上的连续映射, 从而得出 $T_{\boldsymbol{A}}$ 为 $\mathbf{C} \cup \{\infty\}$ 的一个同胚.

10.2　保圆性质

$\mathbf{C} \cup \{\infty\}$ 中的广义圆指的是 $\mathbf{C}$ 中一个圆或者 $L \cup \{\infty\}$, 其中 L 为 $\mathbf{C}$ 中直线. 拓扑上, 所有广义圆均同胚于圆. 本节证明下面著名定理.

定理 10.1. 设 C 为广义圆, T 为分式线性变换, 则 $T(C)$ 也是广义圆.

可以通过复杂的计算来验证上述结论. [HCV] 的书中有一个用到球极平面投影的证明. 为了好玩, 这里将给出一个非常规的证明. 作为准备, 先证明 4 个引理.

引理 10.2. 设 C 为 $\mathbf{C} \cup \{\infty\}$ 中任意广义圆, 则存在一个分式线性变换 T 使得 $T(\mathbf{R} \cup \{\infty\}) = C$.

证明. 如果 C 为直线与 $\{\infty\}$ 的并集, 那么通过平移和旋转使得引理成立. 因此, 考虑 C 为圆的情形. 分式线性变换

$$T(z) = \frac{z - \mathrm{i}}{z + \mathrm{i}}$$

将 $\mathbf{R} \cup \{\infty\}$ 映为单位圆 C_0, 即满足 $|z| = 1$ 的点集. 因为 $\mathbf{R}$ 上任何一点 z 均与 i 及 $-\mathrm{i}$ 等距, 所以 $|T(z)| = 1$. 其次可以找到映射 $S(z) = az + b$ 将 C_0 映到 C, 因此 $S \circ T$ 满足引理要求. □

引理 10.3. 设 L 为 $\mathbf{C} \cup \{\infty\}$ 上的闭路, 则存在一个广义圆 C 与 L 至少有 3 个交点.

证明. 如果 L 包含直线, 那么结论显然. 否则, L 上存在 3 个不共线的点, 而这 3 个点必定共圆. □

引理 10.4. 设 $(z_1, z_2, z_3) = (0, 1, \infty)$, 设 a_1, a_2, a_3 为 $\mathbf{R} \cup \{\infty\}$ 上 3 个不同点, 则存在分式线性变换将 $\mathbf{R} \cup \{\infty\}$ 映到自身且将 a_i 映到 z_i, $i = 1, 2, 3$.

证明. 映射 $T(z) = \frac{1}{a_3 - z}$ 将 a_3 映到 ∞, 但是不一定将其余两个点映到正确的对应点. 但是将 T 与一个适当的形如 $z \to rz + s$ 的映射复合就能满足要求. □

引理 10.5. 如果分式线性变换 T 保持 $0, 1, \infty$ 不动, 那么 T 为恒等映射.

证明. 设

$$T(z) = \frac{az+b}{cz+d}.$$

由 $T(0) = 0$ 得到 $b = 0$, 由 $T(\infty) = \infty$ 得到 $c = 0$, 由 $T(1) = 1$ 得到 $a = d$, 从而 $T(z) = z$. □

下面给出定理的证明. 假设 T 为分式线性映射, C 为广义圆, 而 $T(C)$ 非广义圆. 将 T 与引理 10.2 的映射复合, 可以假设 $C = \mathbf{R} \cup \{\infty\}$. 根据引理 10.3, 存在一个广义圆 D 使得 $T(\mathbf{R} \cup \{\infty\})$ 与 D 至少有 3 个交点, 记为 c_1, c_2, c_3.

再次使用引理 10.2, 存在分式线性变换 S, 使得 $S(\mathbf{R} \cup \{\infty\}) = D$. 存在 $a_1, a_2, a_3 \in \mathbf{R} \cup \{\infty\}$, 使得 $S(a_j) = c_j$, $j = 1, 2, 3$; 而同时存在 $b_1, b_2, b_3 \in \mathbf{R} \cup \{\infty\}$, 使得 $T(b_j) = c_j$, $j = 1, 2, 3$. 根据引理 10.4, 可以构造分式线性变换 A, B, 均保持 $\mathbf{R} \cup \{\infty\}$ 不变且 $A(a_j) = z_j$, $B(b_j) = z_j$, $j = 1, 2, 3$. 这里 $(z_1, z_2, z_3) = (0, 1, \infty)$. 映射 $T \circ B^{-1}$ 与 $S \circ A^{-1}$ 均把 $(0, 1, \infty)$ 映射到相同的 3 个点 (c_1, c_2, c_3). 根据引理 10.5, 它们必相等. 但是注意到

$$T \circ B^{-1}(\mathbf{R} \cup \{\infty\}) = T(\mathbf{R} \cup \{\infty\})$$

不是广义圆而 $S \circ A^{-1}(\mathbf{R} \cup \{\infty\}) = D$ 是广义圆, 从而得到矛盾.

10.3 上半平面模型

本节回到双曲几何的讨论. 我们将模仿第 9.1 节中在球面上定义弧度量的方法来定义双曲度量. 定义双曲平面由哪些点组成之后, 接着定义曲线的长度, 然后仿照球面情形来定义度量.

设 $U \subset \mathbf{C}$ 为上半平面, 由所有虚部为正的复数组成. 作为一个集合, 双曲平面跟上半平面是一样的, 但是我们将描述一个奇怪的方法来测量 U 中曲线的长度. 如果用标准的方法, 我们得到的将是 Euclid 平面的一个子集. 因此, 给定一条可微曲线 $\gamma : [a, b] \to U$, 定义其长度为

$$L(\gamma) = \int_a^b \frac{|\gamma'(t)|}{\mathrm{Im}(\gamma(t))} \mathrm{d}t. \tag{10.1}$$

换句话说, 曲线的双曲速度是它的 Euclid 速度与它离实轴距离之比.

看一个简单例子. 考虑曲线 $\gamma : \mathbf{R} \to U$

$$\gamma(t) = \mathrm{i} \exp\ t.$$

则 γ 在 $\gamma(a)$ 与 $\gamma(b)$ 之间部分的长度为

$$\int_a^b \frac{\exp\ t}{\exp\ t} \mathrm{d}t = \int_a^b \mathrm{d}t = b - a.$$

γ 的图像是一条竖直射线, 但是公式显示: 在双曲度量下该射线沿上下两个方向都是无限长, 而且它的速度为 1. 即, 当时间从 a 到 b 时, 该曲线长度增加 $b - a$.

U 上两点 p, q 的双曲距离定义为联结 p, q 的所有可微曲线的双曲长度的下确界. 我们来大致看看这些最短曲线长什么样. 假设 p, q 离实轴很近. 比如说,

$$p = 0 + 10^{-100}\mathrm{i}, \quad q = 1 + 10^{-100}\mathrm{i}.$$

联结 p, q 的最显然的路径是

$$\gamma(t) = t + 10^{-100}\mathrm{i}.$$

该曲线是图 10.1 中单位 (Euclid 度量下)正方形的底边. 用我们的公式得到这条路径的长度为 10^{100}.

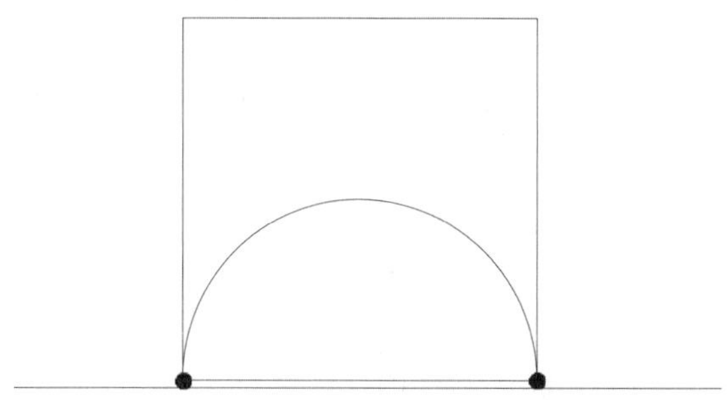

图 10.1: 双曲平面上的道路

另一条道路是该正方形的其余三条边组成的路径. 在左边上使用上面的公式得到它的长度为 $\log 1 - \log(10^{-100}) = 100 \log 10$. (译注: 原文有误.) 顶边高度为 1, 其 Euclid 长度为 1, 其双曲长度也为 1. 最后, 根据对称性, 右边的长度也是 $100 \log 10$. 加在一起, 这条路径的总长度为 $1 + 200 \log 10$, 比底

边那条路径短很多. 可见路径越高越好, 因为双曲速度恒定为 1 时, 越高的地方其 Euclid 速度越快, 从而走过的 Euclid 路径就越长. 第二条路径比第一条要短很多, 但还不是最短的. 最起码, 如果把第二条路径的两个拐角磨光一些就可以将路径长度进一步缩短. 在第 10.6 节将证明: 双曲平面的测地线要么是竖直线的一部分, 要么是圆心在实轴的圆弧的一部分.

带有上述度量的 U 称为双曲平面, 记为 $\boldsymbol{H}^2$. 我们定义了 $\boldsymbol{H}^2$ 中曲线的长度. 我们也可以谈论曲线的夹角. $\boldsymbol{H}^2$ 上两条可微正则 (即导数非零) 曲线的夹角定义为它们的 Euclid 夹角. 即, 双曲夹角与 Euclid 夹角一样都是交点处切向量的夹角. 因此在双曲几何的上半平面模型中, 距离改变了 (不同于 Euclid 距离), 但是夹角不变.

到目前为止我们讲了双曲长度及角度. 下面讨论双曲面积. 根据双曲长度与 Euclid 长度的关系, 双曲平面上一个微小区域的面积应该等于其 Euclid 面积除以其高度的平方. 因为这里的高度随着微小区域的选取而不同, 所以必须用无穷小的观点来理解上面的话. 因此, 准确地说, $\boldsymbol{H}^2$ 中一个区域 D 的面积定义为

$$\iint_D \frac{\mathrm{d}x\mathrm{d}y}{y^2}. \tag{10.2}$$

10.4 另一种观点

实向量空间 V 上的内积是一个映射 $\langle,\rangle : V \times V \to \mathbf{R}$, 满足:

- $\langle a\boldsymbol{v}+\boldsymbol{w},\boldsymbol{x}\rangle = a\langle \boldsymbol{v},\boldsymbol{x}\rangle + \langle \boldsymbol{w},\boldsymbol{x}\rangle$ 对所有 $a \in \mathbf{R}, \boldsymbol{u}, \boldsymbol{w}, \boldsymbol{x} \in V$ 都成立.
- $\langle \boldsymbol{x},\boldsymbol{y}\rangle = \langle \boldsymbol{y},\boldsymbol{x}\rangle$.
- $\langle \boldsymbol{x},\boldsymbol{x}\rangle \geq 0$, 且 $\langle \boldsymbol{x},\boldsymbol{x}\rangle = 0$ 当且仅当 $\boldsymbol{x}=0$.

你只需要记住内积与点积满足同样的性质就好了.

我们目前只关心 $\mathbf{R}^2$ 上的内积. 在点 $z=x+y\mathrm{i}$ 处定义内积

$$\langle \boldsymbol{v},\boldsymbol{w}\rangle_z = \frac{1}{y^2}(\boldsymbol{v}\cdot\boldsymbol{w}). \tag{10.3}$$

这里 $\boldsymbol{v},\boldsymbol{w}$ 是以 z 为起点的向量. 定义双曲模长为

$$\|\boldsymbol{v}\|_z = \sqrt{\langle \boldsymbol{v},\boldsymbol{v}\rangle_z}. \tag{10.4}$$

根据这一定义, 曲线 $\gamma:[a,b]\to \boldsymbol{H}^2$ 的长度为

$$\int_a^b \|\gamma'(t)\|_{\gamma(t)}\mathrm{d}t. \tag{10.5}$$

在该定义之下, 双曲长度与 Euclid 长度看起来很相似. 在第 11 章将看到这是 Riemann 几何的出发点.

10.5 对 称 性

双曲度量具有许多意想不到的对称性. 当 $\boldsymbol{A}$ 为实系数矩阵时, 分式线性变换 $T_{\boldsymbol{A}}$ 称为实分式线性变换. 此时, 如果 $z\in \mathbf{C}-\mathbf{R}$, 则有 $T_{\boldsymbol{A}}(z)\in \mathbf{C}$.

习题 10.3. 证明: 由 $z\notin \mathbf{R}$ 可推出 $T_{\boldsymbol{A}}(z)\notin \mathbf{R}$, 并证明 $T_{\boldsymbol{A}}$ 将 $\boldsymbol{H}^2$ 映到自身.

$T_{\boldsymbol{A}}$ 为 $\mathbf{C}\cup\{\infty\}$ 的一个同胚, 且保持 $\boldsymbol{H}^2$ 不变.

习题 10.4. 如果一个实分式线性变换具有以下三种形式之一, 那么称它为基本线性变换:

- $T(z)=z+1$.
- $T(z)=rz$.
- $T(z)=-1/z$.

证明: 任何一个实分式线性变换可以分解为基础变换的复合.

事实上, 以上变换均为双曲等距变换. 对于 $T(z)=z+1$, 结论显然. 双曲度量的定义保证第 2 个映射为双曲等距变换. 我们将给出两个证明. 令人吃惊的是第 3 个映射也是双曲等距变换.

引理 10.6. 映射 $T(z)=rz$ 为双曲等距变换.

证明 1. 给定 $\boldsymbol{H}^2$ 中任意一条曲线 γ, 放缩之后的曲线 $T(\gamma)$ 速度为原来的 r 倍, 同时离实轴的距离也是原来的 r 倍, 因此 $T(\gamma)$ 与 γ 在对应点处有相同的双曲速度. 因此如果 γ 连接 p,q, 那么 $T(\gamma)$ 联结 $T(p)$ 与 $T(q)$, 且两条曲线长度相等, 反之亦然. 这就证明了从 p 到 q 的距离等于从 $T(p)$ 到 $T(q)$ 的距离. □

证明 2. 给定 $\boldsymbol{H}^2$ 上以 z 为起点的两个向量 $\boldsymbol{v},\boldsymbol{w}$. 将 $\mathrm{d}T(\boldsymbol{v})=r\boldsymbol{v}$, $\mathrm{d}T(\boldsymbol{w})=r\boldsymbol{w}$ 看作 $T(z)$ 处的两个向量. 这里 $\mathrm{d}T$ 为 T 的线性微分, 即一阶导数矩阵. 根据公式 (10.3),

$$\langle \mathrm{d}T(\boldsymbol{v}),\mathrm{d}T(\boldsymbol{w})\rangle_{T(z)}=\langle r\boldsymbol{v},r\boldsymbol{w}\rangle_{rz}=\frac{1}{r^2y^2}(r\boldsymbol{v}\cdot r\boldsymbol{w})=\frac{1}{y^2}(\boldsymbol{v}\cdot\boldsymbol{w})=\langle\boldsymbol{v},\boldsymbol{w}\rangle_z.$$

因此映射 T 在每一点处均保持双曲内积, 而双曲度量是根据双曲内积定义的, 所以 T 为双曲等距映射. □

习题 10.5. 证明映射 $T(z)=-1/z$ 为双曲等距变换.

由习题 10.4, 10.5 知, 任意实分式线性变换均为 $\boldsymbol{H}^2$ 上的双曲等距变换. 我们在第 2.8 节证明了 $\mathrm{SL}_2(\mathbf{R})$ 为 3 维流形, 所以 $\boldsymbol{H}^2$ 上有一个 3 维对称群.

广义圆弧是指广义圆的一段. 我们已知分式线性变换将广义圆映成广义圆, 因此也将广义圆弧映到广义圆弧.

习题 10.6. 证明实分式线性变换 T 有以下性质: 如果 $\boldsymbol{H}^2$ 中两光滑曲线 a 与 b 在点 x 处相交且夹角为 θ, 则 $T(a)$ 与 $T(b)$ 在 $T(x)$ 处相交且夹角仍为 θ. (提示: 如果你不愿意做计算, 可以假定结论是错误的, 然后证明微分 $\mathrm{d}T$ 不能把圆映到圆. 无论如何, 结论对所有基本映射都显然, 除了 $z\to-1/z$, 所以只需要考虑后者即可.)

10.6 测地线

本章刻画 $\boldsymbol{H}^2$ 上联结两点的最短曲线. 先看一个特殊情形: 两点均在虚轴上.

引理 10.7. 虚轴上联结两点 p,q 的线段是 $\boldsymbol{H}^2$ 中联结这两点的唯一最短曲线.

证明. 证法与关于球面的引理 9.1 非常类似. 考虑由 $F(x+y\mathrm{i})=y\mathrm{i}$ 定义的映射 F, 见图 10.2. 从双曲度量的定义可以看出, F 的双曲速度非增. 即, 如果 γ 为 $\boldsymbol{H}^2$ 上一条曲线, 那么 $F(\gamma)$ 的双曲速度不超过 γ 在对应点的速度. 另外, 如果 γ 的速度依赖于 x, 那么 $F(\gamma)$ 的速度会更低. 原因是 F 不改变双曲速度中含 y 的部分, 但是会将 x 的部分变为 0. γ 的双曲长度为其双曲速度的积分, 所以 $F(\gamma)$ 的双曲长度比 γ 更短, 除非 γ 自己垂直于实轴. 因此引理得证.

根据对称性, 所有 $\boldsymbol{H}^2$ 中与实轴垂直的直线均为测地线. 它上面任意一条线段都是 $\boldsymbol{H}^2$ 中联结该线段两端点的最短曲线.

习题 10.7. 设 p,q 为 $\boldsymbol{H}^2$ 中任意两点. 证明: 存在一个双曲等距映射, 具体说就是某个分式线性变换, 将点 p,q 映射到 $\boldsymbol{H}^2$ 中垂直于实轴的直线上.

定理 10.8. $\boldsymbol{H}^2$ 中任意两点均可由一条最短路径联结. 这条路径或者为垂直于实轴的直线段, 或者为圆心在实轴上的一段圆弧.

证明. 当两点位于 $\boldsymbol{H}^2$ 中垂直于实轴的直线时已经给出了证明. 根据习题 10.7, 对于一般情形, 只需证明一条垂直于实轴的直线在分式线性双曲等距变换下是定理中提到的两种曲线.

设 ρ 为垂直于实轴的半直线, T 为分式线性变换, 同时也是双曲等距变换. 根据第 10.2 节内容知, $T(\rho)$ 为一段圆弧. 因为 T 保持 $\mathbf{R}\cup\{\infty\}$ 不变, 圆弧 $T(\rho)$ 的两个端点也在实轴上. 最后, 因为 T 保角, 所以 $T(\rho)$ 与 $\mathbf{R}$ 在交点处的夹角为直角. 如果 $T(\rho)$ 包含 ∞, 那么 $T(\rho)$ 是一条垂直于实轴的半直线. 否则, $T(\rho)$ 为一个半圆, 圆心在实轴上. □

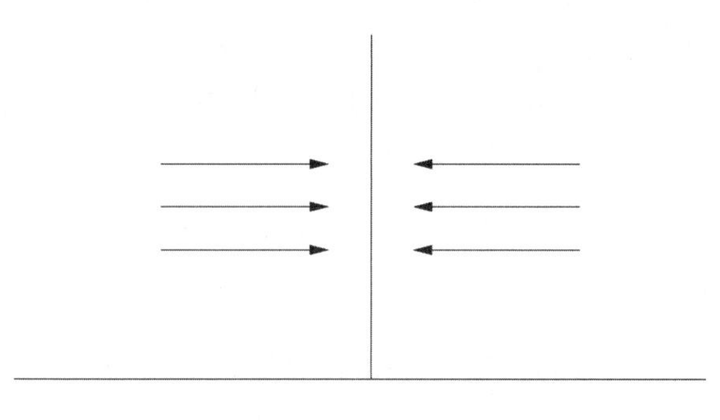

图 10.2: 映射 F

□

10.7　圆盘模型

到目前为止, 已经在双曲平面上定义了测地线. 可以接着定义测地多边形. 在这之前, 先介绍另一个方便画图的模型, 它有时更好用.

设 Δ 为单位开圆盘. 存在复分式线性映射 $M : \boldsymbol{H}^2 \to \Delta$

$$M(z) = \frac{z - \mathrm{i}}{z + \mathrm{i}}. \tag{10.6}$$

该映射是合理的, 因为 $z \in \boldsymbol{H}^2$ 总是离 i 比离 $-$i 更近, 所以 $|M(z)| < 1$. 因为 M 将圆周映为圆周且保持夹角, M 将 $\boldsymbol{H}^2$ 的测地线映为 Δ 中圆弧, 这些圆弧所在的圆与单位圆垂直相交.

有时在单位开圆盘中画测地线比在 $\boldsymbol{H}^2$ 中更方便. 因此, 当需要画图时, 我们会画测地线与单位圆正交的圆弧, 而过 Δ 中坐标原点的测地线为直线段, 其余都为弯向单位圆心的圆弧.

习题 10.8. 在圆盘模型中画出 10 条测地线.

除了把 Δ 看作方便画图的空间之外, 还可以把它看作不同于 $\boldsymbol{H}^2$ 的另一个双曲空间模型. 最直接的方法就是将 Δ 中两点 p, q 的双曲距离定义为 $M^{-1}(p)$, $M^{-1}(q)$ 在 $\boldsymbol{H}^2$ 中的双曲距离.

另一个更加直接的方法就是在 Δ 的任意一点 z 处定义一个新的内积

$$\langle \boldsymbol{v}, \boldsymbol{w} \rangle_z = \frac{4\boldsymbol{v} \cdot \boldsymbol{w}}{(1 - |z|^2)^2}. \tag{10.7}$$

定义内积之后, 可以用公式 (10.5) 来定义 Δ 中曲线的长度, 然后就可以定义 Δ 中的距离. 如同在上半平面模型中一样, 这两种方法给出的结果一样. 证明与引理 10.6 相似, 只需要证明 M 为 $\boldsymbol{H}^2$ 到 Δ 的关于各自内积的等距变换.

习题 10.9. 证明: 映射 M 为从 $\boldsymbol{H}^2$ 到 Δ 的等距映射. 其中 Δ 的内积由 (10.7) 给出. 即, 证明:

$$\langle \boldsymbol{v}, \boldsymbol{w} \rangle_z = \langle \mathrm{d}M(\boldsymbol{v}), \mathrm{d}M(\boldsymbol{w}) \rangle_{M(z)}$$

对所有以 $z \in \boldsymbol{H}^2$ 为起点的向量 $\boldsymbol{v}, \boldsymbol{w}$ 均成立.

带有双曲度量的 Δ 被称为双曲平面的 Poincaré 圆盘模型. 当 T 为实分式线性变换时, $M \circ T \circ M^{-1}$ 为 Δ 的等距映射. 因为 M 保角, 所以 Δ 中两条曲线的双曲夹角与 Euclid 夹角相同. 因此, 在这两个双曲模型中, Euclid 夹角与双曲夹角一致.

在继续测地线的讨论之前, 先来介绍几个新名词. $\boldsymbol{H}^2$ 的理想边界在上半平面模型中是指 $\mathbf{R} \cup \{\infty\}$, 在单位圆盘模型中是指单位圆周. 理想边界上的点称为理想点. 它们不属于 $\boldsymbol{H}^2$, 可以看作是 $\boldsymbol{H}^2$ 中测地线的极限点.

10.8　测地多边形

我们讨论了两个双曲平面的模型, 也清楚了什么样的曲线是测地线. 现在来研究双曲平面的测地多边形. 为简便起见, 我们用 $\boldsymbol{H}^2$ 笼统地表示两种模型中的一种. 因为存在等距映射 M 将其中一个模型变为另一个, 所以这样做没有什么问题.

一个测地多边形是由测地线段围成的一个简单闭道路. 这里"简单"的意思是该道路不与自己相交. $\boldsymbol{H}^2$ 中一个实心测地多边形是指测地多边形围成的区域. 为了方便, 允许测地多边形的某些顶点为理想点. 这些顶点称为理想顶点, 多边形在理想顶点处的夹角为 0, 因为两条测地线在理想点处均垂直于理想边界.

我们指出一个称为理想三角形的特殊测地三角形. 它是一个测地三角形, 拥有三条无限长的边和三个理想顶点, 如图 10.3 所示. 本节的主要结论, 双曲测地三角形的 Gauss-Bonnet 公式, 是第 9.3 节结论在双曲平面的推广. 证明也非常类似.

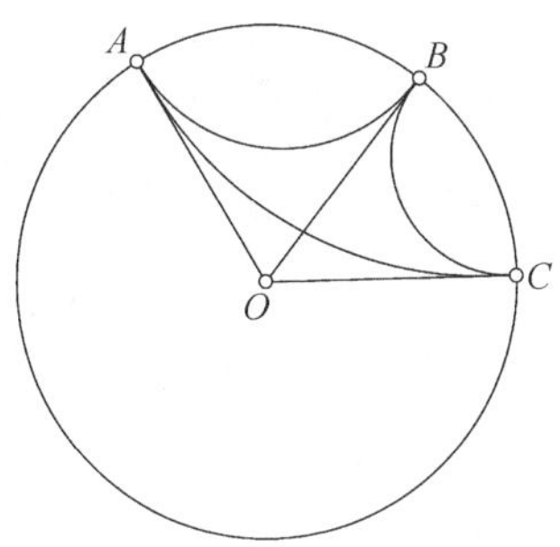

图 10.3: 两个剖分

定理 10.9. 设 T 为双曲平面上一个测地三角形, 则 T 的面积等于 π 减去 T 的内角和. 特别地, T 的内角和小于 π.

证明完全类比第 9.3 节的证明.

引理 10.10. 定理 10.9 对理想三角形成立.

证明. 我们要证明任意理想三角形的面积均为 π. 根据引理 10.4, 可以用 $\boldsymbol{H}^2$ 的等距变换将任何一个理想三角形变为另一个理想三角形, 因此, 只需要对一个给定理想三角形证明结论即可. 我们来证明结论对于上半平面模型中以

$-1,1,\infty$ 为顶点的理想三角形成立. 首先, 注意

$$\int_{y=y_0}^{\infty}\frac{1}{y^2}\mathrm{d}y=\frac{1}{y_0}.$$

下面利用 (10.2) 来求该三角形的面积. 我们有

$$\text{面积}(T)=\int_{x=-1}^{1}\int_{y=\sqrt{1-x^2}}^{\infty}\frac{1}{y^2}\mathrm{d}y\mathrm{d}x=\int_{-1}^{1}\frac{1}{\sqrt{1-x^2}}\mathrm{d}x=\pi.$$

最后一个积分利用三角变换 $x=\sin t, \mathrm{d}x=\cos t\mathrm{d}t$ 可以很容易算出来. □

用 $T(\theta)$ 记 $\boldsymbol{H}^2$ 中两个顶点在理想边界上而另一个顶点的内角为 θ 的测地三角形.

引理 10.11. 定理 10.9 对 $T(\theta)$ 成立.

证明. 任意两个 $T(\theta)$ 彼此双曲等距. 事实上, 可以先用映射使得这两个测地三角形内角为 θ 的顶点相对应, 然后通过适当的旋转使得从内角 θ 出发的两条边相重合. 因此, 任意测地三角形 $T(\theta)$ 的面积均相等. 设

$$f(\theta)=\pi-\text{面积}(T(\theta)).$$

我们来证明 $f(\theta)=\theta$ 对所有 $\theta\in[0,\pi)$ 成立. 根据引理 10.10, 已经知道 $f(0)=0$.

对于一般情形, 使用圆盘模型, 把 $T(\theta)$ 内角 θ 的顶点选在圆心 O 处. 图 10.3 的剖分证明了当 $\theta_1+\theta_2\leq\pi$ 时

$$f(\theta_1+\theta_2)=f(\theta_1)+f(\theta_2)$$

成立. 为了让图更清晰, 我们指出以下几点:

- 三角形 $T(\theta_1)$ 顶点为 O,A,B.
- 三角形 $T(\theta_2)$ 顶点为 O,B,C.
- 三角形 $T(\theta_1+\theta_2)$ 顶点为 O,A,C.
- 三角形 ABC 为理想三角形.

为了使公式 $f(\theta_1+\theta_2)=f(\theta_1)+f(\theta_2)$ 在 $\theta_1+\theta_2=\pi$ 时也成立, 令 $f(\pi)=\pi$. 图中四边形 $OABC$ 有两种剖分方法, 一种方法给出 A_1+A_2, 另一种给出面积 $\pi+A$, 其中 A_k 为 $T(\theta_k)$ 的面积, A 为 $T(\theta_1+\theta_2)$ 的面积.

因为 $f(\pi)=\pi$, 利用公式 $f(\theta_1+\theta_2)=f(\theta_1)+f(\theta_2)$ 可以归纳地证明 $f(r\pi)=r\pi$ 对所有有理数 $r\in(0,1)$ 成立. 但是 f 显然是连续的, 且在稠密子集上为恒等映射, 所以 f 为整个定义域上的恒等映射. □

对于任意一个测地三角形, 将它的三条边沿着测地线延长到理想边界. 考虑以这三个理想点为顶点的理想三角形的剖分 (如图 10.4).

该理想三角形以及与它共有一条边的三个外边的测地三角形的面积已经有公式, 且定理 10.9 对这些三角形都成立. 理想三角形面积为 π, 三个外边的三角形面积分别为 α,β 和 γ (这里 α,β,γ 为中间测地三角形的内角). 因此中间的测地三角形的面积为 $\pi-\alpha-\beta-\gamma$, 从而定理得证.

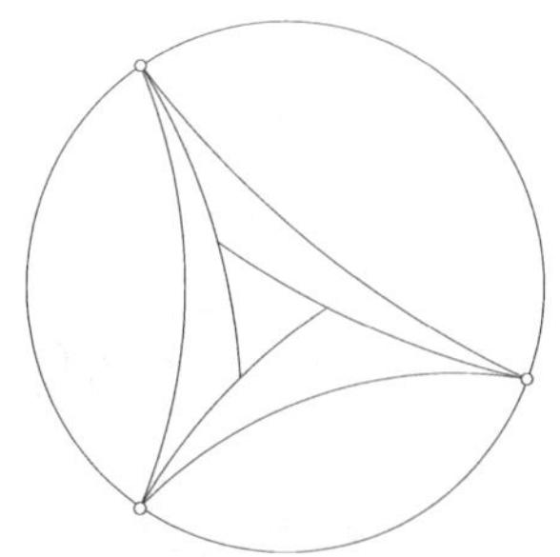

图 10.4: 理想三角形的剖分

如果联结实心测地多边形 P 中任意两点 p,q 的测地线也在 P 中, 那么 P 称为凸的. 容易用归纳法证明任何凸测地多边形都能分解成一组测地三角形.

引理 10.12. 凸测地 n-边形的面积为 $(n-2)\pi$ 减去该多边形的内角和.

证明. 将凸测地 n-边形分解为测地三角形, 然后再利用定理 10.9. □

习题 10.10. (此题较难) 假设 $\theta_1,\theta_2,\theta_3$ 为三个和小于 π 的正数. 证明: 存在一个双曲测地三角形其内角分别为 $\theta_1,\theta_2,\theta_3$.

习题 10.11. (此题较难) 如果一个测地三角形内部的每一点到三边的距离都不超过 δ, 那么称它的厚度不超过 δ. 注意在 Euclid 空间中不存在一个 δ, 使得所有三角形的厚度都不超过 δ. 证明: 所有双曲测地三角形的厚度均不超过 10. 这里的 $\delta=10$ 远非最优.

10.9 等距同构的分类

设 T 为实系数分式线性变换. 如果 $T(\infty)=\infty$, 那么 $T(z)=az+b$. 如果 $T(\infty)\neq\infty$, 那么方程 $T(z)=z$ 等价于二次方程 $az^2+bz+c=0$, 其中 $a,b,c\in\mathbf{R}$. 如果 T 不是恒等映射, 那么存在以下三种可能:

- T 在 $\boldsymbol{H}^2$ 中有一个不动点, 在 $\mathbf{R}\cup\{\infty\}$ 上没有不动点.
- T 在 $\boldsymbol{H}^2$ 中没有不动点, 在 $\mathbf{R}\cup\{\infty\}$ 上有一个不动点.
- T 在 $\boldsymbol{H}^2$ 中没有不动点, 在 $\mathbf{R}\cup\{\infty\}$ 上有两个不动点.

依照以上三种可能性, T 分别称为椭圆, 抛物, 或者双曲型映射. 我们将依次讨论这三种映射. 先介绍一个有用的构造. 给定等距映射 g 和 T, 称 $S=gTg^{-1}$ 为 T 的共轭. 注意 g 将 T 的不动点映为 S 的不动点.

假设 T 为椭圆型映射. 在圆盘模型下, 可以找到 T 的共轭 S, 使得圆心为 S 的不动点. 此时 S 将过圆心的测地线映为另一条过圆心的测地线, 而且保持测地线长度不变. 从而 S 必为一个旋转变换. 因此, 在圆盘模型下, 所有椭圆型实分式线性变换都共轭于旋转变换.

假设 T 为抛物型映射. 在上半平面模型下, 取 T 的共轭 S 使得 ∞ 为 S 的不动点. 此时 $S(z)=az+b$. 如果 $a\neq 1$, 那么 S 在 $\mathbf{R}$ 上有另一个不动点, 这不可能. 所以 $a=1$ 且 $S(z)=z+b$. 因此, 在上半平面模型下, 所有抛物型实分式线性变换共轭于平移变换.

假设 T 为双曲型映射. 在上半平面模型下, 取 T 的共轭 S 使得 $0,\infty$ 为 S 的不动点, 从而 $S(z)=rz$. 因此, 在上半平面模型下, 所有双曲型实分式线性变换都共轭于伸缩变换.

尽管抛物型与双曲型分式线性变换在 $\boldsymbol{H}^2$ 中均无不动点, 这两类变换还是有质的不同. 考虑抛物变换 $S(z)=z+b$. 我们找不到 $\epsilon>0$ 使得 S 将 $\boldsymbol{H}^2$ 中的点移动的距离大于 ϵ. 比如说, $y\mathrm{i}$ 与 $S(y\mathrm{i})$ 的双曲距离当 $y\to\infty$ 时趋于 0. 而对于双曲变换 $S(z)=rz$, 存在 $\epsilon>0$ 使得 S 将 $\boldsymbol{H}^2$ 中所有点移动至少 ϵ 距离. 事实上, $\epsilon=|\log r|$.

第 11 章　曲面上的 Riemann 度量

本章解释什么是带 Riemann 度量的光滑曲面. Riemann 度量的构造是第 9.1 节球面度量以及第 10.3 节双曲度量的推广. 我们先给出一些定义作为准备, 然后在最后一节给出带 Riemann 度量的光滑曲面的定义.

带有 Riemann 度量的光滑曲面是光滑 Riemann 流形的特例. 光滑 Riemann 流形是微分几何或者 Riemann 几何的研究对象. [DOC] 是一本非常精彩的有关光滑 Riemann 流形的书.

11.1　平面曲线

$\mathbf{R}^2$ 中光滑曲线是一个光滑映射 $f:(a,b)\to\mathbf{R}^2$. 这样的映射通常写成

$$f(t)=(x(t),y(t)),$$

其中 $x(t),y(t)$ 为光滑函数. 即,

$$\frac{\mathrm{d}^n f}{\mathrm{d}t^n}=\left(\frac{\mathrm{d}^n x}{\mathrm{d}t^n},\frac{\mathrm{d}^n y}{\mathrm{d}t^n}\right)$$

对所有自然数 n 都存在. 通常记 $\frac{\mathrm{d}f}{\mathrm{d}t}$ 为 $f'(t)$.

如果 $f'(t)\neq 0$ 对所有 $t\in(a,b)$ 都成立, 那么函数 f 称为正则的. 跟以前一样, f' 称为 f 在 t 的速度. 有时也会谈到定义在闭区间上的光滑函数. 因此, 当我们说 $f:[a,b]\to\mathbf{R}^2$ 光滑时, 实际是指 f 在一个更大的开区间 $(a-\epsilon,b+\epsilon)$ 上定义且光滑. 特别地, $f:[0,0]\to\mathbf{R}^2$ 定义在 0 的一个邻域上. 这是在遇到边界点导数时的一个通常处理方法.

11.2　平面上的 Riemann 度量

在第 10.4 节开始我们定义了内积的概念. 设 $\mathcal{I}$ 为 $\mathbf{R}^2$ 上所有内积的全体, 设 $U\subset\mathbf{R}^2$ 为开集, U 上一个 Riemann 度量是一个光滑映射 $\Psi:U\to\mathcal{I}$.

换句话说, U 上一个 Riemann 度量是指在 U 的每一点 p 处给出一个内积 G_p, 由这内积得到函数 g_{ij}, 其定义如下

$$g_{ij}(p) = G_p(e_i, e_j), \tag{11.1}$$

其中 $e_1 = (1,0), e_2 = (0,1)$. 我们要求 g_{ij} 为 U 上的光滑函数. 因此可以通过给出 4 个满足以下条件的光滑函数来定义 U 上的 Riemann 度量:

- 对所有 $p \in U$, $g_{12}(p) = g_{21}(p)$;
- 对所有 $p \in U$, 矩阵 $\{g_{ij}(p)\}$ 为正定矩阵. 即, 其特征根为正.

U 中一条曲线也是 $\mathbf{R}^2$ 中一条曲线, 只不过恰好落在 U 中. 可以用如下方法来测量在 Riemann 度量下一条曲线的长度. 设 $f : [a,b] \to U$ 为光滑曲线, 定义

$$f \text{ 的 Riemann 长度} = \int_a^b \sqrt{G_{f(t)}(f'(t), f'(t))}\mathrm{d}t, \tag{11.2}$$

其中被积函数称为 f 在 t 的 Riemann 速度. 因此, f 的 Riemann 长度是其 Riemann 速度的积分. 当然这一切都依赖于 Riemann 度量的选取. 如果取标准 Riemann 度量, 即通常的点积, 则可以得到通常意义下的速度和长度.

习题 11.1. 利用上一章结论给出上半平面一个 Riemann 度量使其成为双曲平面.

习题 11.2. 给出 $\mathbf{R}^2$ 中一个子集的 Riemann 面积的一个合理定义, 假定 $\mathbf{R}^2$ 给定了一个 Riemann 度量.

习题 11.3. 给出 $\mathbf{R}^2$ 上一个 Riemann 度量, 满足: $\mathbf{R}^2$ 中任意两点均可由 Riemann 长度不超过 1 的光滑曲线连接.

习题 11.4. 设 G 为平面上的一个 Riemann 度量, 设 p, q 为两个不相同的点. 给定 G, p, q, 证明: 存在 $\epsilon > 0$, 使得连接 p, q 的任意曲线关于 Riemann 度量的长度至少为 ϵ. 当然, ϵ 依赖于 G. (提示: 紧致集合上正值函数必有正的最小值.)

11.3 微分同胚与等距同构

设 U, V 为 $\mathbf{R}^2$ 中两个开集. 从 U 到 V 的一个微分同胚是一个同胚 $f : U \to V$, 且满足以下额外条件:

- f 是光滑的, 即存在各阶导数.
- 对 U 上每点 p, 一阶导数矩阵 $\mathrm{d}f_p$ 在点 p 非奇异, 即 $\mathrm{d}f_p$ 定义点 p 处向量空间的一个同构. 简称 f 为正则的.
- f^{-1} 光滑且正则.

事实上, 第三个条件可以由前两个条件以及反函数定理得到.

注意: $\mathrm{d}f_p$ 将点 p 处的切向量映到 $f(p)$ 处的切向量. 假设 U, V 带有 Riemann 度量. 微分同胚 $f: U \to V$ 称为 Riemann 等距, 如果

$$H_{f(p)}(\mathrm{d}f_p(\boldsymbol{v}), \mathrm{d}f_p(\boldsymbol{w})) = G_p(\boldsymbol{v}, \boldsymbol{w})$$

对任意 $p, \boldsymbol{v}, \boldsymbol{w}$ 成立. 这里 $\boldsymbol{v}, \boldsymbol{w}$ 为 $p \in U$ 处的切向量, G 为定义在 U 上的 Riemann 度量, H 为定义在 V 上的 Riemann 度量. 在引理 10.6 的第二个证明中, 我们已经接触过这一概念.

还有另外一个观点来看 Riemann 等距. $U \subset \mathbf{R}^2$ 上的 Riemann 度量将 U 变成一个度量空间. 事实上, 给定 $p, q \in U$. 定义 $S(p,q)$ 为联结 p, q 的所有光滑曲线的全体. 定义 $d(p,q)$ 为 $S(p,q)$ 中曲线长度的下确界. 这跟在球面和双曲平面时的做法完全一样. 一个光滑映射 $f: U \to V$ 为 Riemann 等距映射当且仅当它是关于 U, V 相应度量的等距映射.

习题 11.5. 证明 d 确为 U 上一个度量. 证明 U 和 V 之间的 Riemann 等距映射是度量空间等距.

习题 11.6. (此题较难) 证明 Euclid 平面上存在一个 Riemann 度量使其与带有弧度量的 S^2 的上半球面等距 (这部分的证明不难). 然后证明平面上不存在 Riemann 度量使其与带弦度量的 S^2 的上半球面等距. 弧度量与弦度量的定义见第 9.1 节.

11.4　坐标图册与光滑曲面

回顾一下曲面指的是一个度量空间 Σ, 其上任一点存在一个邻域同胚于 $\mathbf{R}^2$. 这样的邻域全体称为一个图册, 这些邻域则称为坐标卡. 因此图册里的成员是 (U, h), 其中 U 为 Σ 的一个开子集, $h: U \to \mathbf{R}^2$. 我们要求图册中所有坐标卡的并集为整个曲面. 换言之, 曲面上任一点至少属于一个坐标卡.

假设 (U_1,h_1) 与 (U_2,h_2) 为两个坐标卡, 且 $V=U_1\cap U_2$ 非空. 记 $V_1=h_1(V)$, $V_2=h_2(V)$. 作为两开集的交, V 在 U_1,U_2 中均为开集. 因为 h_1,h_2 均为同胚, 所以 V_1,V_2 在 $\mathbf{R}^2$ 中为开集. 在 V_1 上, 映射

$$h_{12}=h_2\circ h_1^{-1}$$

有合理定义, 且有 $h_{12}(V_1)=V_2$. 而映射

$$h_{21}=h_1\circ h_2^{-1}$$

在 V_2 上有定义, 且 $h_{21}(V_2)=V_1$, 从而 h_{12} 与 h_{21} 互为逆映射, 且均为连续映射 (因为它们是连续映射的复合), 因此 $h_{12}:V_1\to V_2$ 为同胚, 而 $h_{21}:V_2\to V_1$ 为逆同胚. 函数 h_{12},h_{21} 称为重叠函数, 因为它们定义在坐标卡的重叠部分上.

如果Σ 的一个图册的所有重叠函数都是微分同胚, 那么该图册称为光滑结构. 即, 任意一个重叠函数 $h_{12}:V_1\to V_2$ 都是微分同胚. 一个光滑曲面是指具有光滑结构的曲面.

这里有个讨厌的技术问题. 给定 (U,h), 其中 U 为 Σ 的开集, $h:U\to\mathbf{R}^2$ 为同胚. 如果 (U,h) 不属于给定的图册, 那么可以将该图册扩充使得 (U,h) 包含其中. 这样就产生一些新的重叠函数. 如果所有这些新的重叠函数都是微分同胚, 那么称 (U,h) 与该图册相容. 一个图册称为最大的, 如果它包含了所有相容的坐标卡. 通常要求图册为极大的, 但是这一要求在实际中没有那么重要.

11.5 光滑曲线与切平面

我们给出过平面上光滑曲线的定义, 现在将其推广到光滑曲面上. 如果一个光滑曲面嵌入在 Euclid 空间, 比如说 $\mathbf{R}^3$ 中的球面, 那么容易理解它上面的光滑曲线是什么意思. 如果曲线 $f:(a,b)\to S^2$的每个坐标函数都是光滑的, 那么称该曲线为光滑的. 当考虑的是一个抽象的光滑曲面时, 情况就比较复杂, 就需要用到定义该曲面的坐标卡.

设 Σ 为光滑曲面. 称映射 $f:(a,b)\to\Sigma$ 在点 t 处光滑, 如果存在 $\epsilon>0$ 使得:

- $(t-\epsilon,t+\epsilon)\subset(a,b)$.
- $f((t-\epsilon,t+\epsilon))$ 包含在某个坐标卡 (U,h) 中.

- 曲线 $h \circ f : (t-\epsilon, t+\epsilon) \to \mathbf{R}^2$ 为光滑曲线.

所有重叠函数都是微分同胚, 所以光滑曲线的定义不依赖于坐标卡的选取. 换句话说, 如果 $f(t-\epsilon, t+\epsilon) \subset U_1 \cap U_2$, $(U_1, h_1), (U_2, h_2)$ 均为坐标卡, 那么

$$h_2 \circ f = h_{12} \circ (h_1 \circ f).$$

因为 h_{12} 光滑, 所以曲线 $h_1 \circ f$ 光滑当且仅当曲线 $h_2 \circ f$ 光滑. 这里用到了光滑函数的复合也是光滑函数的事实, 这由链式法则得到.

如果 $f : (a, b) \to \Sigma$ 在每一点 $t \in (a, b)$ 光滑, 那么称 f 光滑. 如果 f 在 $(a-\epsilon, b+\epsilon)$ 上有定义且光滑, 称 $f : [a, b] \to \Sigma$ 光滑.

给定一点 $p \in \Sigma$, 假设

$$f_1, f_2 : [0, 0] \to \Sigma$$

为两条曲线, 使得 $f_1(0) = f_2(0) = p$. 称 $f_1 \sim f_2$, 如果存在一个坐标卡 (U, h), 使得 $p \in U$ 且 $h \circ f_1$ 与 $h \circ f_2$ 在点 0 处的导数相同, 即 $(h \circ f_1)'(0) = (h \circ f_2)'(0)$.

习题 11.7. 证明 $\sim$ 的定义不依赖于坐标卡的选取. 证明 $\sim$ 为等价关系.

定义 $T_p(\Sigma)$ 为所有曲线 $f : [0, 0] \to \Sigma$, $f(0) = p$ 的等价类全体. $T_p(\Sigma)$ 可以定义成为线性空间. 事实上, 如果 $[f_1]$ 与 $[f_2]$ 为两个等价类, 那么定义 $[f_1] + [f_2]$ 为曲线 g 的等价类, 使得 $h \circ g$ 的导数为 $h \circ f_1$ 的导数与 $h \circ f_2$ 的导数之和. 即,

$$(h \circ g)'(0) = (h \circ f_1)'(0) + (h \circ f_2)'(0).$$

习题 11.8. 证明上述加法有合理定义. 即, 如果有两个坐标卡 $(U_1, h_1), (U_2, h_2)$, 那么加法的定义不变. (提示: 利用

$$h_2 \circ g = h_{12} \circ (h_1 \circ g), \ \ h_2 \circ f_i = h_{12} \circ (h_1 \circ f_i), i = 1, 2,$$

以及 dh_{12} 为线性变换, 然后再利用导数链式法则.)

我们还可以定义 $T_p(\Sigma)$ 上的数乘. 定义 $r[f]$ 为在任意坐标卡下所有点 0 速度为 f 的 r 倍的曲线的等价类. 同样地, 这个定义是合理的, 因为重叠函数是微分同胚.

总之, 对所有 $p \in \Sigma$, $T_p(\Sigma)$ 构成线性空间.

习题 11.9. 证明 $T_p(\Sigma)$ 同构于 $\mathbf{R}^2$.

11.6 Riemann 曲面

假设 Σ 为一光滑曲面. 这意味着有一个极大图册, 其重叠函数为光滑同胚. 假设对任给一个坐标卡 (U,h), 选择一个 $\mathbf{R}^2$ 上的 Riemann 度量. 如果所有重叠函数均为 Riemann 等距映射, 那么说这个选择是相容的. 因此, 上文提到的 h_{12} 为从 V_1 到 V_2 的 Riemann 等距映射, 其中 V_1 具有 (U_1,h_1) 之下的 Riemann 度量, V_2 具有 (U_2,h_2) 下的 Riemann 度量.

Σ 上的 Riemann 度量是指每一个坐标卡选取一个 $\mathbf{R}^2$ 上的 Riemann 度量, 且这些度量彼此相容. 这一定义比较抽象, 因此将在本节末尾给出另一个比较具体的定义.

设 $f:[a,b]\to\Sigma$ 为光滑曲线. 定义 f 的 Riemann 长度如下: 首先, 固定一个分拆 $a=t_0<\cdots<t_n=b$ 使得 $f([t_i,t_{i+1}])$ 落在坐标卡 (U_i,h_i) 中. 定义 L_i 为 $h_i\circ f([t_i,t_{i+1}])$ 的 Riemann 长度. 然后, 定义 f 的长度为 $L_0+\cdots+L_{n-1}$. 即, 逐段计算 f 的长度然后进行求和.

引理 11.1. f 的 Riemann 度量是合理定义的, 不依赖于 $[a,b]$ 的分拆和坐标卡的选取.

证明. 首先固定 $[a,b]$ 的一个分拆, 但是使用新的坐标卡 (U_i',h_i'), 使得 $f([t_i,t_{i+1}])\subset U_i'$. 则在 $[t_i,t_{i+1}]$ 上有

$$h_i'\circ f=(h_i'\circ h_i^{-1})\circ(h_i\circ f).$$

但是 $h_i'\circ h_i^{-1}$ 为重叠函数且是 Riemann 等距映射, 所以 $L_i=L_i'$. 这说明 f 的 Riemann 度量不依赖于坐标卡的选取.

现在假设 $a=s_0<\cdots<s_m=b$ 为另一个分拆, 且我们将使用另一组 $\{(U_i',h_i')\}$ 坐标卡来计算曲线长度. 通过合并两个分拆, 我们得到一个加细的分拆 $a=u_0<\cdots<u_l=b$, 它包含所有 s_i 和 t_j. (实际上就是将所有分拆点都算上进行重新排列.)

可以用 (U_i,h_i) 来计算 u-分拆下的长度. 这与我们使用 t-分拆的结果一样, 因为积分有可加性.

$$\int_{t_i}^{t_{i+1}}=\int_{t_i}^{u_{k+1}}+\cdots+\int_{u_{k+h-1}}^{t_{i+1}}.$$

这里 $t_i=u_k<\cdots<u_{k+h}=t_{i+1}$. 同理, 我们也可以用 (U_i',h_i') 及 u-分拆来计算长度, 结果与 s-分拆相同. 这就回到了相同分拆不同坐标卡的情形. □

关于 Riemann 度量还有另一种看法. $T_p(\Sigma)$ 为点 $p \in \Sigma$ 处的实 2 维向量空间. 可以将 Riemann 度量定义为 $T_p(\Sigma)$ 上的内积, 光滑地依赖于 p. 这里需要把光滑依赖于 p 说清楚. 固定一个坐标卡 (U, h), Riemann 度量 G 给出 $\mathbf{R}^2$ 上一个如下的 Riemann 度量: 给定 $\mathbf{R}^2$ 中一点 $q \in \mathbf{R}^2$ 以及向量 $\boldsymbol{v}, \boldsymbol{w}$. 令 $p = h^{-1}(q) \in U$, $[f_1], [f_2] \in T_p(\Sigma)$ 为两个等价类, 使得 $(h \circ f_1)'(0) = \boldsymbol{v}$, $(h \circ f_2)'(0) = \boldsymbol{w}$, 则定义 $H_q(\boldsymbol{v}, \boldsymbol{w}) = G_p([f_1], [f_2])$. Σ 上的光滑 Riemann 度量是指在一个坐标卡下 $\mathbf{R}^2$ 上的光滑 Riemann 度量. 这个定义与之前的定义完全等价.

11.7　Riemann　覆　叠

本节证明几个技术性结论, 它们在下一章定理 12.9 的证明中要用到. 如果你只对定理 12.9 感兴趣而对一般的 Riemann 曲面没兴趣, 可以将本节的曲面看成是局部等距的双曲曲面. 相反地, 如果你熟悉 Riemann 流形, 可以将本节的 Riemann 曲面换成 Riemann 流形, 本节的结论仍成立, 证明也不变. 换言之, 本节内容是在非常具体的应用与非常普遍的理论之间的一个折中.

Riemann 曲面 X 的一个 Riemann 覆叠是一个 Riemann 曲面 $\widetilde{X}$, 使得覆叠映射 $E : \widetilde{X} \to X$ 为局部等距映射. 我们是指 $\mathrm{d}E$ 为相应切平面上的在各自的 Riemann 度量之下的等距变换.

引理 11.2. 设 X 为 Riemann 曲面, $\widetilde{X}$ 为 X 的覆叠空间, 则可以使 $\widetilde{X}$ 成为 Riemann 曲面且使得覆叠映射 $E : \widetilde{X} \to X$ 为 Riemann 覆叠.

证明. 首先, $\widetilde{X}$ 为一个曲面. 给定覆叠映射 $E : \widetilde{X} \to X$, $\widetilde{X}$ 上任一点 $\widetilde{x}$ 存在一个邻域 $\widetilde{U}$ 使得 $U = E(\widetilde{U})$ 为 x 的一个均匀覆叠邻域, 且 (U, ϕ) 为 x 的一个坐标卡. 复合映射 $\phi \circ E : \widetilde{U} \to \mathbf{R}^2$ 给出 $\widetilde{x}$ 附近的一个坐标卡. $\widetilde{X}$ 上的这样的坐标卡的重叠函数与 X 上的重叠函数相同, 因此 $\widetilde{X}$ 为光滑曲面, E 为光滑映射.

$\widetilde{X}$ 存在唯一 Riemann 度量使得 $E : \widetilde{X} \to X$ 为等距映射. 定义该度量为

$$\widetilde{g}_{\widetilde{x}}(\boldsymbol{v}, \boldsymbol{w}) = g_x(\mathrm{d}E(\boldsymbol{v}), \mathrm{d}E(\boldsymbol{w})).$$

这里 $\mathrm{d}E$ 为 E 的微分, $\boldsymbol{v}, \boldsymbol{w}$ 为 $\widetilde{x}$ 处 $\widetilde{X}$ 的切向量. 在一个局部坐标卡下, $\mathrm{d}E$ 为恒等映射, 因此 $\widetilde{g}$ 实际上为内积.

另一种观点来解释 $\widetilde{X}$ 上的 Riemann 度量可能会更加清楚. X 上的 Riemann 度量是一系列 $\mathbf{R}^2$ 中相容的 Riemann 度量. 相容是指重叠函数为等距映射. 可以看到 X 的开集被覆叠映射均匀覆叠. 用 X 开集的原象作为 $\widetilde{X}$ 的坐标卡. 因为 $\widetilde{X}$ 上重叠函数与 X 的相同, X 上相容的度量也定义了 $\widetilde{X}$ 上的 Riemann 度量. □

习题 11.10. 证明 Riemann 覆叠映射 $E:\widetilde{X}\to X$ 为距离非增映射. 给出一个从连通空间到连通空间的 Riemann 覆叠的例子, 其覆叠映射不是整体等距映射. 即, 给出一个例子, 使得存在两点 $\widetilde{x},\widetilde{y}\in\widetilde{X}$, 它们的距离大于 $x,y\in X$ 的距离.

回顾一个度量空间称为完备的, 如果该空间中任何 Cauchy 序列都收敛. 对 Riemann 曲面来说, 有另一个完备的概念, 称为测地线完备. 这也是人们说一个 Riemann 曲面完备所指的意思. 然而, 根据 Hopf-Rinow 定理, 这两个定义其实是一样的, 其证明见 [DOC]. 之所以提到这一点, 是想与别的书保持一致. 我们只关心度量完备.

引理 11.3. 设 $E:\widetilde{X}\to X$ 为 Riemann 覆叠空间. 如果 X 完备, 那么 $\widetilde{X}$ 也完备.

证明. 设 $\{\widetilde{x}_n\}$ 为 $\widetilde{X}$ 中一个 Cauchy 序列. 根据构造, 映射 $E:\widetilde{X}\to X$ 为距离非增映射. 令 $x_n=E(\widetilde{x}_n)$, 则 $\{x_n\}$ 为 X 中的 Cauchy 序列. 因为 X 完备, 所以存在极限点 x_*, 以及 x_* 的一个均匀覆叠邻域 U, 当 n 充分大时, x_n 包含在 U 中. 但这时所有点 $\widetilde{x}_n$ 落在 $\widetilde{U}=E^{-1}(U)$ 的同一个分支中. 因为 $E:\widetilde{U}\to U$ 为同胚, 特别地, E 将收敛列映到收敛列, E^{-1} 也是. 因为 $\{x_n\}$ 在 U 中收敛, 所以 $\{\widetilde{x}_n\}$ 在 $\widetilde{U}$ 中也收敛. □

第 12 章　双曲曲面

本章是第 1.5 节关于双曲曲面不严格讨论的继续. 本章先解释什么是双曲曲面, 然后说明如何从第 1.5 节所提到的黏合构造得到双曲曲面. 关于双曲曲面的全面介绍, 参见 [RAT]. 我们将介绍一个从凸测地双曲多边形出发构造双曲曲面的一般方法. 在本章末尾将证明双曲曲面的覆叠空间是双曲平面.

12.1　定　义

我们将给出双曲曲面的两个定义. 第一个定义要用到上一章的知识, 第二个定义则不需要.

定义 12.1. 双曲曲面是一个带有 Riemann 度量的光滑曲面, 曲面上任一点处存在邻域等距同构于双曲平面上的一个开圆盘.

第二个定义比较初等, 不需要用到上一章 Riemann 流形的知识, 但是需要别的预备知识. 设 U, V 为 $\boldsymbol{H}^2$ 的两个开集. 如果一个集合同胚于一个开圆盘, 那么它称为类圆盘集合. 如果一个映射 $f : U \to V$ 限制在 U 的任一个开分支上为双曲等距, 那么该映射称为局部双曲等距. 最简单的情形是当 U, V 都是连通空间, 此时 $f : U \to V$ 为局部等距当且仅当它限制在 U 上为双曲等距.

定义 12.2. 一个曲面 Σ 上的双曲结构是指 Σ 上一个坐标卡组成的图册, 满足以下条件:

- 每个坐标卡的像集都是 $\boldsymbol{H}^2$ 中的类圆盘.
- 重叠函数为局部双曲等距, 不一定保持定向.
- 该图册是极大的.

双曲曲面是一个具有双曲结构的曲面.

现在来证明这两个定义实质上一致. 假设 Σ 在定义 12.1 下为双曲曲面. 则其定义中的局部等距给出一个坐标图册, 其重叠函数为局部等距映射. 这个图册可能不是极大的, 但是可以利用 Zorn 引理将其扩充成为极大的. (关于 Zorn 引理可参见任何一本点集拓扑的书, 比如 [DEV].) 因此, Σ 在定义 12.2 下也是双曲曲面.

习题 12.1. 证明: 局部双曲等距为光滑映射. 这基本上等于在说实分式线性变换无穷次可微.

假设 Σ 在定义 12.2 下为双曲曲面. 根据习题 12.1, Σ 上的坐标卡图册具有光滑重叠函数, 因此 Σ 为光滑曲面. 在 Σ 上定义 Riemann 度量如下. 给定 $p \in \Sigma$, 设 (U, f) 为点 p 的一个坐标卡. 这意味着 U 为 p 的开邻域且 $f : U \to \boldsymbol{H}^2$ 为到 $\boldsymbol{H}^2$ 中类圆盘的同胚. 设 $\boldsymbol{V}, \boldsymbol{W} \in T_p(\Sigma)$ 为两个切向量, 即 $\boldsymbol{V} = [\alpha], \boldsymbol{W} = [\beta]$, 其中 $\alpha, \beta : (-\epsilon, \epsilon) \to \Sigma$ 为光滑曲线, $\alpha(0) = \beta(0) = p$. 定义

$$H_p(\boldsymbol{V}, \boldsymbol{W}) = G_{f(p)}((f \circ \alpha)'(0), (f \circ \beta)'(0)).$$

这里 G 为双曲平面上的一个 Riemann 度量. 也就是说, 使用坐标卡将 $\boldsymbol{H}^2$ 上的度量移到了 Σ 在 p 的切空间 $T_p(\Sigma)$ 上. 因为重叠函数为等距映射, 从而上面定义的度量不依赖于坐标卡的选取. 因此得到 Σ 上一个 Riemann 度量, 在该度量下, Σ 为定义 12.1 意义下的双曲曲面.

因此两个定义给出同样的双曲曲面. 第二个定义下可以很方便定义定向双曲曲面.

定义 12.3. 定向双曲结构是指一个曲面 Σ 的坐标卡图册, 满足:

- 每个坐标卡的象在 $\boldsymbol{H}^2$ 中为类圆盘.
- 重叠函数为局部保定向双曲等距.
- 图册为极大的.

定向双曲曲面是具有定向双曲结构的曲面. 如果一个双曲曲面上存在一个定向双曲结构, 那么该曲面称为可定向的.

本节关于双曲曲面的结论一般都不要求其可定向, 只不过对定向双曲曲面有时证明会更容易些.

12.2　黏合方案

本节给出构造双曲曲面的一个系统方法. 在第 10.8 节中讲过一个凸测地多边形是 $\boldsymbol{H}^2$ 中一个凸集, 其边界是一条由测地线段组成的简单闭路. 我们将把一些测地多边形黏合在一起, 并保持顶点处的角度正确.

设 P 为测地多边形, 设 $e \in P$ 为其一边. e 的一个装饰是指 e 上标注的数字与箭头. P 的一个装饰是指它的每条边都有一个装饰. 当我们黏合多边形得到曲面时总是依据这些装饰.

一个双曲曲面的黏合方案指的是有限个带装饰的多边形 $P_1, \cdots, P_n$. 此外还要求:

- 如果某个数字在装饰中出现, 它只能出现两次. 这一条件保证可以将数字相同的边黏合.
- 数字相同的边双曲长度相等. 这一条件保证可以在双曲等距下进行黏合.
- 一个完全回路的角度之和为 2π. 这一条件确保每个顶点处都存在一个局部等距于 $\boldsymbol{H}^2$ 的邻域.

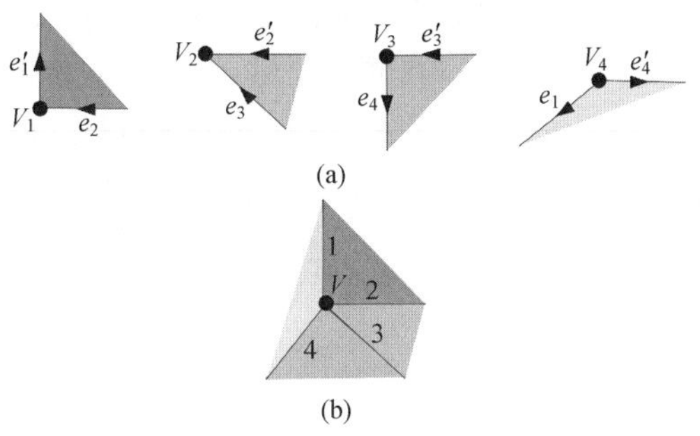

图 12.1: 完全回路

第三个条件需要一些进一步的解释. 一个完全回路是边的一个排列 e_1, e_1', $e_2, e_2', e_3, e_3', \cdots, e_k, e_k'$, 满足以下条件: 对所有 j, e_j 与 e_j' 标有相同数字; e_j' 与 e_{j+1} 为同一个多边形相邻的两条边 (这里下标按模 k 理解); 而且, e_j' 的箭头指向顶点 v_j 当且仅当 e_j 的箭头指向顶点 v_{j-1}, 从而所有这些顶点都将被黏合在一起. 这里 v_j 为 e_j' 与 e_{j+1} 的共同顶点. 图 12.1 给出完全回路的一个例子. (图 12.1 中画这些多边形时, 画得它们像是 Euclid 空间的多边形, 而不是双曲平面上的多边形. 这只是为了方便而已.)

12.3 按照黏合方案构造曲面

定理 12.1. 每一个黏合方案均给出一个双曲曲面.

证明. 给定一个黏合方案, 通过如下步骤得到一个双曲曲面. 首先, 从一个由测地多边形 $P_1, \cdots, P_n$ 并集组成的度量空间开始. 这里定义 $d(p, q) = 1$, 如果 $p \in P_i, q \in P_j$, $i \neq j$. 对于 $p, q \in P_i$ (同一个多边形), $d(p, q)$ 为双曲度量. 因此, X 可以看作竖着排列的一列多边形. (如图 12.1(a) 所示.)

现在在 X 上定义一个等价关系. $p \sim p'$ 当且仅当 p 与 p' 在标注着相同数字的边上, 且距离对应顶点的双曲距离相等. 这个相应位置的含义应当很清楚. 假设 e 与 e' 为数字相同的两条边, 存在 t 使得 p 为 e 上沿着箭头走距离 t, 同样存在 t' 使得 p' 为 e' 上沿着箭头走距离 t'. p 与 p' 为相应点当且仅当 $t = t'$.

一个非平凡的等价类至少包含两个点, 分别在两条边上. 但是对多边形的顶点来说, 每个顶点属于两条边, 因此该顶点所在的等价类就会包含更多成员. 在图 12.1 中, 顶点 v 的等价类包含 4 个成员 v_1, v_2, v_3, v_4.

曲面定义为 $\Sigma = X/\sim$. 我们证明 Σ 的确是个曲面. 为此需要选取坐标卡图册. 假设 x 为某个多边形的内点, 则存在开邻域 U_x 仍然在该多边形内部, 从而 Σ 中没有与 U_x 等价的点. 包含映射 $U_x \to P \subset \boldsymbol{H}^2$ 给出了一个从 U_x 到 $\boldsymbol{H}^2$ 的坐标卡. 我们将 U_x 取成双曲度量下的圆盘.

假设 $p \in \Sigma$ 为一个包含两点的等价类, 位于一对相互黏合的一对边的内部. 即, $p = \{q, q'\}$, 其中 $q \in e$ 而 $q' \in e'$, e, e' 为不含顶点的边界. 设 p 与 p' 分别包含 e 与 e' 的多边形. 设 U, U' 分别为 p, p' 在 P, P' 内的小的半圆盘. 如图 12.2.

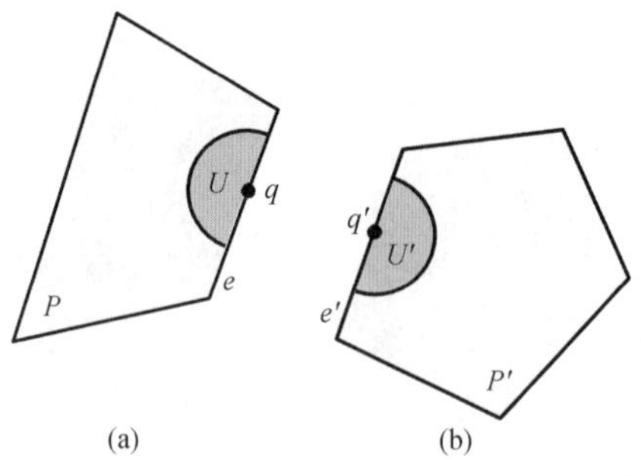

图 12.2: 半圆盘邻域

定义 $h : U \cup U' \to \boldsymbol{H}^2$ 满足以下条件:

- 当限制在 U 或者 U' 上, h 为包含映射与双曲等距映射的复合.

- $h(e \cap U) = h(e' \cap U')$, 而且箭头方向一致.

- $h(U)$ 与 $h(U')$ 在 $h(e) = h(e')$ 的左右两边.

这个定义的理由是显然的. 先定义 h 为两个半圆盘的包含映射, 然后将其中一个半圆盘固定, 比如说 $h(U)$, 而在另一个半圆盘上将包含映射与将 $U \cap e$ 映到 $U' \cap e'$ 的等距变换进行复合就得到 h 在 U' 上的定义. 这个等距变换之所以存在是因为 $U \cap e$ 与 $U' \cap e'$ 为长度相等的测地线段.

习题 12.2. 证明: $\Delta = (U \cup U')/\sim$ 同胚于一个开圆盘. 更正确地说, 证明 h 定义了一个从 Δ 到 $\boldsymbol{H}^2$ 中圆盘的一个同胚. 最后证明 Δ 为 p 在 Σ 中的一个开邻域.

最后, 假设 v 为某些多边形的顶点. 我们有之前提到的完全回路. 设 $\{v_1, \cdots, v_k\}$ 为 v 的等价类. 在图 12.1 中, $k = 4$. 设 P_j 为以 v_j 为顶点, 在每个多边形 P_j 中可以选一个离 v_j 距离不超过 ϵ 的点组成一个楔形邻域.

习题 12.3. 证明: $(U_1 \cup \cdots \cup U_k)/\sim$ 同胚于一个圆盘.

定义映射 $h : U_1 \cup \cdots \cup U_k \to \boldsymbol{H}^2$ 使得:

- h 限制在任何一个 U_j 上为包含映射与双曲等距映射的复合.

- h 与黏合操作相容.

最后这个条件解释起来有点费力, 但是希望读者知道我们的意思. 如果两条边黏合在一起, 那么 h 将它们映到 $\boldsymbol{H}^2$ 中同一段测地线.

习题 12.4. 证明: $(U_1 \cup \cdots \cup U_k)/\sim$ 为 p 在 Σ 中的一个开邻域且 h 为该集合到 $\boldsymbol{H}^2$ 中开圆盘的同胚. (提示: 完全回路条件保证 h 的象可以拼接成一个完整的双曲圆盘.)

从构造可知, 所有的重叠函数均为局部双曲等距. 因此, 我们构造了 Σ 上一个图册, 其重叠函数为局部双曲等距. 利用 Zorn 引理对这个图册进行极大化就完成了定理的证明. □

12.4 一些例子

下面是几个例子供读者研究. 第一个例子要求读者对第 1.5 节的例子给出证明的细节. 第二个例子给出一个更灵活、更系统的方法构造双曲曲面.

习题 12.5. 证明: 存在内角为 $\pi/(2n)$ 的正凸 $4n-$边形. 假设 $n \geq 2$. 将该多边形记为 P_{4n}. 给 P_{4n} 一个装饰, 给对边同样数字且箭头方向相同, 见图 1.7. 证明如此装饰之后的 P_{4n} 可以黏合成一个双曲曲面.

习题 12.6. 证明: 存在一个双曲直角六边形. 在 $4n$ 个这样的六边形上构造一个装饰, 使得它成为双曲曲面的一个黏合方案. 这里 $n \geq 1$.

习题 12.7. (此题较难) 如果在习题 12.5 中取 $n = 2$, 在习题 12.6 中取 $n = 1$, 那么这两个双曲曲面同胚. 证明它们不等距. (提示: 考虑最短测地线的长度.)

习题 12.8. (此题较难) 证明: 存在不可数个曲面均同胚于习题 12.5 中的八边形曲面, 但是彼此不等距.

12.5 测地三角剖分

到目前为止, 我们讲了如何根据黏合方案构造双曲曲面. 本节将证明所有紧致双曲曲面都可以用这种方法得到. 先来介绍一个 $\boldsymbol{H}^2$ 中有名的构造.

设 $X \subset \boldsymbol{H}^2$ 为有限点集. 对 X 中每个点 p, 令 N_p 为 $\boldsymbol{H}^2$ 中离 p 比离 X 中别的点更近的所有点的集合.

引理 12.2. N_p 为凸集. 如果 N_p 为有界集, 那么 N_p 为某个凸双曲测地多边形的内部.

证明. 测地半平面是指 $\boldsymbol{H}^2$ 中的点集, 位于某条双曲测地线的一侧. 测地半平面是凸集. 给定两点 $p, q \in \boldsymbol{H}^2$, 离 p 比离 q 近的点的全体是一个测地半平面. 因此, N_p 为有限个测地半平面的交集, 其边界是有限段测地线段的并集. 因为凸集的交集仍为凸集, 所以 N_p 为凸集. 如果 N_p 有界, 那么其边界显然为一个凸测地多边形. □

测地三角剖分是指将一个双曲曲面分解为有限个测地三角形的并集, 每对三角形要么不相交, 要么共有一边, 要么共有一个顶点. 如果一个双曲曲面具有一个测地三角剖分, 那么可以将该曲面沿着这些三角形的边剪开, 从而得到一个黏合方案.

引理 12.3. 每个紧致双曲曲面都有一个测地三角剖分.

证明. 设 S 为紧致曲面. 由于 S 的紧性, 存在 $d \in (0,1)$ 使得每个半径为 d 的圆盘都等距于 $\boldsymbol{H}^2$ 中一个半径为 d 的圆盘. 在 S 上找有限个点, 使得任何一个半径为 d/K 的圆盘至少包含其中一个点. 这里 K 为常数待定. 这个有限点集合记为 X.

给定 $p \in X$. 设 $B_d(p)$ 为以 p 为心, d 为半径的圆盘. 设 $N_p \subset S$ 为 S 中离 p 比离 X 中任何其他点都近的点的集合. 我们断言当 K 充分大时, N_p 等距同构于凸双曲测地多边形的内部. (这并不是上一个引理的推论, 因为现在是在 S 上, 而不是在 $\boldsymbol{H}^2$ 上.) N_p 的边界由所有点 q 组成, q 到 p 的距离与 X 到另一个点 p' 的距离相等. 设 X_p 为 p' 的集合, 使得 N_p 有点到 p 与 p' 等距离. 选取 K 充分大, 使得 $N_p \subset B_d(p)$ 且 X_p 中所有点均在 $B_d(p)$ 中. 根据引理 12.2, N_p 为一个凸测地多边形的内部. 这样就将 S 分解为凸测地多边形的并集. 将这些测地多边形按照需要用测地线分解成测地三角形, 这样就完成了引理的证明. □

利用引理 12.3, 可以证明双曲曲面的 Gauss-Bonnet 定理.

定理 12.4 (Gauss-Bonnet 定理). 紧致双曲曲面 S 的双曲面积等于 $-2\pi\chi(S)$, 其中 $\chi(S)$ 为 S 的 Euler 示性数. 特别地, 其面积只依赖于 Euler 示性数.

证明. 对 S 进行测地三角剖分, 根据第 3.4 节, 我们有

$$\chi(S) = F - E + V, \tag{12.1}$$

其中 F 表示三角剖分中面的个数, E 表示边的个数, V 表示顶点的个数.

每个剖分三角形有 3 条边, 每条边同时属于两个三角形, 因此 $E = 3F/2$. 同时, 所有三角形的内角和为 $2\pi V$, 因为围绕同一个顶点的内角和为 2π. 由此得到

$$\chi(S) = -\frac{F}{2} + V = -\frac{F}{2} + \frac{1}{2\pi}\sum_i \theta_i. \tag{12.2}$$

对每个三角形 τ, 令 $\theta_i(\tau)$ $(i=1,2,3)$ 为 τ 的三个内角. 因此,

$$\begin{aligned}
-2\pi\chi(S) &= \pi F - \sum_i \theta_i \\
&= \sum_\tau (\pi - \theta_1(\tau) - \theta_2(\tau) - \theta_3(\tau)) \qquad (12.3)\\
&=^* \sum_\tau \tau \text{ 的面积} \\
&= S \text{ 的面积},
\end{aligned}$$

(12.4)

其中带 * 号的等式来自于定理 10.9. □

定理 12.4 为微分几何中 Gauss-Bonnet 定理的特例, 定理的一般证明见 [BAL].

12.6 Hadamard 定理

本节证明 2 维的 Hadamard 定理, 其一般情形的证明见 [DOC]. 该定理是证明任何完备双曲曲面的覆叠空间均为 $\boldsymbol{H}^2$ 的技术性一步.

可以证明每个单连通双曲曲面都是可定向的, 但是证明的技术性很强. 为了不影响主要内容的介绍, 我们将证明放在本章的末尾, 而把可定向作为条件列在定理中.

定理 12.5 (Hadamard 定理). 设 H 为完备、单连通、定向双曲曲面, 则 H 等距同构于 $\boldsymbol{H}^2$.

设 $h \in H$ 为一点, $\boldsymbol{h}$ 为 $\boldsymbol{H}^2$ 中一点. 这两点都有邻域双曲等距于双曲平面的开圆盘, 因此存在一个 h 的邻域 $U \subset H$ 与 $\boldsymbol{h}$ 的邻域 $\boldsymbol{U} \subset \boldsymbol{H}^2$ 的等距同构 I, 且可以选取 I 使其保持定向.

我们希望将 I 延拓成从 H 到 $\boldsymbol{H}^2$ 的局部等距映射. 设 $x \in H$ 为任意一点, γ 为联结 h 与 x 的连续道路.

引理 12.6. 可以将 I 延拓到 γ 的邻域使得 I 在 γ 上任一点为局部等距.

证明. 将 γ 看成从 $[0,1]$ 到 H 的映射, 使得 $\gamma(0)=h, \gamma(1)=x$. 如果本引理对 γ 在 $[0,t]$ 上的限制成立, 那么点 $t \in [0,1]$ 称为"好"点. 显然 $t=0$ 是"好"点, 且如果 t 是一个"好"点, 那么 $s \in [0,t)$ 也是. 因此所有"好"点的

集合 J 为一个包含 0 的区间, 而且因为局部等距是定义在开集上的, 所以 J 也是开区间.

我们证明 J 是一个闭区间. 假设所有 $t \in [0,s)$ 均为"好"点. 取一列点 $\{s_n\} \subset [0,s)$, 使得 $s_n \to s$. 则 $\{\gamma(s_n)\}$ 为 Cauchy 列. 因为 I 为距离非增映射, $\{I(\gamma(s_n))\}$ 也是 Cauchy 列. 因为 $\boldsymbol{H}^2$ 完备, 所以该序列收敛. 定义

$$I(\gamma(s)) = \lim I(\gamma(s_n)).$$

我们要证 I 在 $\gamma(s)$ 的邻域中有定义且为局部等距.

存在一个局部等距 I' 将 $\gamma(s)$ 的邻域 U 映到 $\boldsymbol{H}^2$ 中一个开圆盘. 因为任何两点均有等距邻域, 不妨假设 I' 与 I 在 $\gamma(s)$ 相等. 当 n 很大时, $\gamma(s_n) \in U$. 点 $I(\gamma(s_n))$ 与点 $I'(\gamma(s_n))$ 到 $I(\gamma(s))$ 的距离相等, 因此可以对 I' 做个旋转使得 I 与 I' 在某点 $\gamma(s_n)$ 相等. 这样, I 与 I' 在 $\gamma((s_n,s])$ 均相等, 因为两个保持定向的等距如果在两点处相等, 那么处处相等. 这就证明了 $I \cup I'$ 在所有点 $\gamma([0,s])$ 均局部等距.

因此 s 为"好"点 (译注: 原文有误), 从而 J 为闭区间. 因为 I 即开且闭且连通, 所以 $J=[0,1]$. □

这样就有了一个待选的映射 $I: H \to \boldsymbol{H}^2$. 但是需要证明它有合理定义. 即, $I(x)$ 不依赖于 γ 的选取. 这就是为什么假设 H 为单连通.

设 γ_0, γ_1 为两条连接 h 和 x 的路径. 将 γ_0, γ_1 看作从 $[0,1]$ 到 $\boldsymbol{H}^2$ 的映射, $\gamma_0(0)=\gamma_1(0)=h$, $\gamma_0(1)=\gamma_1(1)=x$. 因为 H 为单连通, 所以存在 γ_0 与 γ_1 的一个道路同伦 γ_t. 点 $\boldsymbol{x}_t = I(\gamma_t(1))$ 随 t 连续变化. 另一方面, 只要 s,t 靠得足够近, 引理 12.6 中的延拓对 γ_t 与 γ_s 成立. 因此, 当 s,t 距离很近时, $\boldsymbol{x}_s = \boldsymbol{x}_t$, 所以 $\boldsymbol{x}_t$ 不随 t 移动.

上述延拓给出了一个局部等距 $I: H \to \boldsymbol{H}^2$, 而延拓的存在性只用到 $\boldsymbol{H}^2$ 的完备性以及与映射 I' 相应的 $\boldsymbol{H}^2$ 的局部齐性, 还有 H 的单连通性及道路连通性. 这些性质当 H 与 $\boldsymbol{H}^2$ 互换之后仍然成立. 将 $H, \boldsymbol{H}^2$ 互换, 得到一个局部等距 $J: \boldsymbol{H}^2 \to H$, 而且可以选取 I, J 使得在 $h \in H$ 和 $\boldsymbol{h} \in \boldsymbol{H}^2$ 的邻域内互为逆映射.

合成映射 $I \circ J: \boldsymbol{H}^2 \to \boldsymbol{H}^2$ 为在 $\boldsymbol{H}^2$ 上定义的局部等距, 且在 $\boldsymbol{H}^2$ 中一个开集上为恒等映射, 从而 $I \circ J$ 为恒等映射. 有两种方法可以得到这一结论. 第一种方法是因为我们知道 $\boldsymbol{H}^2$ 上所有等距映射. 第二种方法, 同时也是更好的方法, 是因为 $\boldsymbol{H}^2$ 完备且道路连通. 使得 $I \circ J$ (译注: 原文有误) 为恒等映射的所有点 $\boldsymbol{p} \in \boldsymbol{H}^2$ 组成的集合既开又闭, 因此 $I \circ J$ 为恒等映射. 同

理将 H 与 $\boldsymbol{H}^2$ 互换, 则得到 $J\circ I$ 也是恒等映射, 从而有 $J=I^{-1}$, 所以 I 为同胚且局部等距. 也就是说, I 为整体等距同构. 这就证明了 Hadamard 定理.

12.7 双曲覆叠

我们基本完成了任何完备双曲曲面均可由双曲平面覆叠的证明. 剩下几个技术性结论的证明, 我们把它们汇集在这里.

引理 12.7. 完备双曲曲面在第 7 章意义下为好的.

证明. 设 X 为完备空间. 以 X 上一点 $x\in X$ 为心的小球 $B_\epsilon(x)$ 双曲等距于双曲圆盘. 这样的小球显然既是锥形的也是连通的. 事实上, 可以用测地线将 x 与每一点 $y\in B_\epsilon(x)$ 连接, 这是第 7 章的条件之一.

另一个条件说 X 的每条路径都是好的. 考虑连续路径 $f_0:[0,1]\to X$. $f_0([0,1])$ 上每一点 x 都有一个邻域 U_x 等距同构于双曲圆盘. 根据 X 的紧性, 存在不依赖于 $x\in f_0([0,1])$ 的 ϵ 使得 U_x 半径为 2ϵ. 设 $f_1:[0,1]\to X$ 为一条路径且 $D(f_0,f_1)<\epsilon$. 即, $f_0(t)$ 与 $f_1(t)$ 之间的距离小于 ϵ. 对于任何 $t\in[0,1]$, 存在测地线 $\gamma_t:[0,1]\to X$ 连接 $f_0(t)$ 与 $f_1(t)$, 且该测地线在以 $f_0(t)$ 为心, ϵ 为半径的球内. 当 s 离 t 充分接近时, 两条测地线 γ_s 与 γ_t 落在以 $f_0(t)$ 为心, 2ϵ 为半径的球内. 因此, γ_t 随 t 连续变化, 映射 $F(s,t)=\gamma_t(s)$ 给出 $f_0=F(0,*)$ 与 $f_1=F(1,*)$ 的同伦. □

引理 12.8. 完备双曲曲面的覆叠空间也是完备双曲曲面. 如果原曲面是定向的, 那么其覆叠空间也是定向的.

证明. 设 Σ 为曲面, $\widetilde{\Sigma}$ 为其覆叠空间. 根据引理 11.2, 映射 $E:\widetilde{\Sigma}\to\Sigma$ 为 Riemann 覆叠. 因此, $\widetilde{\Sigma}$ 局部等距同构于 Σ, 而 Σ 局部等距同构于 $\boldsymbol{H}^2$. 根据引理 11.3, $\widetilde{\Sigma}$ 完备, $\widetilde{\Sigma}$ 的覆叠函数与 Σ 的覆叠函数相同. 因此, 如果 Σ 的覆叠函数保持定向, 那么 $\widetilde{\Sigma}$ 的覆叠函数也保持定向. □

现在可以来证明主要定理.

定理 12.9. 完备可定向双曲曲面的万有覆叠空间为 $\boldsymbol{H}^2$.

证明. 设 X 为完备定向双曲曲面. 我们知道 X 是一个好的度量空间 (第 7 章意义下). 根据定理 7.1, 存在一个万有覆叠空间 $\widetilde{X}$ 以及覆叠映射 $E:\widetilde{X}\to X$. 根据引理 12.8, $\widetilde{X}$ 是完备可定向的. 但这样的话, 根据 Hadamard 定理, $\widetilde{X}$ 等距同构于 $\boldsymbol{H}^2$. 因此 $\boldsymbol{H}^2$ 为 X 的万有覆叠. □

注记: 在证明中唯一用到 X 可定向这一条件的地方是由此得出 $\widetilde{X}$ 可定向. 在第 12.8 节将看到, 这个结论可由 $\widetilde{X}$ 的道路连通及单连通得到. 因此在定理 12.9 中并不需要 X 可定向的假设.

习题 12.9. 构造一个紧致不可定向的双曲曲面. (提示: 构造一个包含 Möbius 带的双曲曲面, 证明该曲面不可定向.)

包括我在内的许多人认为本节的定理最重要的地方在于提供了利用双曲曲面密铺双曲平面的方法. 这些密铺图案在 M. C. Escher 的系列木刻《圆周》中得以呈现. 下面简单介绍这些密铺背后的想法. 先从一个一般性习题开始, 它给出了密铺构造的合理性.

习题 12.10. 设 $E : \boldsymbol{H}^2 \to X$ 为双曲曲面的一个覆叠映射. 设 U 为 X 中单连通开集. 令 $\widetilde{U} = E^{-1}(U)$. 证明: U 被 $\widetilde{U}$ 均匀覆叠且当 E 限制在 $\widetilde{U}$ 的任何一个分支上均为等距同构. (提示: 仿照 Hadamard 定理的证明.)

现在将双曲曲面看作由双曲多边形黏合而成. 比如说, 将 4 个直角正六边形黏合起来, 就得到一个 Euler 示性数为 -2 的曲面 (见第 12.4 节). 设 X 为由此得到的双曲曲面. 则直角六边形的内部嵌入在 X 中, 且为单连通. 考虑这些开六边形在 $\boldsymbol{H}^2$ 中覆叠映射 E 之下的原象. 由习题 12.10 知, 它是 $\boldsymbol{H}^2$ 中无穷多个开直角六边形的并集.

同时, X 包含一个图, 其边是嵌入的测地线段. 这些线段是上述六边形的黏合映射下的象, 它们在 $\boldsymbol{H}^2$ 中的原象为开六边形的边界, 整个图案组合在一起给出了一个直角六边形在 $\boldsymbol{H}^2$ 中的一个密铺. 因为是直角六边形, 所以每个顶点处有 4 块六边形. 得到的图形是第 6.3 节的图形在双曲度量下的类似.

在第 6.3 节中, 事实上是反过来由平铺而得到了覆叠映射. 现在在双曲情形下也可以这么做. 这里一切都很具体. 将无穷多个直角双曲六边形黏合起来, 每个顶点处有 4 块. 用第 12 章的方法可以证明, 铺好的空间局部等距于 $\boldsymbol{H}^2$, 而且也不难看出, 铺好的空间既是单连通的也是完备的, 因此整体等距于 $\boldsymbol{H}^2$. 一旦完成 $\boldsymbol{H}^2$ 的六边形密铺之后, 可以仿照第 6.3 节的方法直接构造出 $\boldsymbol{H}^2$ 到该曲面的覆叠映射.

因为在这个例子里可以直接构造出万有覆叠 $E : \boldsymbol{H}^2 \to X$, 不需要利用定理 12.9, 你也许会问为什么还要提定理 12.9 呢? 最好的回答是这个定理给出了一般性的结论. 有了该定理之后, 当需要一个双曲曲面的万有覆叠映射时, 就不需要每次都用组合的方法将一堆多边形黏来黏去, 因为这样做多少有些可笑.

12.8 可定向性

本节给出单连通及道路连通双曲曲面 X 必定可定向的一个简要证明.

对 X 中每一个点 x, 取一个以 x 为心的开圆盘 D_x. 具体地, D_x 要么取为半径为 1 (如果该圆盘等距同构于 $\boldsymbol{H}^2$ 中的圆盘), 要么以 x 为心的与 $\boldsymbol{H}^2$ 中圆盘等距同构的最大圆盘. 每点处都有一个这样的圆盘, 称为特殊圆盘.

对每点 $x \in X$, 设 S_x 为所有从 D_x 到 $\boldsymbol{H}^2$ 的局部等距的全体. S_x 中两个成员称为等价的, 如果S_x 中两个成员差一个 $\boldsymbol{H}^2$ 中保持定向的等价同构, 那么它们称为等价. 注意, S_x 只有两个等价类. 点x 的局部定向是指在这两个等价类中选取一个.

假设 $\sigma_j(i = 1, 2)$, 分别为 x_j 的一个定向. 如果 $g_j \in S_{x_j}$, 覆叠函数 $g_1 \circ g_2^{-1}$ 在 $\boldsymbol{H}^2$ 中相应子集上是保持定向的映射, 那么这两个定向称为相容的. 当 x_1, x_2 的特殊圆盘不相交时, 这一条件自动满足. X 中子集 D 的相容局部定向 (CLO) 指 D 中每点处的一个局部定向的选取, 使得其中任何一对局部定向都相容. 若 D 为特殊圆盘, 则 D 有两个 CLO.

可以把 CLO 的定义拓展到 X 上. 假设 X 有一个 CLO. 如果使用与给定局部定向相应的坐标卡, 相容性条件确保所有覆叠函数都是保持定向的. 最后, 将坐标图册使用 Zorn 引理扩展成一个极大图册. 因此, 若 X 有 CLO, 则 X 可定向.

现在来证明 X 具有 CLO. 取 X 中一个基点 x, 以及 x 附近的一个局部定向 σ. 对于 X 中任意另外一点 y, 取一条联结 x 与 y 的连续路径 γ. 由紧致性, 可以将 γ 用有限个特殊圆盘覆盖, $\gamma \subset D_1 \cup \cdots \cup D_n$. 每两个相邻圆盘有一个覆叠函数. 在 D_1 上取 CLO 使其与 x 的定向 σ 相容. 假设已经取定 D_j 的一个 CLO, 取 D_{j+1} 上的 CLO 使其与 D_j 的 CLO 在交集上一致. 这样就归纳地定义了 D_n 上一个 CLO, 从而就定义了 y 的一个局部定向.

彼此距离接近的连接 x, y 的路径给出 y 处相同的局部定向, 因为它们落在同样一串特殊圆盘中. 因为 X 为单连通空间, 任意两条联结 x, y 的路径都由道路同伦连接. 这意味着点 y 处的局部定向定义不依赖于路径的选取.

根据构造, 局部定向限制在任何一个特殊圆盘上都是该圆盘的 CLO. 因为两个相交的特殊圆盘上的 CLO 在交集上一致, 局部定向在两个特殊圆盘的并集上为 CLO, 但这就等于说, X 上局部定向是相容的. 即, 在 X 上定义了一个 CLO, 因此 X 可定向.

第 3 部分

曲面与复分析

第 13 章　复分析入门

本章介绍复分析的基本知识. 撰写本章时, 作者假设读者没有学过复分析. 然而, 这里讲得非常简略浓缩, 读者最好学过一学期复分析, 哪怕已经不记得定理证明的细节. 本章罗列了所有基本结论, 它们都可以在任何一本复分析的教材中找到, 比如说 [AHL].

13.1　基 本 定 义

本章中 U 表示复平面 $\mathbf{C}$ 的开子集, Δ 表示 $\mathbf{C}$ 的单位开圆盘, $\overline{\Delta}$ 表示单位闭圆盘.

设 $f : U \to \mathbf{C}$ 为一连续映射. 如果

$$f'(z) = \lim_{n \to \infty} \frac{f(z+h) - f(z)}{h}$$

存在有限, 那么称 f 在 $z \in U$ 点有复导数. 注意, 这里 h 允许为复数. 如果 $f'(z)$ 对所有 $z \in U$ 存在且函数 $z \to f'(z)$ 在 U 上连续, 那么f 称为在 U 上复解析. 复解析函数有时称为全纯函数, 这两个术语意义相同.

值得指出的是, 在复解析的定义中没必要假设 $f'(z)$ 连续. 事实上, $f'(z)$ 的连续性可由其存在性推出. 然而, 我们不在乎这些小细节, 仍然假设导数连续, 从而使得一些证明变得容易.

复分析主要研究复解析函数. 本章准备从三个观点出发来讨论复解析:

- 把复解析函数看作每一点都有复导数的函数, 如定义所言.
- 把复解析函数看作满足 Cauchy 积分公式的函数.
- 把复解析函数看作在一个邻域中都等于它的 Taylor 级数的函数.

以上的每一种观点都揭示出复解析函数的一个特点. 大学复分析课程花很多时间解释为何这三种看法是一致的. 本章将证明三者等价.

以下为本章的大致轮廓. 前几节介绍 Cauchy 积分公式. 之后, 将证明关于复解析函数的几个定理, 最后介绍其幂级数展开.

习题 13.1. 假设 f, g 在 U 上复解析且 $g \neq 0$. 证明 $f+g, f-g, fg$ 以及 f/g 均在 U 上复解析. 由此得出, 若 P, Q 为多项式, 则 $P(z)/Q(z)$ 在除去 Q 的根的区域上复解析.

习题 13.2. 假设 f 在 U 上复解析, g 在 V 上复解析, $f(U) \subset V$. 证明 $g \circ f$ 复解析, 且 $(g \circ f)'(z) = g'(f(z))f'(z)$. 这就是所谓的链式法则.

复解析映射是非常特别的映射. 比如说, $f(z) = z^2 + 3\bar{z}$ 在 $\mathbf{C}$ 上不是复解析. 因此, 不是所有光滑函数都复解析.

复解析函数 f 可以看作 $\mathbf{R}^2$ 到 $\mathbf{R}^2$ 的映射

$$f(x + \mathrm{i}y) = u(x + \mathrm{i}y) + \mathrm{i}v(x + \mathrm{i}y).$$

f 在点 (x, y) 处的导数矩阵

$$\mathrm{d}f = \begin{bmatrix} u_x & u_y \\ v_x & v_y \end{bmatrix}$$

在点 $p = (x, y)$ 处存在且

$$\lim_{t \to 0} \frac{f(p + tv) - f(p)}{t} = \mathrm{d}f|_p(v).$$

这里 $t \in \mathbf{R}$. f 在 $z = x + \mathrm{i}y$ 复解析等价于 f 可微且 $df|_p$ 为一个旋转与伸缩变换的合成. 即,

$$\begin{bmatrix} u_x & u_y \\ v_x & v_y \end{bmatrix} = \begin{bmatrix} r\cos\theta & r\sin\theta \\ -r\sin\theta & r\cos\theta \end{bmatrix}, r \in \mathbf{R}, \theta \in [0, 2\pi).$$

由此得出

$$u_x = v_y, \quad u_y = -v_x.$$

上式称为 Cauchy-Riemann 方程. 因此, 若 f 为复解析, 则其导数连续且满足 Cauchy-Riemann 方程.

上述结论的逆也成立: 若 $\mathrm{d}f$ 存在连续且满足 Cauchy-Riemann 方程, 则 f 为复解析函数.

13.2 Cauchy 定理

γ 为 $\mathbf{C}$ 上光滑定向曲线, f 为 γ 邻域上的复解析函数. 定义沿 γ 的复线积分如下. 映射 $g:[a,b]\to\gamma$ 给出 γ 的一个定向的光滑参数化

$$\int_\gamma f\mathrm{d}z=\int_a^b f(g(t))\frac{\mathrm{d}g}{\mathrm{d}t}\mathrm{d}t.$$

用第 8.6 节类似的方法可证明该积分只依赖于集合 γ 而不依赖于如何参数化, 而且如果改变 γ 的定向, 该线积分的值改变符号.

习题 13.3. 设 λ 为逆时针以 0 为心的圆, 设 $f(z)=1/z$. 证明: $\int_\lambda f\mathrm{d}z=2\pi\mathrm{i}$.

给定一个有限集合 $\gamma=\{\gamma_j\}$. 定义

$$\int_\gamma f\mathrm{d}z=\sum_j\int_{\gamma_j}f\mathrm{d}z.$$

特别地, 考虑 γ 为圆弧多边形, 即一个由线段或者圆弧首尾连接构成的闭路, 如图 13.1 所示.

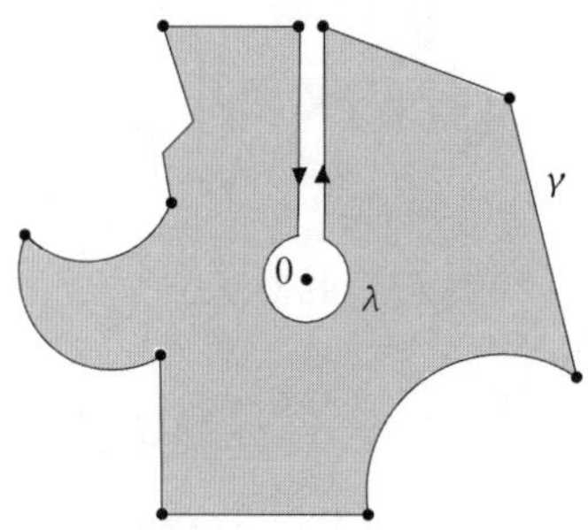

图 13.1: 圆弧多边形

定理 13.1 (Cauchy 定理). 设 γ 为圆弧多边形且为区域 D 的边界, 假设 f 在 γ 围成的区域的邻域内复解析, 则 $\int_\gamma f\mathrm{d}z=0$.

证明. 设 $f=u+\mathrm{i}v$, 用 $\mathrm{d}x,\mathrm{d}y$ 表示线元. 我们有

$$\int_{\partial D}f\mathrm{d}z=\int_{\partial D}(u+\mathrm{i}v)(\mathrm{d}x+\mathrm{i}\mathrm{d}y)=\int_{\partial D}u\mathrm{d}x-v\mathrm{d}y+\mathrm{i}\int_{\partial D}v\mathrm{d}x+u\mathrm{d}y.$$

根据 Green 定理, 右端积分等于

$$\int_D(u_y+v_x)\mathrm{d}x\mathrm{d}y+\mathrm{i}\int_D(u_x-v_y)\mathrm{d}x\mathrm{d}y.$$

根据 Cauchy-Riemann 方程, 这两个积分均为 0. □

注记: 在第 8.7 节中对多边形证明了 Green 定理. 圆弧多边形的 Green 定理可以通过多边形逼近得到. 另一方面, 大多数多元微积分教材中都有一般条件下的 Green 定理的证明, 参见 [SPI]. Cauchy 定理跟 Green 定理一样, 在很弱的条件下都成立. 这里讲的条件对我们关心的应用来说足够了.

13.3 Cauchy 积分公式

下面介绍漂亮的 Cauchy 积分公式.

定理 13.2 (Cauchy 积分公式). 设 γ 为圆弧多边形, 逆时针定向且为区域 D 的边界. 设 $a \in D - \gamma$, 假设 f 在一个包含 D 的邻域 U 中解析. 则

$$f(a) = \frac{1}{2\pi \mathrm{i}} \int_\gamma \frac{f(z)}{z-a} \mathrm{d}z. \tag{13.1}$$

证明. 通过对 D 平移, 不失一般性, 可以假设 $a = 0$. 函数 $g(z) = f(z)/z$ 在 $U - \{0\}$ 上复解析. 设 β 为图 13.1 所示的圆弧多边形, 则根据 Cauchy 定理

$$\int_\beta g \mathrm{d}z = 0. \tag{13.2}$$

让 β 中垂直于实轴的方向相反的两段彼此靠近, 当它们重合时, 上面的积分相加为 0 (方向相反), 因此式子 (13.2) 变成

$$\int_\gamma g(z) \mathrm{d}z = \int_\lambda g(z) \mathrm{d}z. \tag{13.3}$$

这里 λ 为以 0 为心的逆时针定向的圆周. 定义

$$I = \left| \int_\gamma g(z) \mathrm{d}z - 2\pi \mathrm{i} f(0) \right|. \tag{13.4}$$

需要证明 $I = 0$. 由习题 13.3 以及式子 (13.3),

$$I = \left| \int_\gamma g(z) \mathrm{d}z - f(0) \int_\lambda \frac{\mathrm{d}z}{z} \right| = \left| \int_\lambda \frac{f(z)}{z} \mathrm{d}z - \int_\lambda \frac{f(0)}{z} \mathrm{d}z \right|. \tag{13.5}$$

这就把 I 写成了只跟 λ 有关的积分. 合并上式的右端的积分, 当 λ 充分小的时候, 得到下面不等式

$$I = \left| \int_\lambda \frac{f(z) - f(0)}{z} \mathrm{d}z \right| \leq \text{长度}(\lambda) \cdot 2 \cdot \max(|f'(0)|, 1). \tag{13.6}$$

令 λ 趋于0, 则 $I = 0$, 定理得证. □

13.4 可 微 性

本节我们用 Cauchy 积分公式来证明几个关于复解析函数的定理. 第一个定理没那么重要, 但它给出了复解析函数导数的一个表达式.

定理 13.3. 假设 f 为定义在 U 上的复连续函数. 若 f 对 U 上任意一个圆周满足 Cauchy 积分公式, 则 f 在 U 上复解析.

证明. 设 $a \in U$, $\gamma \subset U$ 为以 a 为心的圆周. 利用 Cauchy 积分公式, 有

$$f'(a) = \lim_{h\to 0} \frac{f(a+h)-f(a)}{h} = \lim_{h\to 0} \frac{1}{2\pi \mathrm{i} h}\left(\int_\gamma \frac{f(z)}{z-a-h}\mathrm{d}z - \int_\gamma \frac{f(z)}{z-a}\mathrm{d}z\right) \tag{13.7}$$

$$= \lim_{h\to 0} \frac{1}{2\pi\mathrm{i}} \int_\gamma \frac{f(z)}{(z-a)(z-a-h)}\mathrm{d}z = \frac{1}{2\pi\mathrm{i}}\int_\gamma \frac{f(z)}{(z-a)^2}\mathrm{d}z.$$

因此 f 在点 a 有复导数且上式给出了导数公式. □

定理 13.4. 假设 f 为定义在开集 U 上的复连续函数, 则 f' 在 U 上复解析.

证明. 根据复解析的定义, f' 存在. 根据定理 13.2, Cauchy 积分公式对 U 中所有闭路 γ 成立, 则公式 (13.7) 给出了 f' 的一个公式. 计算

$$\begin{aligned} &\lim_{h\to 0}\frac{f'(a+h)-f'(a)}{h} \\ =\ & \lim_{h\to 0}\frac{1}{2\pi\mathrm{i}h}\left(\int_\gamma \frac{f(z)}{(z-a-h)^2}\mathrm{d}z - \int_\gamma \frac{f(z)}{(z-a)^2}\mathrm{d}z\right) \\ =\ & \frac{2}{2\pi\mathrm{i}}\int_\gamma \frac{f(z)}{(z-a)^3}\mathrm{d}z. \end{aligned} \tag{13.8}$$

这里 γ 为以 a 为心的圆周. 因此 f' 在 U 上有复导数, 且公式 (13.8) 给出了导数的公式. 由式 (13.8), f'' 是连续的, 从而 f' 在 U 上复解析. □

上面定理的直接推论是复解析函数无穷次可微. 式(13.8) 中的推导归纳地给出 f 的 n 阶导数公式

$$f^{(n)}(a) = \frac{n!}{2\pi\mathrm{i}}\int_\gamma \frac{f(z)}{(z-a)^{n+1}}\mathrm{d}z. \tag{13.9}$$

13.5　最大模原理

设 f 为连通开集 U 上的复解析函数. 本节证明 $|f|$ (译注: 原文有误) 的最大值不可能在 U 的内部达到, 除非 f 为常数. 假设 $|f|$ 的最大值在 $a \in U$ 点达到, 进而导出矛盾. 若 $|f|$ 有一个内点为最大值点, 则通过平移和伸缩, 可以假设 f 满足:

- $|f(0)| = 1$.
- U 包含单位闭圆盘 $\overline{\Delta}$.
- 对 $|z| = 1$, 有 $|f(z)| \leq 1$.
- 存在 $z, |z| = 1$ 使得 $|f(z)| < 1$.

设 γ 为单位圆周. 由 Cauchy 积分公式得

$$1 = |f(0)| = \frac{1}{2\pi}\left|\int_\gamma \frac{f(z)}{z}\mathrm{d}z\right| \leq^* \frac{1}{2\pi}\int_\gamma |f(z)|\mathrm{d}z < 1.$$

这是矛盾的. 带 * 号的不等式本质上为三角不等式. 为了以后做准备, 我们给出最大模定理的一些推论.

引理 13.5. 假设 $f(z)/z^n$ 在 0 点有定义, 在 $\overline{\Delta}$ 的邻域中复解析, 则在 $\overline{\Delta}$ 上有 $|f(z)| \leq M|z|^n$, 其中 M 为 $|f(z)|$ 在单位圆周上的最大值.

证明. 根据最大模定理,

$$|f(z)|/|z^n| \leq M.$$

从而 $|f(z)| \leq M|z|^n$. □

引理 13.6. 假设对所有 n, $f(z)/z^n$ 在 0 点有定义且在 $\overline{\Delta}$ 邻域内解析, 则 f 在 $\overline{\Delta}$ 上恒为 0.

证明. 根据引理 13.5, $|f(z)| \leq M|z|^n$. 若 $|z| < 1$, 则

$$\lim_{n\to\infty} M|z|^n = 0.$$

因此, 若 $|z| < 1$, 则 $|f(z)| = 0$. 根据连续性, 若 $|z| \leq 1$, 则 $|f(z)| = 0$. □

13.6 可去奇点

本节证明以下定理:

定理 13.7. 设 U 为包含点 b 的开集. 假设 f 在 $U-\{b\}$ 上复解析且有界, 则 $f(b)$ 存在唯一定义使得 f 在 U 上复解析.

证明. 设 γ, β, λ 为 Cauchy 积分公式证明中提到的闭路. λ 为环绕点 b 的一个小闭路, γ 为环绕点 b 的一个大闭路. 用 $|\lambda|$ 表示 λ 的半径. 设 D 为以 γ 为边界的开圆盘. 定义 $g: D \to \mathbf{C}$

$$g(a)=\frac{1}{2\pi \mathrm{i}} \int_{\gamma} \frac{f(z)}{z-a} \mathrm{d} z.$$

用定理 13.4 同样的方法得出 g 在 D 上复解析. 我们证明: $f(a)=g(a)$ 对所有 $a \in D-\{b\}$ 成立. 一旦证明了这点, 就有 $f(b)=g(b)$, 从而定理得证.

假设 $a \neq b$. 因为 $f(z)$ 在 $U-\{b\}$ 上有界, 所以

$$\lim _{|\lambda| \rightarrow 0} \int_{\lambda} \frac{f(z)}{z-a} \mathrm{d} z=0.$$

但是根据 Cauchy 积分公式,

$$f(a)=\frac{1}{2\pi \mathrm{i}} \int_{\beta} \frac{f(z)}{z-a} \mathrm{d} z,$$

不管 λ 如何选择, 只需要 λ足够小. 因此,

$$f(a)=\lim _{|\lambda| \rightarrow 0} \frac{1}{2\pi \mathrm{i}} \int_{\beta} \frac{f(z)}{z-a} \mathrm{d} z=\frac{1}{2\pi \mathrm{i}} \int_{\gamma} \frac{f(z)}{z-a} \mathrm{d} z=g(a).$$

因此, $f(a)=g(a)$ 对所有 $a \in D-\{b\}$ 成立. □

引理 13.8. 假设 f 为 $\overline{\Delta}$ 的邻域上的复解析函数, 且 $f(z)/z^{n}$ 在 $\overline{\Delta}-\{0\}$ 上对所有 n 都有界, 则 f 在 $\overline{\Delta}$ 上恒为 0.

证明. 定理 13.7 说明对任意 n, $f(z)/z^{n}$ 在 $\overline{\Delta}$ 的邻域中复解析. 根据引理 13.6, f 恒为 0. □

13.7 幂级数

如果

$$\lim _{n \rightarrow \infty} a_{n} \rho^{n}=0 \tag{13.10}$$

对所有 $\rho \in [0,1)$ 成立, 那么称复数列 $\{a_n\}$ 满足单位收敛条件 (UCC).

UCC 说明对任何 $\rho < 1$, 数列 $\{|a_n|\rho^n\}$ 以指数速度收敛到 0. 事实上, 给定 $\rho^* \in (\rho, 1)$, 注意到当 n 充分大时,

$$|a_n|\rho^n = |a_n|(\rho^*)^n \left(\frac{\rho}{\rho^*}\right)^n < \left(\frac{\rho}{\rho^*}\right)^n.$$

注意 UCC 是关于模的条件且 $\{|a_n|\}$ 为次指数收敛.

习题 13.4. 假设 $\{a_n\}$ 满足 UCC. 记 $k > 0$ 为任一整数, C 为一常数. 证明: $\{Cn^k a_n\}$ 也满足 UCC.

现在来证明幂级数收敛到复解析函数, 以及幂级数的逐项微分. 设 $\{a_n\}$ 为满足 UCC 的数列. 首先, 定义一个有限序列, 即一个多项式

$$f_n(z) = \sum_{k=0}^{\infty} a_k z^k. \tag{13.11}$$

引理 13.9. 对所有 $|z| < 1$, 数列 $\{f_n(z)\}$ 为复 Cauchy 列.

证明. 设 $a, b > N$, N 充分大. 则

$$|f_a(z) - f_b(z)| = \left|\sum_{n=a}^{b} a_n z^n\right| \le \sum_{n=a}^{b} |a_n||z|^n \le \sum_{N}^{\infty} \delta^n = \frac{\delta^N}{1-\delta}.$$

这里取 $\rho^* > |z|$ 以及 $\delta = |z|/\rho^*$. □

引理 13.9 说明当 $|z| < 1$ 时, 极限

$$f(z) = \sum_n a_n z^n = \lim_{n\to\infty} f_n(z) \tag{13.12}$$

存在. 下面是关于这一无穷级数的主要定理.

定理 13.10. $f(z)$ 为开圆盘 Δ 上复解析函数, 且 $f'(z)$ 可以通过逐项求导得到.

证明. 设 $g_N = f - f_N$. 则,

$$\frac{f(z+h) - f(z)}{h} = \frac{f_N(z+h) - f_N(z)}{h} + \frac{g_N(z+h) - g_N(z)}{h}.$$

根据习题 13.1, $f_N(z)$ 为复解析. 根据习题 13.4, $\{na_n\}$ 满足 UCC, 从而 $\lim\limits_{N\to\infty} f'_N(z)$ 在 Δ 上任一点都存在, 而且这个极限可以通过逐项求导得到. 为证结论, 只需证明

$$\lim_{h\to 0} \frac{f(z+h) - f(z)}{h} = \lim_{N\to\infty} f'_N(z).$$

而上式等价于证明

$$\lim_{N\to\infty}\lim_{h\to 0}\frac{g_N(z+h)-g_N(z)}{h}=0.$$

对上式每一项有

$$\left|\frac{a_n(z+h)^n-a_nz^n}{h}\right|=|a_n|\left|\frac{(z+h)^n-z^n}{h}\right|\leq^* n|a_n||z+h|^{n-1},$$

其中带 * 不等式是因为当$|z|<\delta$时, 映射 $\phi(z)=z^n$ 将 $\mathbf{C}$ 的距离增大至多 $n\delta^{n-1}$ 倍.

当 h 很小时, 可以选取 $\delta<1$. 考虑情形 $|z+h|<\delta<1$. 根据上面的估计,

$$\left|\frac{g_N(z+h)-g_N(z)}{h}\right|\leq\sum_{n=N}^{\infty}n|a_n|\delta^{n-1}=\sum_{n=N}^{\infty}\frac{n}{\delta}|a_n|\delta^n=R_N.$$

(方便起见, 用 R_N 来表示 $\sum\limits_{n=N}^{\infty}\frac{n}{\delta}|a_n|\delta^n$.) 而根据习题 13.4, $\{\frac{n}{\delta}|a_n|\}$ 满足 UCC. 因此, R_N 的项依指数阶收敛到 0, 从而 $\lim\limits_{N\to\infty}R_N=0$. 因为以上不等式对所有满足 $|z+h|<\delta$ 的 h 都成立, 所以

$$\lim_{N\to\infty}\lim_{h\to 0}\left|\frac{g_N(z+h)-g_N(z)}{h}\right|\leq\lim_{N\to\infty}R_N=0.$$

这正是需要证明的. □

反复利用上面的结论就证明了 k-阶导数 $f^{(k)}(z)$ 在 Δ 上复解析且可以由 $f(z)$ 逐项求 k-阶导数得到.

我们只证明了单位圆盘的情形, 但是证明方法可以很自然地推广到一般情形. 如果一个序列 $\{b_n\}$满足 UCC, 那么它满足 R-收敛准则. 此时级数 $\sum b_n(z-z_0)^n$ 在以 z_0 为心的开圆盘上复解析, 且上面的逐项求导定理仍然成立.

13.8 Taylor 级数

我们要证明的主要结论是: 复解析函数等于其 Taylor 级数. 先来建立一个技术性引理.

引理 13.11. 假设 f 在单位圆盘的邻域内复解析, 则序列 $\{f^{(n)}(0)/n!\}$ 有界且满足 UCC.

证明. 由式 (13.9) 知 $|f^{(n)}(0)| \leq Mn!$, 其中 M 为 $|f|$ 在 $\overline{\Delta}$ 上的最大值. □

由引理 13.11 得知, f 在点 0 处的 Taylor 级数是收敛的幂级数且为 $\overline{\Delta}$ 上的复解析函数. 下面结论指出 f 与其 Taylor 级数在 $\overline{\Delta}$ 上相等.

定理 13.12. $f(z)$ 在 $\overline{\Delta}$ 上复解析, 则 f 与其 Taylor 级数在 $\overline{\Delta}$ 上相等.

证明. 因为 f 的 Taylor 级数 $\widetilde{f}$ 在 $\overline{\Delta}$ 上有定义且为复解析, 考虑 $f-\widetilde{f}$. 该复解析函数在点 0 处的Taylor级数为 0, 因此只要证明下面的特殊情形即可: 若 f 的 Taylor 级数为 0, 则在 $\overline{\Delta}$ 上 $f=0$.

若 g 为复解析函数, 满足 $g(0)=0$, 则有

$$|g(z)| \leq \int_0^1 |zg'(tz)|\mathrm{d}t. \tag{13.13}$$

这里 $zg'(tz)$ (译注: 原文有误) 为函数 $t \to g(tz)$ 的复导数. 式 (13.13) 有很好的几何解释. $|zg'(tz)|$ (译注: 原文有误) 为连接 0 与 $g(z)$ 的曲线 $t \to g(tz)$ 的速度.

固定 n. 因为 $f^{(n)}(0)=0$, 可以取 $\delta>0$, 使得对所有 $|z|<\delta$, $|f^{(n)}(z)|<1$. 对 $g=f^{(n-1)}$ 使用式 (13.13), 有

$$|f^{(n-1)}(z)| \leq |z| \tag{13.14}$$

对任意 $|z| \leq \delta$ 成立. 对 $g=f^{(n-2)}$ 使用式 (13.13) , 并使用不等式 (13.14)有

$$|f^{(n-2)}(z)| \leq |z|^2/2 \tag{13.15}$$

对任意 $|z| \leq \delta$ 成立. 由此下去, 得到

$$|f(z)| \leq |z|^n/n! \tag{13.16}$$

对任意 $|z| \leq \delta$ 成立, 因为 $f^{(0)}=f$. 特别地, $|f(z)|/|z|^n$ 在 $D_n-\{0\}$ 上有界. 这里 D_n 为半径为 δ 的圆盘. 注意: δ 可能依赖于 n, 但这没关系. 根据紧性, $|f(z)|/|z|^n$ 在 $\overline{\Delta}-D_n$ 上有界. 因此, $|f(z)|/|z|^n$ 在 $\overline{\Delta}-\{0\}$ 上有界, 而这一论断对所有 n 成立. 根据引理 13.8, f 在 $\overline{\Delta}$ 上恒为 0. □

习题 13.5. 定义指数函数

$$E(z)=\sum_{n=0}^{\infty}\frac{z^n}{n!}.$$

证明 $E(z)$ 在 $\mathbf{C}$ 上收敛, 并证明 $E'(z) = E(z)$ 且 $E(z_1 + z_2) = E(z_1)E(z_2)$. 证明最后一个等式时可以直接从级数出发并使用二项式定理. E 在 $\mathbf{R}$ 上的限制就是熟知的指数函数.

习题 13.6. 定义函数

$$C(z) = 1 - \frac{z^2}{2!} + \frac{z^4}{4!} - \frac{z^6}{6!} + \cdots, \quad S(z) = z - \frac{z^3}{3!} + \frac{z^5}{5!} - \frac{z^7}{7!} + \cdots$$

证明这两个级数在 $\mathbf{C}$ 上处处收敛, 且 $C(x) = \cos x, S(x) = \sin x$ 对所有 $x \in \mathbf{R}$ 成立. 验证 $E(\mathrm{i}z) = C(z) + \mathrm{i}S(z)$.

习题 13.7. 定义 $\cos x$ 及 $\sin x$ 使得映射

$$\gamma_0(x) = (\cos x, \sin x)$$

为速度为 1 的逆时针旋转的圆周, $\gamma_0(0) = (1, 0)$. 证明 $C(x) = \cos x, S(x) = \sin x$ 对所有 $x \in \mathbf{R}$ 成立. (提示: 考虑映射 $\gamma_1(x) = (C(x), S(x))$. 利用逐项求导验证

$$\frac{\mathrm{d}}{\mathrm{d}x}\left(C^2(x) + S^2(x)\right) = 0.$$

由此不难看出 γ_0 与 γ_1 均为圆周的相同参数化.

习题 13.8. 本节定理对非复解析函数不成立. 考虑函数

$$f(t) = \exp(-1/t^2), \quad t > 0.$$

当 $t \leq 0$ 时, 定义 $f(t) = 0$. 证明: f 为光滑函数, 其 Taylor 级数为 0. 这说明光滑函数不一定与其 Taylor 级数相等.

第 14 章　圆盘与平面的刚性

本章我们利用上一章关于复分析的结论，特别是最大模原理及定理 13.7, 来研究圆盘和平面上的全纯映射. 这些结论表明有些加在复解析函数上看起来很弱的条件实际上是很强的限制. 这些刚性定理揭示了复分析与几何的联系.

作为应用我们将证明球极平面投影将 S^2 上的圆映到 $\mathbf{C}\cup\{\infty\}$ 中的圆. 证明不是最初等的, 但它用到了复分析. 这个定理的几何证明见 [HCV].

14.1　圆盘的刚性

给定 $\mathbf{C}$ 中两个开集 U, V. 映射 $f: U \to V$ 称为双全纯的, 若 $f: U \to V$ 为同胚, 且 f, f^{-1} 均为全纯映射, 即复解析映射, 则映射 f 称为双全纯的. 比如, 式 (10.6) 中的分式线性变换 M 给出了上半平面与开圆盘 Δ 之间的一个双全纯映射.

接下来的例子表明从 Δ 到自身的双全纯映射有很多. 由第 10.6 节习题 10.7 以及式 (10.6) 映射 M 可得, Δ 中任意两点 z_1, z_2 均存在一个分式线性变换 $H: \Delta \to \Delta$ 是全纯映射且 $H(z_1) = z_2$.

现在来证明第 1 章提到的定理 1.1.

定理 14.1 (**圆盘刚性定理**). 设 f 为从 Δ 到自身的全纯映射, 则 f 必为分式线性变换.

证明. 如果 $f(0) \neq 0$, 构造分式线性变换 $H: \Delta \to \Delta$ 使得 $f \circ H(0) = 0$. 因此, 只需要研究 $f(0) = 0$ 的情形. 考虑函数 $g(z) = f(z)/z$. 它在 Δ 上有定义, 且在 $\Delta - \{0\}$ 上全纯. 因为 $f'(0)$ 存在, 所以当 $|z|$ 充分小但非零时

$$|g(z)| < 2\max(|f'(0)|, 1).$$

因此, g 在 0 的邻域内有界, 从而 g 在 Δ 上全纯.

设 D 为以 0 为心, $1-\epsilon$ 为半径的闭圆盘. 根据最大模原理,

$$\max_{z\in D}|g(z)| \leq \max_{z\in\partial D}|g(z)| \leq \frac{\max\limits_{z\in\partial D}|f(z)|}{1-\epsilon} \leq \frac{1}{1-\epsilon}.$$

令 $\epsilon\to 0$, 在 Δ 上 $|g(z)|\leq 1$, 从而 $|f(z)|\leq |z|$ 对所有 $z\in\Delta$ 成立.

同理, 对于 f^{-1} 也有 $|f^{-1}(z)|\leq |z|$ 对所有 $z\in\Delta$ 都成立. 这样就有

$$|z| = |f^{-1}(f(z))| \leq |f(z)| \leq |z|.$$

因此对所有 $z\in\Delta$, $|f(z)|=|z|$, 即 $|g(z)|=1$ 对所有 $z\in\Delta$ 成立. 这只有当 g 为常数时才成立. (见下面习题 14.1), 而此时 $f(z)=cz, |c|=1$. □

习题 14.1. 证明 Δ 上非常值的复解析函数 g 的象不可能落在单位圆周上. (提示: 证明 g 必定在某点处导数非零, 而在这些点处的微分映射是可逆线性变换.)

定理 14.2. 设 f 为从上半平面到自身的双全纯映射, 则 f 为分式线性映射.

证明. 设 U 为上半平面, $f: U\to U$ 为双全纯映射. 已经知道映射 $M(z)=(z-\mathrm{i})/(z+\mathrm{i})$ 是从上半平面到单位开圆盘的双全纯映射. 复合映射 $M\circ f\circ M^{-1}$ 为 Δ 到自身的双全纯映射. 根据圆盘刚性定理, 该复合映射必为分式线性变换, 因此 f 也是分式线性变换. □

下面的结果从复分析的角度揭示了单位开圆盘上双曲度量扮演的重要角色.

引理 14.3. 假设 Δ 上具有第 10.7 节定义的双曲度量. 设 $f:\Delta\to\Delta$ 为复解析映射, 不一定双全纯, 则 f 为双曲度量下距离非增映射.

证明. 需要证明在任何一点 $p\in\Delta$, 微分映射 $\mathrm{d}f$ 将双曲长度为 1 的向量映到长度不超过 1 的向量. 这个性质称为非拉伸性质. 只需要对任何一点证明非拉伸性质即可. 存在 Möbius 变换 T_1, T_2 使得 $T_1(0)=p$, $T_2(f(p))=0$, 映射 $g=T_2\circ f\circ T_1$ 满足 $g(0)=0$. 因为 T_1, T_2 为双曲等距映射, g 在 0 点非拉伸当且仅当 f 在 p 点非拉伸. 因为 $g(0)=0$, 因此只需要证明 $|g'(0)|\leq 1$ 即可, 而这一结论可以用定理 14.1 的方法得到. (译注: 因为 $g(0)=0$, 用定理 14.1 的方法可得 $|g(z)|\leq |z|$, 从而 $|g'(0)|\leq 1$.) □

习题 14.2. U 为平面上一个开集, $w\in U$ 为其上一点. 证明: 存在一个圆盘 $W\subset U$, 以 w 为心, 使得对全纯映射 $G: U\to\Delta$ 以及所有 $w'\in W$, $G(w)$ 与

$G(w')$ 的双曲距离小于 1. (提示: 平面上任一个圆盘 W', 都有由从 Δ 到 W' 的相似变换诱导的双曲度量. 先选取 $W' \subset U$, 以 w 为心 (译注: 原文有误), 再适当选取 $W \subset W'$.)

14.2　Liouville 定理

以下是 Liouville 定理.

定理 14.4 (Liouville 定理). 若 $f(z)$ 为 $\mathbf{C}$ 上有界复解析函数, 则 f 为常数.

证明. 由 (13.7) 式得

$$f'(a) = \frac{1}{2\pi \mathrm{i}} \int_\gamma \frac{f(z)}{(z-a)^2} \mathrm{d}z \tag{14.1}$$

取 γ 为以 a 为心, r 为半径的圆周, 式 (14.1) 的右边的模长不超过 C/r. 这里 C 为某个常数. 令 $r \to \infty$, 得到 $f'(a) = 0$. 因为 a 是任意的, 所以 f 为常数. □

习题 14.3. (此题较难) 函数 $f : \mathbf{C} \to \mathbf{C}$ 称为调和函数, 如果它满足下列性质: 对任意圆盘 D, f 在 D 的中心处的值等于它在 D 上的平均值, 证明: 有界调和函数为常数. 这个结果与 Liouville 定理等价. (证明大略: 证明 $f(a) = f(b)$ 对所有 $a, b \in \mathbf{C}$ 成立. 考虑 $C_r = A_r - B_r$, 其中 A_r 是 f 在以 a 为心 r 为半径的圆盘上的平均值, B_r 为 f 在以 b 为心 r 为半径的圆盘上的平均值. 研究 $A_r - B_r$, 注意当 r 很大时, $A_r - B_r$ 很大部分可以抵消.)

习题 14.4. 给出 Liouville 定理的另一个证明. 证明 $g(z) = f(z)/z$ 在复平面上全纯, 然后利用最大模定理.

习题 14.5. 利用 Liouville 定理给出代数基本定理的另一个证明. (提示: 设 $P(z)$ 为复多项式, 在 $\mathbf{C}$ 上无根, 考虑 $f(z) = 1/P(z)$.)

习题 14.6. 假设 $g : \mathbf{C} \to \mathbf{C}$ 为满足下列条件的连续映射:

- $g(0) = 0$.
- g 在 $\mathbf{C} - \{0\}$ 上全纯.
- 当 $|z|$ 充分大时, $|g(z)| < C|z|$.

证明: 存在常数 A 使得 $g(z) = Az$. (提示: 先证明 g 在 $\mathbf{C}$ 上全纯, 然后再证 $h(z) = g(z)/z$ 全纯.)

习题 14.7. (此题较难) 设 $f : \mathbf{C} \to \mathbf{C}$ 为全纯函数, 满足 $|f(z)| < |z|^n$ 对某个 n 以及所有 $|z|$ 充分大的 z 成立. 证明 f 为多项式.

引理 14.5. 假设 f 为 $\mathbf{C}$ 的同胚且除了有限个点外复解析, 则存在常数 A, B, 使得 $f(z) = Az + B$.

证明. 由引理 2.2 以及定理 13.7, 存在唯一方法在这些点上定义 f 使得它在 $\mathbf{C}$ 上全纯. $f'(z)$ 不恒等于 0, 否则 $f(z)$ 为常值, 与 f 为同胚相矛盾. 因此通过平移和伸缩可以假设 $f(0) = 0, f'(0) = 1$. 由导数定义知, 当 $|z|$ 充分小的时候, 考虑在 $\mathbf{C} - \{0\}$ 上定义的函数

$$g(z) = \frac{1}{f(1/z)}. \tag{14.2}$$

定义 $g(0) = 0$. 注意到 g 满足习题 14.6 的条件, 因此 $g(z) = cz$, 从而 $f(z) = z/c$. 因为 $f'(0) = 1$, 所以 $c = 1$. 即, $f(z) = z$. 注意 f 经过了平移和伸缩, 所以原先的 f 具有形式 $Az + B$. □

14.3 再论球极平面投影

设 $\phi : S^2 \to \mathbf{C} \cup \{\infty\}$ 为球极平面投影.

引理 14.6. ϕ 的微分 $\mathrm{d}\phi$ 在任何一点 $x \in S^2 - \{(0,0,1)\}$ 切空间上为相似变换.

证明. 本引理可以通过直接计算得到, 但是我们将给出一个几何证明. 证明用到图 14.1. 将 $\mathbf{C}$ 看作 xy-平面. 令 $T = T_x$ 为点 x 的切平面, 令 T' 为过 x 且平行于 $\mathbf{C}$ 的平面, 设 L 为联结 $(0,0,1)$ 与 x 的直线. 图 14.1 显示的是 T, T', L 与过点 $(0,0,0), (0,0,1)$ 以及 x 的平面 $\varPi$ 的交集. 由第 8.3 节的相交弦夹角定理得, 直线 $T \cap \varPi$ 与 $T' \cap \varPi$ 与 $L = L \cap \varPi$ 的夹角相等. 因此, 将 T 关于 $P = L^{\perp}$ 做反射得到 T'.

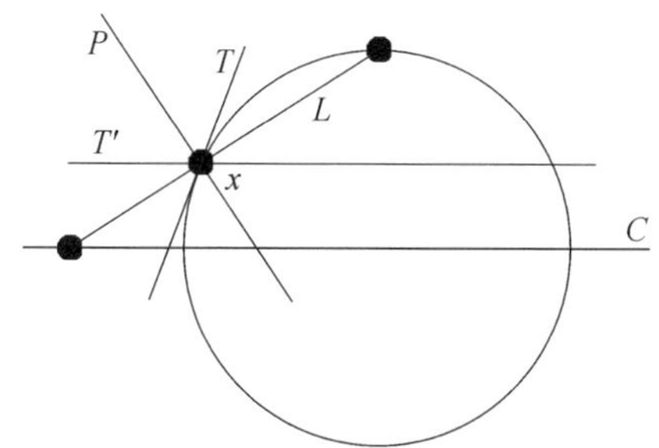

图 14.1: 球极平面投影的微分

微分 $d\phi$ 可以描述成: 先将 T 关于 P 反射得到 T', 再通过以 $(0,0,1)$ 为中心 (译注: 原文有误) 的径向投射将 T' 映到 $\mathbf{C}$. 因此, $d\phi$ 为一个等距变换与一个相似变换的复合, 从而仍为相似变换. □

习题 14.8. 利用式 (9.9) 通过直接计算证明引理 14.6.

引理 14.7. 假设 I 为 S^2 的一个等距变换, 则 $I' = \phi \circ I \circ \phi^{-1}$ 为分式线性变换.

证明. 这里要用到复分析. 存在分式线性变换 T 使得 $J = T \circ I'$ 将 ∞ 固定. 这样只需要证明 J 为分式线性变换即可. 映射 J 在除了有限个点外均光滑 (我们不确定的点是 ∞ 的象或者原象), 而且根据引理 14.6, dJ 在除了有限个点外是相似变换, 因此 J 为 $\mathbf{C}$ 的一个同胚, 且除了有限个点之外复解析. 根据引理 14.5, J 为线性映射, 从而也是分式线性映射, 因此 I' 也是. □

现在证明本节的主要结论. 这个结论有一个直接的几何证明, 但是这里介绍如何利用复分析得到这一结果.

引理 14.8. 球极平面投影将 S^2 上的圆周映为 $\mathbf{C} \cup \{\infty\}$ 上的广义圆周.

证明. 设 C 为 S^2 上的一个圆周. 设 I 为 S^2 一个等距变换, 使得 $I(C)$ 包含 $(0,0,1)$. 在第 9.5 节中提到 $L = \phi(I(C))$ 为一条直线与 $\{\infty\}$ 的并集, 因此 $\phi(I(C))$ 为一个广义圆周. 但是,

$$L = I'(\phi(C)), \quad I' = \phi \circ I \circ \phi^{-1}.$$

由引理 14.7, I' 为分式线性变换, 从而 $(I')^{-1}$ 也是. 但是 $\phi(C) = (I')^{-1}(L)$, 这里 $(I')^{-1}$ 为分式线性变换, L 为广义圆周. 由第 10 章知道分式线性映射将广义圆周映为广义圆周, 从而 $J(C) = \phi(C)$ 也是广义圆周. □

习题 14.9. 设 h 为 S^2 到自身的有限阶双全纯映射且保持一对对径点不动. 证明 h 为 S^2 的等距映射. (提示: 存在 S^2 上的等距映射 I, 使得 $I \circ h \circ I^{-1}$ 保持 $(0, 0, \pm 1)$ 不动, 且仍然为有限阶. 利用球极平面投影的性质以及引理 14.5, 证明 $I \circ h \circ I^{-1}$ 为 S^2 的等距变换, 从而 h 也是.)

习题 14.10. 将球极平面投影推广到任意维, 证明广义球极投影将球面映到球面. 可以利用 2 维的结论以及对称性.

第 15 章　Schwarz-Christoffel 变换

本章研究被称为 Schwarz-Christoffel 变换的全纯映射. 事实上, 这些映射是上半平面与多边形内部之间的双全纯映射. 为了讲解方便, 只考虑每边均平行于坐标轴的多边形. 这样的多边形称为直线多边形, 见图 15.1.

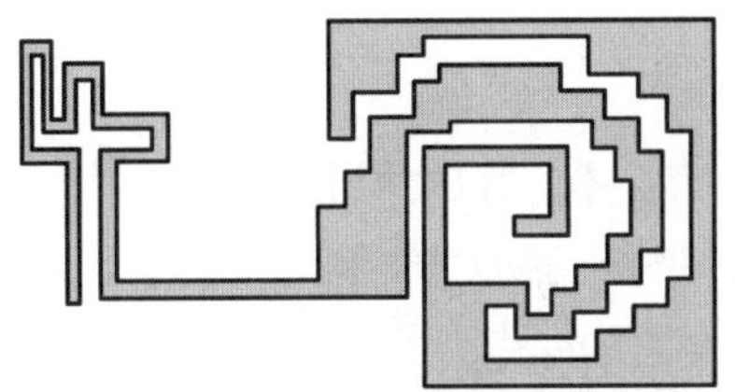

图 15.1: 直线多边形

Schwarz-Christoffel 变换神奇之处在于它有具体表达式. [DRT] 中有关于该映射的许多介绍, 包括它的历史.

15.1　基本构造法

给定 $x_1 < x_2 < \cdots < x_n \in \mathbf{R}$ 以及数 $e_1, \cdots, e_n$, 使得对所有 j, $e_j = \pm 1/2$ 且 $e_1 + \cdots + e_n = -2$.

设 $U \subset \mathbf{C}$ 为上半平面. 用 $U^* \subset \mathbf{C}$ 表示平面上去掉以 $x_1, \cdots, x_n$ 为起点垂直向下的射线得到的区域, 如图 15.2 所示. 我们主要关心的是 U, 但是更大的区域 U^* 在技术上更为方便.

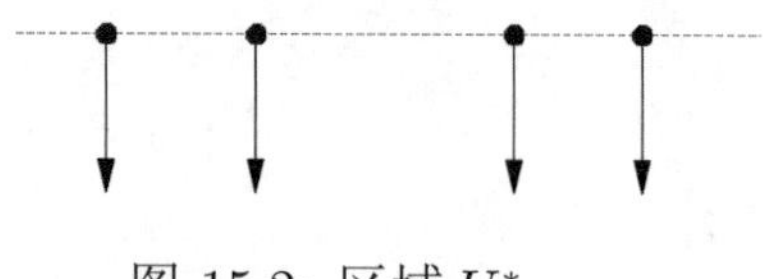

图 15.2: 区域 U^*

考虑函数

$$f(z) = (z - x_1)^{e_1} \cdots (z - x_n)^{e_n}. \tag{15.1}$$

在整个 $\mathbf{C}$ 上定义 $f(z)$ 会陷入困境, 因为无法找到一个合理定义使得当 z 围绕 x_j 一周之后 $f(z)$ 的定义保持一致. 然而 U^* 不包含这样的闭路, 所以 f 在 U^* 上有定义, 且为复解析.

定义 $F^* : U^* \to \mathbf{C}$ 如下. 首先, 令 $F(\mathrm{i}) = 0$. 其次, 对任何 $z \in U^*$, 令 γ 为逐段光滑的连接 i 与 z 的连续道路. 定义

$$F(z) = \int_\gamma f(w)\mathrm{d}w. \tag{15.2}$$

根据定理 13.1, $F(z)$ 有定义. 由微积分基本定理知, F^* 在 U^* 上全纯且 $F'(z) = f(z)$. 特别地, $F'(z)$ 在 U^* 非零. 下面为关于 F 的主要结论.

定理 15.1. F 有合理定义且在 $\mathbf{R} \cup \{\infty\}$ 上连续, 象集 $F(\mathbf{R} \cup \{\infty\})$ 是一个多边形闭路, 其所有边交替平行于实轴和虚轴. 若 $F(\mathbf{R} \cup \{\infty\})$ 为嵌入多边形, 则 F 为从 U 到 $F(\mathbf{R} \cup \{\infty\})$ 围成的多边形区域的双全纯映射.

15.2 反函数定理

作为证明定理 15.1 的准备, 先证明反函数定理的一个特例. 关于一般情形的反函数定理, 见 [SPI].

先看一个引理.

引理 15.2. 假设 U, V 为 $\mathbf{C}$ 中开集且 $f : U \to V$ 为同胚, 假设 f 在点 $z \in U$ 处有复导数, 则 f^{-1} 在 $f(z) \in V$ 点处有复导数, 且 $(f^{-1})'(f(z)) = 1/f'(z)$. 特别地, 若 f 在 U 上同胚, f' 在 U 上非零, 则 f^{-1} 在 V 上为同胚.

证明. 通过平移, 伸缩, 可以假设 $f(z) = z = 0$ 且 $f'(0) = 1$. 因为 $f'(0) = 1$, 拉伸映射 $g_n(z) = nf(z/n)$ 在紧集上一致收敛到恒等映射. 同样地, 其逆映射 $g_n^{-1}(z) = nf^{-1}(z/n)$ 也收敛到恒等映射. 这等于说 $(f^{-1})'(0)$ 存在且 $(f^{-1})'(0) = 1$ (译注: 原文有误). □

定理 15.3. 设 f 为定义在 $z \in \mathbf{C}$ 的邻域上的全纯映射. 假设 $f'(z) \neq 0$, 则 f 在 z 的邻域上的限制有逆, 且 f^{-1} 也全纯.

证明. 通过平移, 伸缩, 从而假设 $z=0, f(0)=0$ 且 $f'(0)=1$. 设 Δ_r 为以 0 为心 r 为半径的开圆盘. 当 r 充分小时, $|f'(z)-1|<1/100$ 对所有 $z \in \Delta_r$ 成立. 设 $z_1 \neq z_2$ 为 Δ_r 中两点, 设 L 为连接它们的线段. 因为 $f'(z)$ 在 L 上满足 $|f'(z)-1|<1/100$, 曲线 $f(L)$ 与 L 的长度差不多且跟 L 的方向几乎一致, 因此 $f(z_1) \neq f(z_2)$. 即, f 为 Δ_r 上的单射 (当 r 充分小时).

同样地可以证明 $f(\partial \Delta_r)$ 为一个闭路, 与 0 的距离至少为 $r/2$ 且环绕 0 一周. 设 W_r 为所有使得 $f(\partial \Delta_r)$ 环绕 w 一周的点 w 的集合. 注意 W_r 为 0 的一个开邻域. 假设存在 $w \in W_r - f(\Delta_r)$. 考虑一组单参数闭路 $\gamma_t = f(t\partial\Delta_r)$. 当 t 离 0 很近时, 闭路 γ_t 不环绕 w, 而另一方面, γ_1 环绕 w 一周, 因此必然存在 t, γ_t 包含 w. 此时 $w \in f(\Delta_r)$, 从而 $f: \Delta_r \to W_r$ 为满射.

我们证明了当 r 充分小的时候, $f: \Delta_r \to W_r$ 为双射, 因此 $f^{-1}: W_r \to \Delta_r$ 存在. 关于 f 单射的证明也说明 f^{-1} 为连续映射, f 不可能将离得很远的点映得很近, 因此 $f: \Delta_r \to W_r$ 为同胚. 取 r 充分小, 可以假设 f' 在 Δ_r 上非零. 取 $U=\Delta_r, V=W_r$, 根据引理 15.2, f^{-1} 为 W_r 上的全纯映射. □

15.3 定理 15.1 的证明

已知 F 在 $\mathbf{R}-\{x_1,\cdots,x_n\}$ 上有定义且 F 显然是连续的.

习题 15.1. 证明: F 在 $\mathbf{R}\cup\{\infty\}$ 上有定义且连续. (提示: 在 $\{x_1,\cdots,x_n\}\cup\{\infty\}$ 上使用跟其它点一样的定义. 以下积分的收敛性

$$\int_0^1 \frac{1}{x^{1/2}}\mathrm{d}x, \quad \int_1^\infty x^{-2}\mathrm{d}x$$

保证了定义的合理性.)

现在来研究象集 $F(\mathbf{R}\cup\{\infty\})$. 点 $x_1,\cdots,x_n$ 将 $\mathbf{R}$ 分割成 $n+1$ 个区间 $I_0,\cdots,I_n$. 事实上, $I_0=(\infty,x_1), I_n=(x_n,\infty)$ 为射线. 令 $J_k=F(I_k)$. 平方 f 得到

$$f^2(z)=(z-x_1)^{\pm1}\cdots(z-x_n)^{\pm1}.$$

由此得知 f^2 在 I_0 上为正, 在 I_1 上为负, 在I_2 上为正, 等等. 因此, f 在 I_0 上为实数, 在I_1 上为虚数, 在I_2 上为实数, 在I_3 为虚数, 等等. 但是 $F'(z)=f(z)$, $F'(z)$ 的角度告诉我们 F 如何对 z 附近的点进行旋转. 因此, J_0 为水平线段,

J_1 为垂直线段, J_2 为水平线段, 等等. 因为 F 在 $\mathbf{R}\cup\{\infty\}$ 上连续, 所以这些线段连在一起构成定理 15.1 所说的直线多边形.

赋予 $\mathbf{R}$ 从 $-\infty$ 到 ∞ 的定向. 当沿着该方向在 $\mathbf{R}$ 上行走时, U 在我们左边. 因为 F 复解析, 所以是保持定向的. 这意味着当沿着 $F(\mathbf{R})$ 行走时, $F(U)$ (至少局部地) 在我们的左边.

习题 15.2. 证明: 若 $e_j=-1/2$, 则 $F(\mathbf{R})$ 在 x_j 处朝左转. 若 $e_j=1/2$, 则在 x_j 处朝右转. 几何上讲, 若 $e_j=-1/2$, 则 $F(U)$ 在 x_j 附近看起来像一个象限. 若 $e_j=1/2$, 则 $F(U)$ 在 x_j 处看起来像三个象限.

由习题 15.2 以及 $e_1+\cdots+e_n=-2$ 知, $F(\mathbf{R})$ 逆时针转一圈 (等于 4 个左转), 因此 $F(I_0)$ 与 $F(I_n)$ 在同一个方向, 因此得到无缝衔接.

假设 $F(\mathbf{R}\cup\{\infty\})$ 为一个嵌入多边形, R 为其围成的区域.

引理 15.4. $F(U)\subset R$.

证明. 令 $\overline{U}=U\cup\mathbf{R}\cup\{\infty\}$, 则 $\overline{U}$ 为 Riemann 球面 $S^2=\mathbf{C}\cup\{\infty\}$ 的紧子集. 由引理 2.2, $F(\overline{U})$ 为 $\mathbf{C}$ 上的有界子集. 因为 $\overline{U}$ 为 S^2 的紧致子集, F 为连续映射, 则$F(\overline{U})$为紧集.

若 $F(U)$ 不是 R 的子集, 则可以找到一点 $p\in\overline{U}$ 使得 $F(p)$ 在 $F(\overline{U})$ 的边界上, 但不在 ∂R 上. 注意 p 必在 U 中, 因为 $F(\overline{U}-U)=\partial R$. 根据反函数定理, F 将 p 的邻域映到 $F(p)$ 的邻域, 因此 $F(p)$ 不能在 $F(\overline{U})$ 的边界上. 这个矛盾说明 $F(U)\subset R$. □

习题 15.3. 用与第 5.3 节证明代数基本定理类似的方法证明 $F(U)=R$.

引理 15.5. F 为到 U 的单射.

证明. 设 $B\subset U$ 为所有满足下列条件的 z 的集合: 存在 $z'\in U, z'\neq z$, 使得 $f(z)=f(z')$. 考虑 $B=U$ 的极端情形. 选取 $z\in U^*\cap\mathbf{R}$. 设 $\{z_n\}$ 为 U 中点列趋于 z. 设 $\{z_n'\}$ 为 U 中点列使得 $F(z_n)=F(z_n')$. 根据定理 15.3, F 在 z 的邻域中为单射. 因此 z 与 z_n' 之间存在最短距离. 因此可以找到子列 (不妨就假定为 $\{z_n'\}$ 自己) 收敛到 $z'\in\mathbf{R}\cup\{\infty\}$. 因为 $\{z_n'\}$ 与 z 的距离严格大于 0, 从而 $z\neq z'$. 但是由 F 的连续性, $F(z)=F(z')$, 但 F 在 $\mathbf{R}\cup\{\infty\}$ 上为单射, 从而 $B\neq U$. 我们证明 B 既开且闭. 因为 U 是连通集, 从而 $B=\varnothing$. 本质上, 对 $B\neq U$ 的证明其实证明了 B 在 U 中为闭集. 还需要证明 B 为开集.

假设 $z\in B$ 且 $F(z')=F(z)$. 由定理 15.3 知, F 将 z 和 z' 的邻域映到 $F(z)=F(z')$ 的邻域. 因此, B 包含 z 的严格邻域, 从而 B 为开集. □

由引理 15.5 及习题 15.3 可得: $F:U\to R$ 为复解析的双射. 根据定理 15.3, F^{-1} 为复解析, 因此 F 为双全纯映射, 从而证明了定理 15.1.

15.4　F 的可能象集

定理 15.1 告诉我们如何将上半平面通过 Schwarz-Christoffel 变换映为直线多边形. 事实证明, 在忽略乘积常数的前提下, 任何直线多边形都可以由此得到. 想法就是通过改变变换 F 的构造参数可以得到任何一个直线多边形. 下面是本节主要结论.

定理 15.6. 在忽略乘积常数之下, 每一个直线多边形都是上半平面在严格 Schwarz-Christoffel 变换下的象.

我们将逐步给出定理 15.6 的证明. 本节先证明一个弱一点的结论: 每一个直线多边形的组合类都是 Schwarz-Christoffel 变换的象.

一个带标记的闭路是指一个逆时针定向的直线多边形, 其中一条边被选定. 给定一个长度为 n 的“ 左”和“右”组成的字符序列 Σ, 其中“左”的个数比“右”的个数多 4. Y'_Σ 表示所有的带标记的直线多边形全体, 使得从选定的边开始逆时针沿着该多边形走一圈转过的弯与序列 Σ 的指令一致. Y_Σ 表示 Y'_Σ 中所有的嵌入直线多边形全体. 通过 Σ, Y'_Σ 与 Y_Σ 中的多边形各边边长对应于 $\mathbf{R}^n$ 中的子集, 这使得 Y'_Σ 与 Y_Σ 成为度量空间.

习题 15.4. 设 Σ 为一个长度为 n 的字符序列. 证明 Y'_Σ 与 Y_Σ 均同胚于 $\mathbf{R}^{n-2}$ 的子集.

习题 15.5. (此题较难) 证明 Y_Σ 是单连通的. (提示: 结论对序列 $\Sigma=LLLL$ 显然成立, 这里 Y_Σ 是所有长方形构成的空间. 对于一般情形, 对 Σ 的长度进行归纳. 证明直线多边形总存在一个局部, 可以连续地将某些边缩成一个点,使得得到的直线多边形仍为一个嵌入. 见图 15.2.)

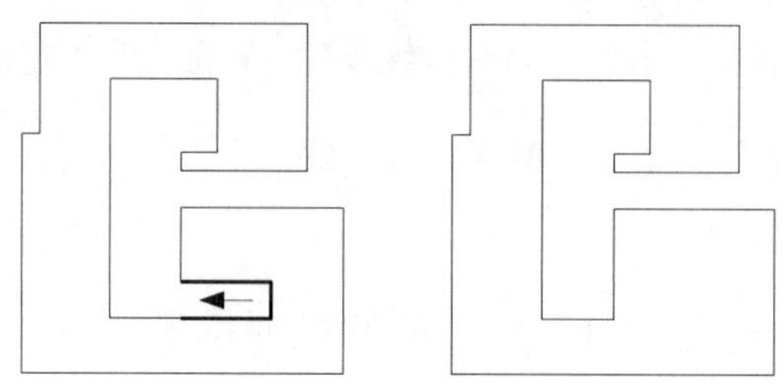

图 15.3: 边的收缩

如果 Y_Σ 中某个多边形是某个 Schwarz-Christoffel 变换 F 的象 $F(\mathbf{R}\cup\{\infty\})$, 那么序列 Σ 称为是“好的”.

定理 15.7. 所有序列均为“好的”. 即, 在每一个嵌入直线多边形的组合类 Y_Σ 中都有直线多边形是 Schwarz-Christoffel 变换的象.

证明. 序列 LLLL 显然是“好的”. 下面对序列的长度进行归纳. 设 Σ_1, Σ_2 为两个序列. 记 $\Sigma_1 \to \Sigma_2$, 如果 Σ_2 是通过在 Σ_1 某处插入 LR 或者 RL 得到. 除了 LLLL 之外, 任何一个序列 Σ_2 都可以找到 Σ_1 使得 $\Sigma_1 \to \Sigma_2$. 我们要证明, 若 Σ_1 是“好的”, 则 Σ_2 也是“好的”, 从而根据归纳法, 定理得证.

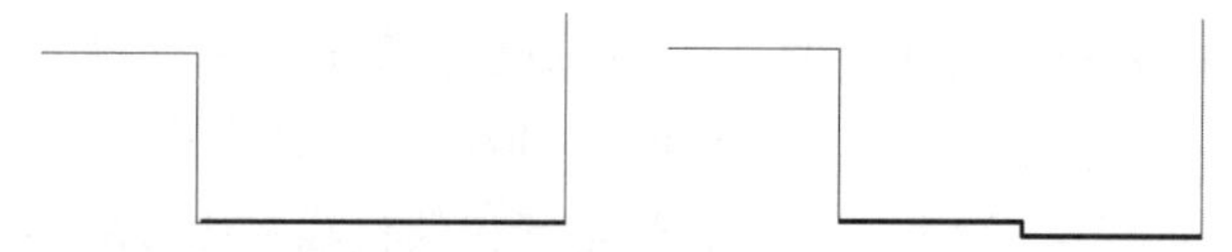

图 15.4: 一条折线

设 P 为 Y_Σ 中一个多边形, 它是某个 Schwarz-Christoffel 变换 F 的象 $F(\mathbf{R}\cup\{\infty\})$. 设 $x_1, \cdots, x_n$ 为对应于 F 的特殊点. 选取指数 $e_1, \cdots, e_n$ 使其序列与 Σ_1 相一致.

假设 Σ_2 是由 Σ_1 在第 k 个顶点处添加 LR 而成. 这样, 在 x_k 与 x_{k+1} 之间添加两个新的顶点 x'_1, x'_2. 把这两点放在连接 x_k, x_{k+1} 的线段的中点的位置. 添加 LR 迫使我们选取 $e'_1 = -1/2$, $e'_2 = 1/2$. 设 F' 为对应于

$$x_1, \cdots, x_k, x'_1, x'_2, x_{k+1}, \cdots, x_n$$

以及相应的指数的 Schwarz-Christoffel 变换. 因为 x'_1, x'_2 距离很近, 所以 $F(\mathbf{R}\cup\{\infty\})$ 与 $F'(\mathbf{R}\cup\{\infty\})$ 几乎相等, 除了 $F(I_k)$ 在 $F'(\mathbf{R}\cup\{\infty\})$ 中被折

线代替. 如图 15.4 所示. (译注: 图 15.4 显示的其实是添加了 RL 的情形.) 如果这条折线跟直线很接近的话, 多边形 $F'(\mathbf{R}\cup\{\infty\})$ 也为嵌入. □

15.5 定义域的不变性

令人遗憾的是定理 15.6 的证明不是自封闭的, 它用到了拓扑学中的区域不变定理. 见 [HAT] 定理 2B.3.

定理 15.8 (区域不变性定理). 设 $U\subset\mathbf{R}^n$ 为开集, $\Phi:U\to\mathbf{R}^n$ 为连续单射, 则 $\Phi(U)$ 为 $\mathbf{R}^n$ 中开集.

这个定理的结论似乎很显然, 但是证明却有一定难度.

习题 15.6. 在 $n=1$ 时证明区域不变性定理.

X 中一个离开序列是 X 中一个无穷点列 $\{x_n\}\subset X$, 它会在有限时间内离开任何一个 X 的紧集. 即, 任何 X 的紧集只能包含 $\{x_n\}$ 中有限个点. 同理, 定义 Y 上的离开序列. 一个映射 $\Phi:X\to Y$ 称为逆紧映射, 如果 Φ 将离开序列映为离开序列. 下面的引理在证明定理 15.6 时需要用到.

引理 15.9. 设 X,Y 为 $\mathbf{R}^n$ 的开子集. 假设 X 非空, Y 连通, 若 $\Phi:X\to Y$ 为连续单射且逆紧, 则 $\Phi(X)=Y$.

证明. 用反证法. 假设结论不成立, 根据区域不变性定理, $\Phi(X)$ 为 $\mathbf{R}^n$ 中的开集, 从而也是 Y 中开集, 而且 $\Phi(X)$ 非空. 因为 Y 是连通的, Y 是 Y 的子集中唯一既开又闭的非空子集, 从而 $\Phi(X)$ 一定不是闭集. 因此存在

$$y\in\overline{\Phi(X)}-\Phi(X)\subset Y$$

以及 $\{y_k\}\subset\Phi(X)$, 使得 $y_k\to y$. 令 $x_k=\Phi^{-1}(y_k)$. 若 $\{x_k\}$ 不是离开序列, 则通过取子列, 不妨假设 $x_k\to x\in X$. 而这样的话就有 $\Phi(x)=y$, 这就与 $y\in\Phi(X)$ 相矛盾. 因此, $\{x_k\}$ 必为离开序列, 从而 $\{y_k\}$ 也是离开序列, 这与 $y_k\to y\in Y$ 相矛盾. □

习题 15.7. 证明: 去掉引理 15.9 中的任何一项假设条件都能找到反例使结论不成立.

15.6 存在性的证明

我们来最终完成定理 15.6 的证明. 固定一组指数 $e_1, \cdots, e_n$. 这些指数决定了相应的左转或者右转的序列 Σ, 从而也决定了多边形空间 $Y = Y_\Sigma$ 以及 $Y' = Y'_\Sigma$. 将 Y, Y' 等同于 $\mathbf{R}^{n-2}$ 中的开子集.

给定正数 c 以及点

$$x_1 = -1,\ 0 = x_2 < x_3 < \cdots < x_n = 1.$$

设 X' 为所有参数 $(c, x_3, \cdots, x_{n-1})$ 构成的集合, X' 看作 $\mathbf{R}^{n-2}$ 的开子集. (将伸缩系数 c 也包括进来从而使得 X' 与 Y' 有相同的维数.)

固定参数 $p \in X'$, 则可以得到多边形闭路 $\Phi(p) = F(\mathbf{R} \cup \{\infty\})$. 这里 F 为由式 (15.2) 给出的 Schwarz-Christoffel 变换乘以伸缩系数 c. 根据构造, $\Phi(p) \in Y'$. 因此得到映射 $\Phi : X' \to Y'$. 由 Schwarz-Christoffel 变换公式可知, Φ 显然连续.

引理 15.10. $\Phi : X' \to Y'$ 为单射.

证明. 回顾 U 为上半平面. 假设 F_1, F_2 为两个 Schwarz-Christoffel 变换, 使得 $F_1(\mathbf{R} \cup \{\infty\}), F_2(\mathbf{R} \cup \{\infty\})$ 给出同样的多边形闭路, 而且 $F_1(x_i) = F_2(x_i)$ 对所有 i 成立. 定义 $G = F_1^{-1} \circ F_2 : U \to U$. 该映射为双全纯映射, 固定 $-1, 0$ 和 1. 由定理 14.2, G 必为分式线性变换. 因为 G 有 3 个不动点, 所以必为恒等映射. □

回忆 $Y \subset Y'$ 为所有嵌入多边形的全体. 根据习题 15.5, Y 为连通集. 设 $X = \Phi^{-1}(Y)$. 由定理 15.7 知, X 非空. 因为 Φ 连续, X 是开集, 根据引理 15.9, 证明定理 15.6 只需要证明 $\Phi : X \to Y$ 为逆紧映射.

设 $\{x_k\}$ 为 X 中的一个离开序列. 令 $y_k = \Phi(x_k)$. 假设 $\{x_k\}$ 在 X' 不是离开序列, 则 $x_k \to x \in X' - X$, 从而 $y_k \to y \in Y' - Y$, 则 $\{y_k\}$ 为 Y 的离开序列. 因为 y 不在 Y 中, 因此只需要考虑当 $\{x_k\}$ 为 X' 中 (从而也是 X 中) 的离开序列即可.

对应于 $x_k \in X$ 的参数记为 $x_{k,1}, \cdots, x_{k,n}$. 设 F_k 为相应的 Schwarz-Christoffel 变换, 带有伸缩系数 c_k. 一个对应于指标 k 的特殊区间是指由某两个相邻点构成的区间. 在取子列意义下, 需要考虑以下 3 种可能性.

情形1: 假设 $c_k \to \infty$. 无论如何选取参数, 所有位于区间 $[-2/3, -1/3]$ 的点与所有特殊点的距离至少为 $1/3$. 由式 (15.2) 知 $F_k([-2/3, -1/3])$ 的长

度至少是 $(1/3)^{n+1}$. 但是第 k 个多边形的直径不超过 $c_k(1/3)^{n+1}$. 当 $k \to \infty$ 时, $c_k(1/3)^{n+1} \to \infty$, 因此 $\{\Phi(x_k)\}$ 为离开序列.

情形2: 假设 $c_k \to 0$. 令 $\eta_1 = -3/2, \eta_2 = -1/2$, 令 $\eta_3 \in (0,1)$ 为离所有 x_k 最远的点. 根据构造, η_1, η_2, η_3 在不同的特殊区间中且它们离自身所在的特殊区间的端点的距离至少为 $1/(2n)$. 由式 (15.2), 存在常数 C, 与构造参数无关, 使得 $|F_k(\eta_i)| < C$ 对 $i = 1,2,3$ 成立. 但是这样的话, 对应于 $\Phi(x_k)$ 的多边形有 3 条边离原点的距离不超过 Cc_k. 当 $k \to \infty$ 时, $Cc_k \to 0$, 因此 $\{\Phi(x_k)\}$ 为离开序列.

情形3: 假设 $\{c_k\}$ 有界. 通过一个一致伸缩变换, 不妨假设 $c_k = 1$. 对所有 k, 因为 $\{x_k\}$ 为 X' 的离开序列且 $c_k = 1$, 当 $k \to \infty$ 时, x_k 所对应的最短特殊区间长度趋于 0. 我们假设 $y_k = \Phi(x_k)$ 在 Y 的一个紧集中, 并得出矛盾. 设 $P_k = F_k(\mathbf{R} \cup \{\infty\})$. 这是直线多边形. 根据紧性, 存在 $\Omega > 0$ 不依赖于 k, 使得 P_k 的直径不超过 Ω. P_k 的不相邻的边的距离至少为 $1/\Omega$.

通过取子列, 不妨假设构造参数 $X_{k,1}, \cdots, x_{k,n}$ 收敛到 $x_{\infty,1}, \cdots, x_{\infty,m}$. 这里 $m < n$, 因为某些点缩并在一起. 用 $e_{\infty,\alpha}$ 表示所有缩并到 $x_{\infty,\alpha}$ 的点的指数之和. 下面的习题 15.8 将指导我们证明: 对所有 α, $e_{\infty,\alpha} \geq -1/2$.

对任意 $\epsilon > 0$, 可以取 k 以及点 $z_1, z_2 \in \mathbf{R}$, 使得:

- $z_2 - z_1 = 2\epsilon$.
- (z_1, z_2) 包含至少 x_k 中两点且这些点的指数之和 $e \geq -1/2$.
- $x_k - (z_1, z_2)$ 中的点距离 (z_1, z_2) 大于 C_1, 这里 C_1 不依赖于 ϵ.
- x_k 的位于 (z_1, z_2) 中的点离 z_1 和 z_2 的距离大于 $99\epsilon/100$.

如图 15.5 所示, 白的点是 $x_k \cap (z_1, z_2)$, 这些点都集中在 (z_1, z_2) 的中点附近.

通过以下方式可以找到这些点: 找到一个指标 α 使得当 $k \to \infty$ 时 x_k 中不止一个点收敛到 $x_{\infty,\alpha}$, 然后将相距 2ϵ 的两点 z_1, z_2 等距离地放在 $x_{\infty,\alpha}$ (译注: 原文有误) 的两端, 然后让 k 充分大.

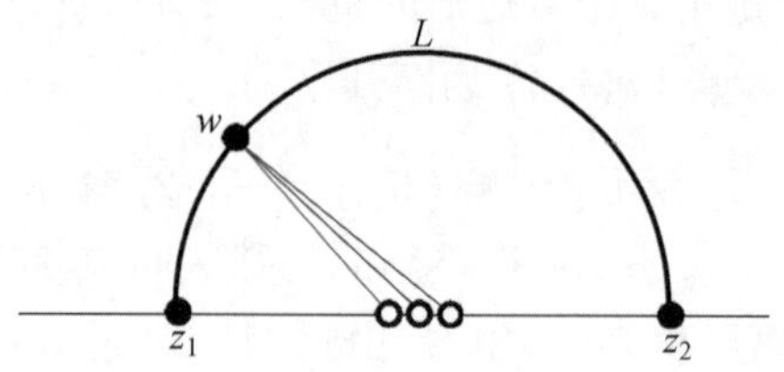

图 15.5: 特殊点

设 L 为图 15.5 中联结 z_1, z_2 的半圆. 由式 (15.2) 得

$$F_k(z_2) - F_k(z_1) = \int_L f_k(w)\mathrm{d}w, \quad f_k(w) = (w - x_{k,1})^{e_1} \cdots (w - x_{k,n})^{e_n}.$$

对 L 上每一点 w, 若 $x_{k,j} \notin (z_1, z_2)$, 则 $C_1 \le |w - x_{k,j}| \le \sqrt{5}$ (译注: 此处原文不够严谨), 从而 $|w - x_{k,j}|^{e_j}$ 有界. 若 $x_{k,j} \in (z_1, z_2)$, 则 $|w - x_{k,j}|$ 可以用图 15.5 中的灰色线段代替, 这些灰色线段长度均不超过 2ϵ, 而此时它们的指数和 $e \ge -1/2$. 总之, $|f_k(w)| \le C_2\epsilon^{-1/2}$, 其中 C_2 为不依赖于 ϵ 的常数. 因为 L 的长度为 $\pi\epsilon$ (译注: 原文有误), 因此

$$|F_k(z_2) - F_k(z_1)| \le 2C_2\pi\epsilon^{1/2}.$$

如果 ϵ 充分小, $F_k(z_1)$ 与 $F_k(z_2)$ 的距离会比 $1/\Omega$ 小, 但是它们在 P_k 的不相邻的边上, 从而导致矛盾.

剩下唯一没有证明的是关于指数和的结论.

习题 15.8. 证明: 对所有 α, 指数和 $e_{\infty,\alpha}$ 至少为 $-1/2$. 只需要考虑当 $k \to \infty$ 时, x_k 中几个点收敛到同一个点的那些指标 α. (提示:

(1) 继续情形 3 的假设. 设 $z_0 = z_1 - C_1/2$, 估计积分

$$\int_I f_k(w)\mathrm{d}w, \quad I = [z_0, z_1].$$

(2) 设 $w \in [z_0, z_1]$. 假设指数和 $e \le -1$, 证明: 存在不依赖于 ϵ 的常数 $C_3 > 0$, 使得

$$|f_k(w)| > C_3(z_1 - w + \epsilon)^{-1}.$$

注意当 ϵ 充分小的时候, z_0 距离 $x_k - (z_1, z_2)$ 中的点很远.

(3) 利用第 (2) 步得到

$$|F_k(z_0) - F_k(z_1)| \geq C_4 \int_0^{C_1/2} \frac{\mathrm{d}t}{t+\epsilon}.$$

注意 $f_k(w)$ 在 $[z_0, z_1]$ 上为常数.

(4) 将第 (3) 步的积分下限与 P_k 的一致上界相比较, 从而得出矛盾.)

第 16 章　Riemann 曲面与单值化定理

本章介绍 Riemann 曲面的概念. Riemann 曲面本质上是由 $\mathbf{C}$ 的开集通过复解析映射黏合而成的曲面. 定义 Riemann 曲面之后, 就可以研究它们之间的复解析映射. 我们将利用前 3 章的工具来证明这些映射的一些基本性质.

介绍完 Riemann 曲面之后, 我们将证明 Riemann 映射定理. 该定理的一个不依赖于定理 15.6 的证明可见 [AHL].

Riemann 映射定理是 Poincaré 单值化定理的特例. 后者的证明这里不讲, 参见 [BE2]. 在陈述单值化定理之后, 我们将利用它导出一系列结论.

16.1　Riemann 曲面

设 S 为一曲面. S 上的光滑结构是指一个极大坐标卡图册, 其重叠函数均为光滑函数. Riemann 曲面可以类似地定义, 只需要把"光滑"换成"复解析". 即, 一个具有 Riemann 曲面结构的曲面是指一个极大坐标卡图册, 其重叠函数为复解析函数. 下面是一些例子.

$\mathbf{C}$ 上的开集. $\mathbf{C}$ 的任何开集都是 Riemann 曲面, 这里坐标卡映射可以取为恒等映射.

Riemann 球面. 将 S^2 看作 $\mathbf{C}\cup\{\infty\}$, 则 $U_1=\mathbf{C}$ 为 0 的一个邻域, $U_2=\mathbf{C}\cup\{\infty\}-\{0\}$ 为 ∞ 的一个邻域. 恒等映射为从 U_1 到 $\mathbf{C}$ 的同胚, 映射 $f(z)=1/z$ 为从 U_2 到 $\mathbf{C}$ 的一个同胚. 在 $U_1\cap U_2$ 上, 重叠映射 $f(z)=1/z$ 为复解析函数. 已经有了两个坐标卡构成的图册, 将其极大化后 S^2 就成了 Riemann 曲面. 该曲面称为 Riemann 球面.

平坦环面. 设 P 为平行四边形. 将其对边黏合就得到一个曲面 S. 可以找到 S 的坐标卡图册使其重叠映射为平移, 即形如 $z\to z+C$ 的映射, 这里 C 为常数. 这样的映射是复解析的, 因此平坦环面自然地成为 Riemann 曲面.

定向双曲曲面. 曲面上一个定向双曲结构是一个极大的到 $\boldsymbol{H}^2$ 的坐标卡图册, 其重叠函数为保持定向的双曲等距映射的限制. 这些重叠函数是分式线性变换的限制, 从而是复解析的, 因此定向双曲曲面为 Riemann 曲面.

习题 16.1. 在第 11.7 节讨论了 Riemann 覆叠空间. 可以类似地定义 Riemann 曲面覆叠, 这是 Riemann 曲面之间的一个复解析的覆叠映射. 给定一个覆叠映射 $E:\widetilde{S}\to S$, 证明 $\widetilde{S}$ 为 Riemann 曲面, E 为 Riemann 曲面覆叠.

习题 16.2. 设 $E(z)$ 为第 13.8 节习题 13.6 中定义的指数函数. 证明 E 为从 $\mathbf{C}$ 到 $\mathbf{C}-\{0\}$ 的覆叠映射. (提示: 利用第 13.8 节习题 13.7 及习题 13.8 中的恒等式得到 E 的几何性质.)

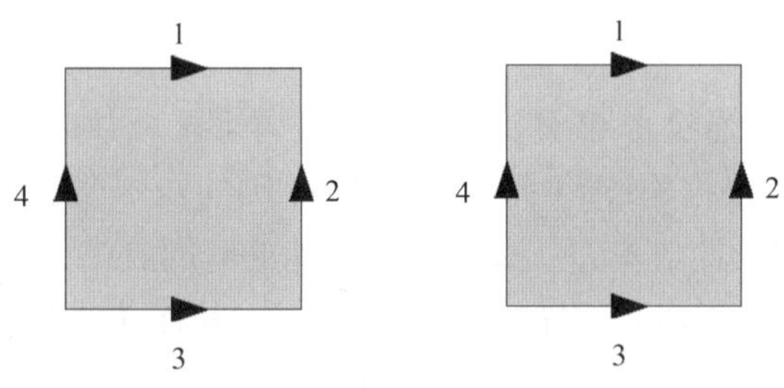

图 16.1: 两个正方形的黏合

习题 16.3. (本题较难) 设 X 为沿边界黏合两个正方形区域得到的曲面 (如图 16.1 所示). 找出坐标卡图册使得 X 成为 Riemann 曲面, 且与 Riemann 球面之间存在全纯映射. (提示: 寻找坐标卡时的困难之处在于如何处理边与顶点. 考虑正方形区域与上半平面之间的 Schwarz-Christoffel 变换.)

16.2　Riemann 曲面间的映射

给定两个 Riemann 曲面 S_1, S_2. 给定映射 $f: S_1\to S_2$. 如果存在 p_1 的邻域 U_1, $p_2=f(p_1)$ 的邻域 U_2, 以及相应的坐标卡 $f_j: U_j\to\mathbf{C}$, 使得 $f_2\circ f\circ f_1^{-1}$ 为复解析, 那么 f称为在 $p_1\in S_1$ 处复解析. 如果 f 在其上每一点处的一个充分小邻域中复解析, 那么f 称为在 S_1 上复解析. 可以用第 13 章的技巧来证明 Riemann 曲面间映射的一些结论. 本章接下来要讲的就是其中的一部分.

定理 16.1. 不存在从紧致 Riemann 曲面到 $\mathbf{C}$ 的非平凡复解析映射.

证明. 假设 $f : S \to \mathbf{C}$ 为复解析. 因为 S 紧致, 所以 $|f|$ 在某点 $p \in S$ 处达到最大值. 设 U 为点 p 处的邻域 $g : U \to \mathbf{C}$ 为坐标卡, 则 $h = f \circ g^{-1}$ 是从 $g(U)$ 到 $\mathbf{C}$ 的复解析映射, 且 $|h|$ 在 $g(U)$ 的内点 $g(p)$ 处达到最大值. 但是根据第 13.5 节的最大模原理, 一个非常值的复解析函数不可能在内点处达到最大模. □

另一方面, 从 Riemann 球面到自身的复解析映射有很多. 比如说, 任何有理函数 $R(z) = P(z)/Q(z)$ 为 Riemann 球面到自身的复解析映射. 这里 P, Q 为多项式, 集合 $R^{-1}(\infty)$ 是 Q 的零点集的子集.

定理 16.2. 不存在从 $\mathbf{C}$ 到定向双曲曲面的非平凡复解析映射.

证明. 设 $f : \mathbf{C} \to S$ 为从 $\mathbf{C}$ 到定向双曲曲面 S 的复解析映射. 设 $E : \boldsymbol{H}^2 \to S$ 为万有覆叠映射. 根据映射提升性质, 可以找到提升 $\widetilde{f} : \mathbf{C} \to \boldsymbol{H}^2$, 使得 $E \circ \widetilde{f} = f$. (可以通过将 $\mathbf{C}$ 分拆成无数个正方形区域并在每个区域上使用提升定理得到 $\widetilde{f}$.) 根据构造, $\widetilde{f}$ 为复解析映射, 因为在一个小邻域中, E^{-1} 为保持定向双曲等距, 且 $\widetilde{f} = E^{-1} \circ f$. 使用 $\boldsymbol{H}^2$ 的开圆盘模型. $\widetilde{f}$ 为 $\mathbf{C}$ 上一个有界复解析函数, 然而所有这样的函数必为常数, 从而 f 也为常数. □

根据引理 14.5, 从 $\mathbf{C}$ 到 $\mathbf{C}$ 的复解析同胚为线性映射. 利用这一结论可以得到以下定理.

定理 16.3. 假设 S 为一个具有非交换基本群的 Riemann 曲面, 则不存在复解析覆叠映射 $E : \mathbf{C} \to S$.

证明. 假设 $E : \mathbf{C} \to S$ 存在. 设 G 为 S 的基本群, 则 G 是 $\mathbf{C}$ 上的覆叠群. 每一个 G 的元素 g 都是 $\mathbf{C}$ 上复解析同胚, 因此 g 为复线性映射. 作为覆叠群的元素, g 没有不动点, 因此 g 必须是平移映射, 即 G 为平移变换群. 但是两个平移变换可交换, 因此 G 为交换群. 这是矛盾的, 因此 E 不存在. □

16.3 Riemann 映射定理

设 Δ 为开圆盘. Jordan 区域是指形如 $h(\Delta)$ 的集合, 这里 $h : \mathbf{C} \to \mathbf{C}$ 为同胚.

定理 16.4 (Riemann 映射定理). 设 D 为任何一个 Jordan 区域, 则存在一个从 Δ 到 D 的双全纯映射.

Riemann 给出了 Riemann 映射的一个直观解释. 假设 D 为一个均匀导体, 在内点 $x \in D$ 处电势为 1 而在 D 的边界电势为 0. 等势线构成了一个围绕 x 的闭路, 电流从 x 出发沿着垂直于等势线的方向朝边界流动. 等势线与流线构成 D 的一个弯曲的坐标系. Riemann 映射, 比如说把 0 映到 x, 将 Δ 上的极坐标系映到 D 的弯曲坐标系.

我们将给出一个基于定理 15.6 的 Riemann 映射定理的证明. 一个直线多边形区域是嵌入直线多边形围成的区域的内部.

习题 16.4. 证明: 存在可数个直线多边形区域 D_n, 使得 $D_{n+1} \subset D_N$ 对所有 n 成立, 且

$$D = \bigcap_{n=1}^{\infty} D_n.$$

(提示: 考虑图 16.2 的构造, 并增加格子的密度.)

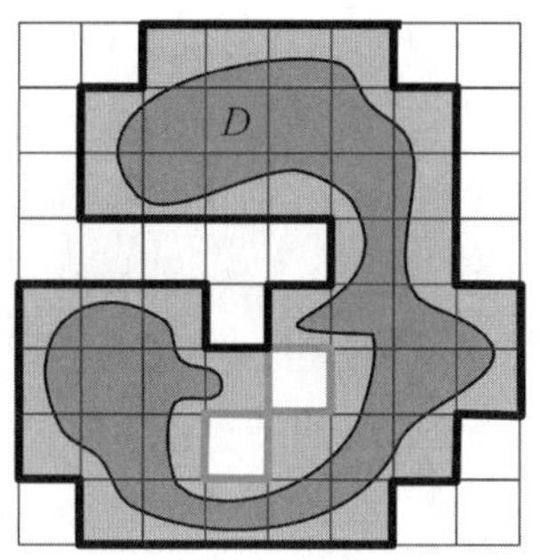

图 16.2: D 的直线区域逼近

通过伸缩, 不妨假设 $\overline{\Delta} \subset D$. 设 $\{D_n\}$ 为习题 16.4 中的直线多边形区域列. 根据构造, Δ 属于每个 D_n. 因为 Δ 与上半平面双全纯等价, 定理 15.6 得出, 存在一个双全纯映射 $F_n : \Delta \to D_n$ 将 F_n 与 Δ 上一个 Möbius 变换复合, 不妨假设 $F_n(0) = 0$. 接下来只需要证明 $\{F_n\}$ 收敛到需要的映射.

习题 16.5. 设 $r < 1$, $\Delta(r)$ 为以原点为心, r 为半径的开圆盘. 证明: 存在常数 R, 依赖于 r 但不依赖于 n, 使得 $|F_n'(z)| < R$ 对所有 $z \in \Delta(r)$ 成立. (提示: 利用式 14.1, 考虑 Δ 中一个圆周 γ, 其内部包含某个 $\Delta(r'), r' \in (r, 1)$.)

考虑序列 $\{F_n(z)\}$, $z \in \Delta$. 因为 D 有界, 通过子序列方法, 不妨假设 $\{F_n(z)\}$ 在 Δ 的一个可数稠密集上收敛. 但是习题 16.5 保证 $\{F_n(z)\}$ 在每

个 $\Delta(r)$ 上一致收敛. 即, 对任何 $\epsilon > 0$, 存在 N, 使得 $|F_m(z) - F_n(z)| < \epsilon$ 对所有 $m, n > N$ 成立.

令 $F = \lim F_n$. F_n 收敛且对于 Δ 上所有闭路满足 Cauchy 积分公式, 因此 F 也对于 Δ 上所有闭路满足 Cauchy 积分公式, 从而 F 为全纯映射. 关键要证明 F 不是常数. 下面的引理做的就是这件事.

引理 16.5. $|F'(0)| \geq 1$.

证明. 令 $G_n = F_n^{-1}$. 因为 $F_n(0) = 0$, 且 $\Delta \subset D$, 从而 $G_n(\Delta) \subset \Delta$, $G_n(0) = 0$. 由引理 14.3, $|G_n'(0)| \leq 1$. □

习题 16.6. 模仿引理 16.5, 证明 $|F'(z)| > 0$ (译注: 原文有误) 对所有 $z \in \Delta$ 成立.

引理 16.6. F 为单射.

证明. 设 $z_1 \neq z_2$. 假设 $F(z_1) = F(z_2)$. 由反函数定理, 定理 15.3, 以及习题 16.6 知, 存在两个不相交开集 U_1, U_2, 使得 $F(U_1) = F(U_2)$. 但这样就有, 当 n 充分大时, $F_n(U_1)$ 与 $F_n(U_2)$ 相交. 这与 F_n 为单射相矛盾. □

因为 $F'(z)$ 不为 0, 定理 15.3 说明 F^{-1} 为全纯映射, 因此 F 为从 Δ 到 $F(\Delta)$ 的双全纯映射.

引理 16.7. $F(\Delta) \subset D$.

证明. 对任意 $\epsilon > 0$, 存在 N 使得当 $n > N$时, $F_n(\Delta)$ 在 D 的一个 ϵ-管状邻域中. 因为 ϵ 为任意的, 所以 $F(\Delta) \subset \overline{D}$. 假设存在 $z \in \Delta$, 使得 $F(z) \in \partial\Delta$, 则 z 在 Δ 中存在一个邻域 U, 使得 $F(U)$ 为 $F(z)$ 的邻域, 从而 $F(U)$ 不完全在 $\overline{D}$ 中, 这是个矛盾. □

剩下只需要证明 $F(\Delta) = D$ 了. 选 $w \in D$. 至少当 n 充分大时, 可以定义 $z_n = F_n^{-1}(w)$. 若序列 $\{z_n\}$ 包含在 Δ 的紧致子集中, 则称 w 为"好点". 否则, 称 w 为"坏点". 若 w 为"好点", 则 $\{z_n\}$ 存在至少一个聚点 $z \in \Delta$. 因为 $F_n(z_n) = w$, 且在 z 的邻域中 $|F_n'|$ 一致有界, 因此 $F(z) = w$. 从而只需要证明 D 中每个点都是"好点".

引理 16.8. 设 w 为 D 中圆盘 W 的一个内点, 满足性质: 对所有 $w' \in W$, $F_n^{-1}(w)$ 与 $F_n^{-1}(w')$ 的双曲距离不依赖于 n 且小于 1.

证明. 对于 $G = F_n^{-1}$ 以及开集 $U \subset D$, 利用第 14 章习题 14.2 使得 $w \in U$ 且 $U \subset F_n(\Delta)$ 对所有 n 成立. □

w 为"好点"当且仅当存在某个 K 使得 $\{z_n\}$ 到 0 的双曲距离不超过 K. 因此, 根据引理 16.8 以及三角不等式, "好点"的集合为开集. 若 $\{z_n\}$ 到 0 的双曲距离不超过 K, 则 $\{z_n'\}$ 到 0 的距离不超过 $K+1$, 这里 $z_n' = F_n^{-1}(w')$. 类似地, 由引理 16.8 及三角不等式, "坏点"的集合也是开集. 最后, 0 为"好点", 因此"好点"集既开又闭且非空, 从而 D 中每点均为"好点", 因此 $F(\Delta) = D$.

16.4 单值化定理

以下是 Poincaré 单值化定理.

定理 16.9 (Poincaré 单值化定理). 假设 A 为单连通 Riemann 曲面, 则以下 3 种情形必有一种为真:

- A 为紧致曲面, 且存在 A 到 Riemann 球面的双全纯映射.
- A 为非紧致曲面, 且存在 A 到 $\mathbf{C}$ 的双全纯映射.
- A 为非紧致曲面, 且存在 A 到单位开圆盘的双全纯映射.

当 A 为 Jordan 区域时, Poincaré 单值化定理就给出 Riemann 映射定理作为特例. 这两个定理之间最大区别在于在单值化定理中不假定 A 为 $\mathbf{C}$ 的子集.

16.5 Picard 小定理

本章剩下的两节里将利用单值化定理导出一些有趣的结论.

引理 16.10. 存在一个从单位开圆盘到 $\mathbf{C} - \{0,1\}$ 的一个复解析覆叠映射.

证明. $\mathbf{C} - \{0,1\}$ 的万有覆叠 X 为一个单连通 Riemann 曲面. 设 $E : X \to \mathbf{C} - \{0,1\}$ 为覆叠映射. 若 X 是紧致的, 则 $E(X)$ 也紧致, 因为连续映射之下紧集的象也是紧集. 但是 $E(X) = \mathbf{C} - \{0,1\}$ 为非紧的, 所有 X 也非紧. 若存在 X 到 $\mathbf{C}$ 的双全纯映射, 则将得到一个复解析覆叠 $\mathbf{C} \to \mathbf{C} - \{0,1\}$. 然而 $\mathbf{C} - \{0,1\}$ 的基本群为非交换群, 这与定理 16.3 相矛盾. 根据单值化定理, 只剩下一种可能, 因此存在一个双全纯映射 h 从 X 到单位开圆盘, 但是这样的话, $E \circ h^{-1}$ 就是所要的开圆盘到 $\mathbf{C} - \{0,1\}$ 的复解析覆叠映射. □

注记: 在我们讨论的具体例子中, 可以直接证明引理 16.10 而不需要利用单值化定理. 比如说 [AHL] 中的证明.

引理 16.10 是下面称为 Picard 小定理的证明关键.

定理 16.11. 设 $f : \mathbf{C} \to \mathbf{C}$ 为非常数复解析映射, 则 f 要么为满射, 要么只取不到 $\mathbf{C}$ 中的某一个值.

证明. 假设 f 取不到 $\mathbf{C}$ 中至少两个值, 我们证明 f 必为常数. 通过伸缩, 不妨假设 f 取不到 $0, 1$ 两个值, 则 $f : \mathbf{C} \to \mathbf{C} - \{0, 1\}$. 因为存在从单位开圆盘到 $\mathbf{C} - \{0, 1\}$ 的全纯覆叠, 从而可以将 f 提升为 $\widetilde{f} : \mathbf{C} \to \Delta$. 类似定理 16.2, 知映射 $\widetilde{f}$ 为有界复解析映射, 从而必为常数, 因此 f 为常数. □

16.6 紧致曲面的单值化

单值化定理是一个关于 Riemann 曲面的定理, 但它也可以用来对一般曲面进行分类. 以下是其在紧致曲面上的应用.

定理 16.12. 设 S 为紧致可定向 Riemann 曲面.

- 若 S 同胚于球面, 则存在 S 与 Riemann 球面之间的双全纯映射.
- 若 S 同胚于环面, 则存在一个 S 与平坦环面的一个双全纯映射.
- 若 S 为 Euler 示性数为负的 Riemann 曲面, 则存在一个 S 与某个双曲曲面之间的双全纯映射.

证明. 球面的情形是单值化定理的结论.

假设 S 具有负的 Euler 示性数. 设 $\widetilde{S}$ 为 S 的万有覆叠. $\widetilde{S}$ 为单连通 Riemann 曲面. 根据单值化定理, 或者存在一个 $\widetilde{S}$ 到 $\mathbf{C}$ 的双全纯映射, 或者存在一个 $\widetilde{S}$ 到单位开圆盘 Δ 的双全纯映射. 若是前者, 则有复解析覆叠 $\mathbf{C} \to S$, 但 S 的基本群非交换, 所以由定理 16.3, 这种情形不可能存在. 因此必有复解析覆叠 $\Delta \to S$. 记 G 为 S 的基本群, 则 G 在 Δ 上为覆叠群. 每一个 G 中的元素 g 都是 Δ 的双全纯映射. 在第 13 章证明了这些映射为双曲等距等价类的商空间. Δ 中两点等价当且仅当存在 G 中元素将其中一点映为另一点. Δ 中的点的小圆盘包含等价类的唯一代表元, 因此这些小圆盘是到 S 的单射, 其逆映射为 S 到 Δ 的一个坐标卡, 使得覆叠函数为双曲等距在小圆盘上的限制. 简言之, S 从 Δ 继承了双曲结构.

假设 S 同胚于环面. 若存在全纯覆叠 $\Delta \to S$, 则上面证明类似的方法可以证明 S 为双曲曲面, 其基本群 $\mathbf{Z}^2$ 在 Δ 上为双曲等距. 这只可能是 $\mathbf{Z}^2$ 中所有元素在单位圆周上有共同的不动点 (见下面习题 16.7). 这样的映射具有以下性质: 对任意 $\epsilon > 0$, 存在 Δ 上某个 x, 在等距变换下移动不超过 ϵ (双曲距离), 这由第 10 章关于双曲等距的讨论得出. 但是这样的话, S 就有不同伦等价于常值的闭路, 其长度小于 ϵ, 这与 S 上所有足够短的闭路均为零伦相矛盾, 从而不存在 Δ 到 S 的全纯覆叠. 根据单值化定理, 唯一的可能是存在 $\mathbf{C}$ 到 S 的全纯覆叠, 但此时覆叠变换为 Euclid 空间平移, 从而 S 从 $\mathbf{C}$ 继承了 Euclid 结构. □

上面定理在更一般的情形下仍成立. 比如, 假设 $C \subset \mathbf{C}$ 为一个 N 点集, $N > 2$, 则存在一个从 $\mathbf{C} - C$ 到双曲曲面的双全纯映射. 当 C 为可数集或者 Cantor 集时, 结论也成立. 很难想象 Cantor 集的余集的万有覆叠是什么, 但是单值化定理告诉我们它其实是双曲平面!

习题 16.7. 假设群 $\mathbf{Z}^2$ 为 $\boldsymbol{H}^2$ 上保持定向的等距覆叠群. 证明这些等距同构在单位圆周上有相同的不动点. (提示: 先证明这些等距同构必须有相同的不动点, 然后再证明不动点不可能在 $\boldsymbol{H}^2$ 的内部.)

第 4 部分

平坦锥形曲面

第 17 章　平坦锥形曲面

本章回顾通过黏合多边形得到曲面的想法. 某种意义上我们回到那个看似幼稚的问题: 在黏合的过程中保持每个多边形的 Euclid 几何性质不变会得到怎样的曲面? 这个做法导出了平坦锥形曲面的概念.

在给出平坦锥形曲面的定义之前, 证明关于该类曲面的一个基本定理, 组合 Gauss-Bonnet 定理. 它是微分几何中 Gauss-Bonnet 定理的推广, 参见定理 12.4.

在证明了组合 Gauss-Bonnet 定理之后, 给出一个平坦锥形曲面在多边形台球游戏中的应用. 这将是本章以及下一章的主要话题. 关于台球问题的详细介绍可以在 [MAT] 中找到.

17.1　扇形与 Euclid 锥面

$\mathbf{R}^2$ 中的扇形是指 $\mathbf{R}^2 - \rho_1 - \rho_2$ 两个分支之一的闭包, 其中 ρ_1, ρ_2 为从原点出发的两条射线. 比如说, 第一象限就是一个扇形. 扇形的角定义为 ρ_1, ρ_2 的内角. 比如说, 第一象限作为扇形的角度为 $\pi/2$.

$\mathbf{R}^2$ 中的两个扇形可以沿着它们的边等距黏合. 一个 Euclid 锥面是由有限个扇形依次黏合而成的曲面. Euclid 锥面的角度是组成它的所有扇形角度之和. 锥点是原点所在的等价类, 它是锥面上唯一一个不存在局部等距于 $\mathbf{R}^2$ 的邻域的点.

两个等距同构的 Euclid 锥面可以有不同的描述. 比如 $\mathbf{R}^2$ 可以看成 4 个象限或者 8 个角度为 $\pi/4$ 的扇形黏合而成.

习题 17.1. 证明两个 Euclid 锥面等距当且仅当它们有相同角度.

习题 17.2. Euclid 锥面的单位圆是所有离锥点距离为 1 的点的集合. 在角度为 4π 的锥面上找出单位圆上每对点的最短距离. 根据这两点的具体位置, 这个问题可以分成许多情形来考虑.

习题 17.3. 设 C 为 Euclid 锥面, x 为其锥点. 如果一个将 $C-\{x\}$ 的任何开集映到 $\mathbf{R}^2$ 的等距映射将 $C-\{x\}$ 上的向量场映到一个固定向量, 那么该向量场称为是平行的. 证明 $C-\{x\}$ 在 x 的邻域中存在一个平行向量场当且仅当 C 的角度为 2π 的整数倍. (提示: 将 C 在平面上展开, 观察向量场环绕锥点 x 一周的变化.)

17.2 Euclid 锥曲面

第 3.2 节给出了定向曲面的定义, 不包含任何 Möbius 带. 为方便起见, 只考虑定向曲面.

一个紧致定向曲面 Σ 称为 Euclid 锥曲面, 如果它满足以下性质:

- Σ 上每一点 p 都存在一个邻域等距同构于角度为 $\theta(p)$ 的 Euclid 锥面的邻域;
- 除了有限个点外, $\theta(p)=2\pi$.

那些 $\theta(p)\neq 2\pi$ 的点称为锥点. $\delta(p)=2\pi-\theta(p)$ 称为角度亏值. 因此只有有限个点角度亏值非零, 而这些亏值可正可负.

看下面的例子.

- 设 P 为 $\mathbf{R}^3$ 中一个多面体. 则 ∂P 为 Euclid 锥曲面. ∂P 上的度量为内蕴度量, 两点之间的距离是 ∂P 中连接这两点的曲线长度的最小值.
- 设 $P_1,\cdots,P_n$ 为 n 个多边形. 假设将这些多边形的边等距黏合在一起构成一个曲面, 则该曲面在内蕴度量下为 Euclid 锥曲面.

令人吃惊的是如果第二个例子中的曲面同胚于球面, 则它也属于第一个例子. 该结论称为 Alexandrov 定理. (为了使结论在严格意义上成立, 允许 P 落在 $\mathbf{R}^3$ 中的一个平面上.) 一个有趣的未解决的问题是: 如何利用锥曲面的内蕴几何来确定凸多面体的组合结构?

17.3 Gauss-Bonnet 定理

下面是组合形式的 Gauss-Bonnet 定理.

定理 17.1. 设 S 为紧致锥曲面, 则

$$\sum_p \delta(p)=2\pi\chi(S).$$

这里和式是对所有角度亏值求和.

证明. Euclid 锥曲面 S 上一个 Euclid 三角形是一个等距同构于 Euclid 三角形的区域. 比如, 四面体的边界上存在 4 个极大 Euclid 三角形. 如果一个锥曲面的两个三角形或者不相交或者共有一个点或者一条边, 那么它们称为正规相交. S 的三角形剖分是指将 S 分解为有限个三角形, 每两个都正规相交.

习题 17.4. 证明每个 Euclid 锥曲面都存在一个三角剖分.

给定一个 S 的三角剖分使得所有三角形都是 Euclid 三角形. 设 $T_1,\cdots,T_F$ 为这些三角形, 每个 T_i 有 3 个角 a_i,b_i,c_i, $a_i+b_i+c_i=\pi$. 因为选取的是 Euclid 三角形剖分, 所以锥点在这些三角形的顶点处. 因此,

$$\sum_p \delta(p) = 2\pi V - \left(\sum_{i=1}^F a_i + \sum_{i=1}^F b_i + \sum_{i=1}^F c_i\right).$$

换言之, 将所有角度相加再求出它与 $2\pi V$ 的差. 因为 $a_i+b_i+c_i=\pi$, 所以

$$\sum_p \delta(p) = 2\pi V - \pi F = 2\pi(V - F/2) =^* 2\pi(V+F-E) = 2\pi\chi(S).$$

带 * 号的等式原因如下: 每个三角形有 3 条边, 每条边为两个三角形共有, 因此 $E=3F/2=F+F/2$, 从而 $-F/2=F-E$. □

作为对比, 微分形式的 Gauss-Bonnet 定理说 S 的全曲率为 $2\pi\chi(S)$. 这里 χ 为 S 的 Euler 示性数, 见第 3.2 节. 可以将组合形式的 Gauss-Bonnet 定理看作微分形式的极限, 其中所有的曲率都集中在有限个点处. 同时, 也可以将微分形式的 Gauss-Bonnet 定理看作组合形式的极限, 其中曲率非零的点越来越多, 最后这些点连续地分布在整个 S 上.

17.4 平移曲面

平移曲面是除了锥点外处处带有平行向量场的 Euclid 锥曲面. 根据本章习题 17.3, 平移曲面的锥角度数为 2π 的整数倍.

乍一看似乎所有锥角为 2π 整数倍的 Euclid 锥曲面都应该存在平行向量场, 但这一结论不成立. Rick Kenyon (译注: 耶鲁大学数学教授) 告诉我 M. Troyanov (译注: 洛桑联邦理工学院兼职数学教授) 构造了反例. 参见他的文章 *Les surfaces euclidienne a singularities coniques*, 1986 年发表在 *Enseign. Math* 第 2 卷第 76 – 94 页.

曲面的黏合方案是有限个多边形以及将这些多边形的边逐对黏合的方案.

引理 17.2. 假设 S 为平坦锥面, 其黏合方案中被黏合的两边平行, 则 S 为平移曲面.

证明. 一旦证明 S 可定向, 就知道 S 为锥曲面. 在每个多边形上考虑一对标准向量场 V_1, V_2, 这里 V_j 是由平行于多边形某边 e_j 的向量组成. 除了有限个点外, 向量场 V_1, V_2 黏合之后仍为平行向量场.

首先证明 S 可定向. 若 S 不可定向, 则它包含一个 Möbius 带 M. 通过收缩, 不妨假设 M 落在 V_1, V_2 均有定义的区域中. 这样就找到了 Möbius 带上一组连续变化的线性无关向量场, 这显然不可能, 因此 S 可定向.

由定义知 S 为平移曲面. □

由引理 17.2, 一个通过黏合正 $2n$-边形对边得到的曲面为平移曲面.

平移原理. 黏合多个多边形得到平移曲面时, 总假定这些多边形在平面上互不相交, 它们在平面上摆放的具体位置不重要. 含义如下: 假设 $P_1, \cdots, P_n$ 为黏合用到的多边形, 假定 $Q_1, \cdots, Q_n$ 为另外一组多边形, 使得对每个 k, Q_k 都是 P_k 的平移. Q 的黏合方案与 P 的一样, 则用 P 与用 Q 黏合成的两个曲面典范等距同构. 该典范同构映射可以通过黏合从 P_k 到 Q_k 的平移映射得到. 这里之所以特别提出这一个看似显然的原理, 就是为了让大家明白: 虽然构造曲面时多边形的选择看似刻意, 但这其实无关紧要, 因为得到的曲面不依赖于这些多边形的特别选取.

17.5　台球游戏与平移曲面

设 P 为 Euclid 多边形. P 中一条台球路径是一个无摩擦的无限小的球在 P 中的运动轨迹. 当它碰到多边形的边时, 遵从非弹性碰撞定律 (即, 入射角等于反射角) 反弹回去, 见图 17.1. 我们约定: 如果一条路径到达顶点, 它就会停止 (无限小的球掉进了无限小的球袋中).

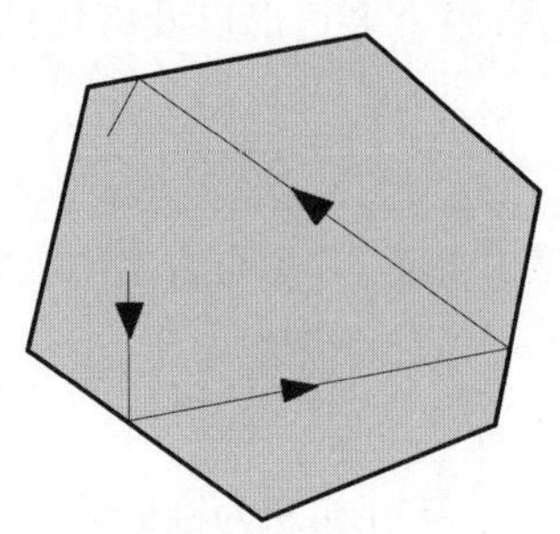

图 17.1: 多边形台球游戏

如果一条台球路径不断重复相同路径, 那么它称为周期路径. 从几何上讲, 一条周期台球路径对应于多边形路径 Q, 满足以下性质:

- $Q \subset P$ (P 指平面多边形区域).
- Q 的顶点为 P 的非顶点边界点.
- Q 遵守入射角法则.

习题 17.5. 找出并证明正方形中所有的不自相交 (因此为嵌入) 的周期台球路径.

如果多边形的所有夹角的度数均为 π 的有理倍数, 那么该多边形称为有理的. 比如说, 等边三角形是有理三角形.

本节建立平移曲面与有理多边形的联系. 这一经典构造归功于 A. Katok 与 A. N. Zemylakov. 平移曲面的几何性质揭示了许多台球路径的性质.

P 的每条边 e 都有沿着通过原点且平行于 e 的反射 R_e. 与所有反射一样, R_e 的阶为 2. 即, $R_e \circ R_e$ 为恒等映射. 设 G 为由元素 $R_1, \cdots, R_n$ 生成的群, 这里 R_j 指的是 R_{e_j}, $e_1, \cdots, e_n$ 代表 P 的所有边. 若 e_i, e_j 平行, 则 $R_i = R_j$. 若 P 为有理多边形, 则对 P 进行旋转, 存在一个 N, 使得 e_j 与某个 N 次单位根平行. 因此, G 为阶数不超过 $2N$ 的群. 特别地, G 为有限群.

对 G 的每个元素 g, 定义多边形

$$P_g = g(P) + \boldsymbol{V}_g. \tag{17.1}$$

这里 $\boldsymbol{V}_g$ 为一个向量使得所有多边形 $P_g (g \in G)$ 彼此不相交. 根据平移原理, 构造的曲面不依赖于平移向量 $\boldsymbol{V}_g$ 的选取.

我们来描述黏合方案. 两条形如

$$e_1 = g(e) = \boldsymbol{V}_g, \quad e_2 = gr(e) + \boldsymbol{V}_{gr}, \quad r = R_e$$

的边通过平移相黏合, 这里 e 为 P 的边. 因为 $gr(e) = g(e)$, 所以 e_1 与 e_2 平行, 因此它们可以用平移来黏合. 再注意到 $gr(r) = g$, 这说明黏合指令告诉我们黏合 e_1 到 e_2 当且仅当黏合 e_2 到 e_1. 令 $\widehat{P}$ 为黏合之后的开集. 因为边是逐对黏合的, 因此 $\widehat{P}$ 为曲面. 根据引理 17.2, $\widehat{P}$ 为平移曲面.

下面是当 P 为底角为 $\pi/8$ 的等腰三角形的例子. 此时 G 的阶数为 16, $\widehat{P}$ 由 16 个全等于 P 的三角形黏合而成, 图 17.2 显示了黏合方案. 这里等腰三角形的腰已经通过平移黏合在了一起. 此外, 我们将这些三角形交替染成深色和浅色, 这样可以更清楚地将黏合方案展示出来. 在外边界上的数字指出哪两对边进行黏合.

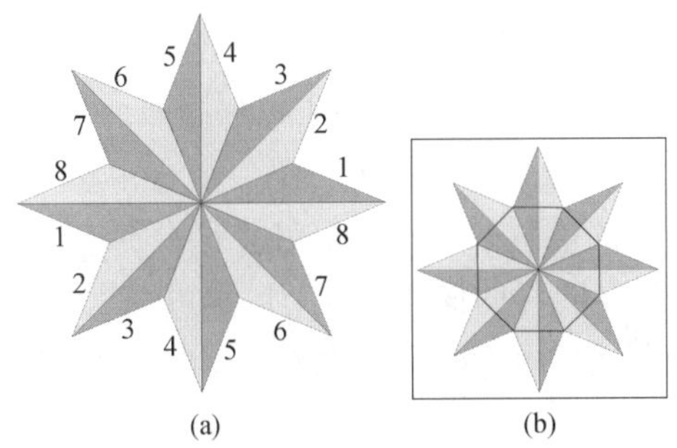

图 17.2: 平移曲面的黏合方案

图 17.2 的黏合方案还有另一种表述. 将两个正八边形按对应边黏合, 图 17.2(b) 显示的是其中一个八边形, 另一个被剪开成为边上的 8 个三角形, 然后将这 8 个三角形的边按图 17.2(a) 的方式进行黏合.

设 $\widehat{P}$ 为按上述方案得到的平移曲面. 如果 $\widehat{P}$ 上一条路径 γ 上每一点 p 都存在一个邻域 U, 使得任何从 U 到 $\mathbf{R}^2$ 的子集的一个等距同构把 $\gamma \cap U$ 映成直线段, 那么该路径称为直的. (具体地说, 可以把 U 取为以 p 为心、半径很小的 Euclid 圆盘.) 存在一个显然的映射 $\pi : \widehat{P} \to P$. 忽略群作用, 只着眼于黏合方法, 因此 π 是从 $\widehat{P}$ 到 P 的一个连续映射. 映射 π 有点像覆叠映射, 只不过 π 在 $\widehat{P}$ 的顶点和棱上不是局部同胚.

引理 17.3. 设 $\widehat{\gamma}$ 为 $\widehat{P}$ 上的直道路且不经过顶点, 则 $\gamma = \pi(\widehat{\gamma})$ 为 P 上一个台球道路.

证明. 根据构造, γ 为多边形路径, 其顶点为 P 的棱的内点. 需要验证 γ 在顶点满足入射角法则. 建立一个物理模型来说明为什么满足入射角法则. 拿出一张纸, 对折之后再展开, 从而就留下一条折痕. 画一条直线穿过折痕, 这条直线对应于 $\widehat{\gamma}$ 穿过棱的一小段. 当将纸折叠时, 会看到直线在折痕处返回, 如同台球在球桌上反弹回去一样. 这条折线就对应 γ. □

上面引理的逆命题也成立.

引理 17.4. 假设 γ 为 P 上的台球道路, 则存在 $\widehat{P}$ 上一条直道路 $\widehat{\gamma}$, 使得 $\pi(\widehat{\gamma}) = \gamma$.

证明. 利用 π 几乎是一个覆叠映射的事实, 把 γ 看成一条参数化道路 $\gamma : \mathbf{R} \to P$, $\gamma(0)$ 在 P 的内部. 定义 $\widehat{\gamma}(0)$ 为 P_g 相应的内点, 这里 $g \in G$. 定义 $\widehat{\gamma}$ 直到找到 $t_1 > 0$, 使得 $\gamma(t_1)$ 落在 P 的棱上, 比如 e_1 这条棱. 但这样就可以在 t_1 的邻域内定义 $\widehat{\gamma}$, 使得当 $s > 0$ 充分小时, $\widehat{\gamma}(t_1 - s) \in P_g$, $\widehat{\gamma}(t_1 + s) \in P_{rg}$, 这里 r 为关于 e_1 的反射. 利用上一个引理证明中提到的折纸方法, $\widehat{\gamma}(t_1 - \epsilon, t_1 + \epsilon)$ 在 π 之下映到 $\gamma(t_1 - \epsilon, t_1 + \epsilon)$, 其中 $\epsilon > 0$ 为一个很小的值, 依赖于 $\gamma(t_1)$ 的位置. 对 $t > t_1$ 定义 $\widehat{\gamma}$ 直到t_2, 使得 $\gamma(t_2)$ 落在 P 的棱上. 然后在点 t_2 重复同样的操作. 这个过程可以永远继续下去, 从而就对所有 $t \geq 0$ 定义了 $\widehat{\gamma}$. 然后再朝相反方向对 $t < 0$ 定义 $\widehat{\gamma}$. □

注意 $\widehat{\gamma}$ 为 $\widehat{P}$ 中一个闭道路当且仅当 γ 为周期台球道路. 因此, $\widehat{P}$ 中闭直线道路通过映射 π 对应于 P 的周期台球道路.

习题 17.6. 假设 P 为正七边形. $\widehat{P}$ 的 Euler 示性数是多少? 一个更难的问题: 能否把 $\widehat{P}$ 的 Euler 示性数表示为 P 的内角的函数?

习题 17.7. 当 P 的某些内角不是 π 的有理函数时, 可以用同样的方法构造 $\widehat{P}$. 当 P 为直角三角形, 其锐角为 π 的无理数倍时, $\widehat{P}$ 是什么曲面?

17.6 平移曲面上的特殊映射

我们希望了解如何在 P 上沿着直线运动. 回忆 $\widehat{P}$ 为有限个 P 合理黏合而成的平移曲面. 我们来证明一个关于 $\widehat{P}$ 上某个映射轨迹的动力学结论. 要证明的结论在很广泛的条件下仍然成立, 但是为了不引进新的知识, 只介绍 $\widehat{P}$ 上一个特殊映射.

在 $\widehat{P}$ 上固定一个方向. 给定 $\widehat{P}$ 上一点 x, 令 $f(x)$ 为由 x 在给定方向移动 1 个单位到达的点. 除了在从 x 出发经过锥点的那些 x, $f(x)$ 都有定义. 这说明除了有限条线段外, f 都有定义. 当 f 在点 x 有定义时, x 的充分小圆盘也随着 x 向相同方向移动, 但是当这圆盘变大到包含 f 没有定义的点时, f 在每个区域内都是等距同构, f 将该圆盘分割成许多部分, 并将每一部分映射到 $\widehat{P}$ 的某个区域.

给定集合 $S \subset \widehat{P}$. 定义

$$S \text{ 的面积} = \sum_{i=1}^{n} (S \cap P_i) \text{ 的面积}, \tag{17.2}$$

这里 $P_1, \cdots, P_n$ 为构造 $\widehat{P}$ 所用到的多边形. 这个定义假设读者知道 Euclid 平面上如何计算区域的面积. 在动力系统中, 许多集合非常复杂, 读者需要测度论知识来给出面积的严格定义. 在我们的讨论中, 只需要计算一个圆盘被有限条直线段分割之后每一部分的面积.

习题 17.8. 设 Δ 为一圆盘. 设 $\Delta_n \subset \Delta$ 为所有 Δ 中点 p 的集合, 满足对所有 $k = 1, \cdots, n$, f^k 在点 p 有定义, $\Delta - \Delta_n$ 包含有限条线段的并集. 记 $f^n(\Delta) = f^n(\Delta_n)$. 证明: $f^n(\Delta)$ 与 Δ 有相同面积. (提示: $f^n(\Delta)$ 是把 Δ_n 通过平移等距同构映射到 $\widehat{P}$ 的各个部分, 这些部分彼此不相交, 因为 f^{-1} 存在且与 f 有同样性质.)

定理 17.5. 设 $p \in \widehat{P}$ 使得 $f^k (k = 1, 2, \cdots)$ 在点 p 均有定义. 设 $\epsilon > 0$ 为充分小正数, 则存在 $q \in \widehat{P}$ 以及某个 n 使得 $d(p, q) < \epsilon$ 且 $d(p, f^n(q)) < \epsilon$.

证明. 设 Δ 为以 p 为心、ϵ 为半径的圆盘. 设 $D_0 = \Delta$. 令 $D_n = f^n(\Delta)$. 根据习题 17.8, $D_0, D_1, D_2, \cdots$ 面积相等. 因为 $\widehat{P}$ 面积有限, 所以 $D_0, D_1, D_2, \cdots$ 不可能彼此不相交. 因此存在两个 D_a, D_b 有共同交点 x_a. 假设 $a < b$, 但是 D_{a-1} 与 D_{b-1} 有交点 $x_{a-1} = f^{-1}(x_a)$. 依此类推, D_0 与 D_{b-a} 在 x_0 相交. 根据构造, x_0 离 p 的距离小于 ϵ 且 $x_0 \in D_{b-a}$ 意味着存在 $x \in \Delta$ 使得 $x_0 = f^{b-a}(x)$, 因此根据构造 $d(p, x) < \epsilon$ 且 $d(p, f^{b-a}(x)) = d(p, x_0) < \epsilon$. □

定理 17.5 的结论在 f 为 $\widehat{P}$ 上保持面积的映射 (在 $\widehat{P}$ 上除了一个面积为 0 的集合, 严格来说是零测集) 时仍成立. 证明本质上不变, 只不过对面积概念的使用要更加小心.

对于保持面积的映射, 有一个条件更弱、结论更强的定理称为 Poincaré 回归定理. 定理 17.5 不过是它的简单特例.

17.7 周期台球轨线的存在性

Howie Masur (译注: 伊利诺伊大学芝加哥分校数学统计计算机系荣休教授) 的一个定理断言: 每个有理多边形都存在周期台球道路. 事实上, 他给出了长度不超过 L 的周期台球道路条数的上下界. 他证明这些道路不少于 $L^2/C - C$, 不多于 $CL^2 + C$, 这里 C 为依赖于该多边形的一个常数. 在某些情形下, 可以得到更精确的结果. 比如说:

习题 17.9. 证明存在常数 C 使得 $\lim\limits_{L\to\infty} N(L)/L^2 = C$, 其中 $N(L)$ 为单位正方形中长度不超过 L 的周期台球道路的条数. 确定 C 的值.

本节将给出每一个多边形至少有一条周期台球道路的初等证明. 该证明属于 Boshernitzan (译注: Michael Boshernitzan 生前为莱斯大学数学教授). 该方法证明了存在许多周期台球道路, 但无法给出上面提到的上下界.

如果P 中一条台球道路与 e 的夹角为直角, 那么称它在 P 的边 e 上完全反弹. 如果一条台球道路存在完全反弹, 那它将沿着原路返回. 如果一条台球道路有两个完全反弹, 那么它必定是周期的. 它将无休止地重复两次反弹之间的道路. 我们将证明有理多边形 P 上存在一条台球道路在同一条边上有两次完全反弹.

在 P 上选一边 e, e 上选一点 p. 设 γ 为从 e 出发且在点 p 完全反弹的台球道路. 把 γ 看作参数化映射 $\mathbf{R} \to P$. 如果需要, 可以调节点 p 的位置, 使得 γ 在整个 $\mathbf{R}$ 上有定义.

注意 $\widehat{P}$ 由有限个与 P 等距同构的多边形黏合而成, 这些多边形称为 P 的拷贝. 即, $\widehat{P}$ 为有限个不相交的 P 的拷贝的并集. 设 $\widehat{\gamma}$ 为 γ 在 $\widehat{P}$ 上的提升. 注意 $\widehat{\gamma}(0)$ 包含在某个棱 $\widehat{e}$ 上, $\widehat{e}$ 投影成为 e. 因为 $\widehat{P}$ 中有且仅有 p 的两个拷贝包含 $\widehat{e}$, 所以根据紧性, 存在 $\epsilon > 0$ 使得 $\widehat{\gamma}(0)$ 离 $\widehat{P}$ 的其他 P 的拷贝的距离至少为 10ϵ.

设 $f: \widehat{P} \to \widehat{P}$ 为上节定义的映射, 对应于平行于 $\widehat{\gamma}$ 的方向. 因为

$$\widehat{\gamma}(t+1) = f(\widehat{\gamma}(t)).$$

即, 点 $\widehat{\gamma}(0), \widehat{\gamma}(1), \widehat{\gamma}(2), \cdots$ 为 $\widehat{\gamma}(0)$ 在 f 作用下的轨道. 根据定理 17.5, 可以找到充分大的 n 使得 $\widehat{\gamma}(n)$ 被 $\widehat{\gamma}(0)$ 的两个 P 的拷贝之一所包含. (这个性质称为近邻性质.)

两条线段 $\widehat{\gamma}([0,\epsilon]), \widehat{\gamma}([n, n+\epsilon])$ 在 $\widehat{P}$ 中平行. 由于近邻性质以及 $\widehat{P}$ 的构造, 这两条线段在 P 中也平行, 从而两条线段均垂直于 e, 而且两线段离 e 的距离比离 e 的端点的距离要小很多.

由此推断, γ 在边 e 上不仅在初始时间 $t=0$ 有完全反弹, 在大约时间 n 左右还有另一个完全反弹, 因此 γ 在 e 边有两次完全反弹, 从而 γ 为周期台球道路.

第 18 章 平移曲面与 Veech 群

上一章我们讲了如何从有理多边形出发构造平移曲面. 平移曲面 (译注: 原文有误) 上的直线决定了台球道路的性质. 本章研究平移曲面的仿射自同构群, 该群称为 Veech 群.

Veech 群可以看作双曲平面的对称群, 因此从多边形台球出发, 我们又回到了双曲几何. 在本章结尾将给出一个非平凡的 Veech 群的例子. 这个例子作者是从 Pat Hooper (译注: 纽约市立大学教授) 那里学到的, 这里基本遵循他的方法.

本章大多数内容可以在各种有关有理台球游戏的综述中找到, 比如 [MAT].

18.1 仿射自同构

回忆 $\mathbf{R}^2$ 中仿射映射是形如 $x \to \boldsymbol{A}x + \boldsymbol{B}$ 的映射, 其中 $\boldsymbol{A}$ 为 2×2 的可逆保持定向的矩阵, $\boldsymbol{B}$ 为一个矩阵. 如果 $\boldsymbol{B} = \mathbf{0}$, 则映射为线性. $\mathbf{R}^2$ 上仿射变换在映射合成运算下构成群.

假设 Σ 为一平移曲面. Σ 的仿射自同构是一个同胚 $\phi : \Sigma \to \Sigma$, 满足以下条件:

- ϕ 为 Σ 上非平凡锥点的一个置换.
- Σ 上每一个平常点 (非锥点) 都有一个邻域使得 ϕ 在其上为仿射变换.

第二个条件需要进一步解释. 设 $p \in \Sigma$ 为一个平常点. 即存在一个以 p 为中心的小的圆盘 Δ_p 以及一个从 Δ_p 到 $\mathbf{R}^2$ 中小圆盘的一个等距同构 I_p. 同样地, 对点 $q = \phi(p)$ 也有同样的圆盘 Δ_q. 映射 $I_q \circ \phi \circ I_p^{-1}$ 定义在开集 $U = I_p(\Delta_p) \subset \mathbf{R}^2$, 将其映到另一个开集 $I_q(\Delta_q) \subset \mathbf{R}^2$. 第二个条件是指该映射限制在 U 上为仿射变换.

Σ 的仿射自同构全体记为 $\boldsymbol{A}(\Sigma)$. 易知 Σ 中两个仿射自同构的复合也是仿射自同构. 同样地, Σ 中仿射自同构的逆也是 Σ 的仿射自同构. 简言之, $\boldsymbol{A}(\Sigma)$ 是一个群.

习题 18.1. 本习题很重要. 设 Σ 为正方形环面. 可以将 Σ 看作 $\mathbf{R}^2/\mathbf{Z}^2$. 即, $\mathbf{R}^2$ 中两点等价, 如果它们差一个整向量. Σ 为等价类空间. 设 $[p] \in \Sigma$ 为 $p \in \mathbf{R}^2$ 的等价类. 设 A 为 2×2 的行列式为 1 的整数矩阵, 设 B 为任何向量. 定义映射 $\phi : [x] \to [\boldsymbol{A}x + \boldsymbol{B}]$. 证明 ϕ 为 Σ 的一个仿射自同构. 因此正方形环面有一个很大的仿射自同构群.

习题 18.2. 构造一个平移曲面使其仿射自同构群为平凡群.

习题 18.3. (此题较难) 正方形环面的仿射自同构群有不可数个元素, 因为它包含所有平移. 然而, 证明带有至少一个锥点的平移曲面的仿射自同构群是可数的. (提示: 只需要考虑保持锥点的子群 G. 证明 G 为离散的. 意思是, G 中离单位元足够近的任何元素必须是单位元. 将所有锥点用线段连接, 研究距离单位元很近的一个仿射自同构在这些线段上的作用.)

18.2　微分表示

设 $\mathrm{SL}_2(\mathbf{R})$ 为行列式为 1 的 2×2 实矩阵群. 给定一个群 $\boldsymbol{A}$, $\boldsymbol{A}$ 到 $\mathrm{SL}_2(\mathbf{R})$ 的一个表示是指同态 $\rho : \boldsymbol{A} \to \mathrm{SL}_2(\mathbf{R})$. 以下解释为何叫表示. $\boldsymbol{A}$ 中元素可能很抽象, 而表示是将 $\boldsymbol{A}$ 中的元素用矩阵这样具体的元素来代表. 群表示不必是单的或者满的. 当然, 如果一个群表示是单射或者满射的话, 性质会更好.

这里介绍一个典型表示 $\rho : \boldsymbol{A}(\Sigma) \to \mathrm{SL}_2(\mathbf{R})$. 这里要用到 Σ 的基本性质: 任何两个切向量 $\boldsymbol{T}_p(\Sigma)$ 与 $\boldsymbol{T}_q(\Sigma)$ 都有典型映射. 定义如下: 根据平移曲面的定义, 在 $\Sigma - C$ 上存在平行向量场, 这里 C 为锥点集合. 给定 $p, q \in \Sigma - C$, 可以找到从 p 的邻域到 q 的邻域的等距同构 I, 使得 $I(p) = q$. 若进一步要求 I 保持定向和平行向量场, 则 I 唯一且 I 不依赖于平行向量场的选取. 微分映射 $\mathrm{d}I$ 将 $\boldsymbol{T}_p(\Sigma)$ 等距映射到 $\boldsymbol{T}_q(\Sigma)$. 令 $\phi_{pq} = \mathrm{d}I$. 因此,

$$\phi_{pq} : \boldsymbol{T}_p(\Sigma) \to \boldsymbol{T}_q(\Sigma) \tag{18.1}$$

为典型等距映射. 根据定义立刻得到:

$$\phi_{pr} = \phi_{qr} \circ \phi_{pq}, \quad \phi_{qp} = \phi_{pq}^{-1}. \tag{18.2}$$

给定 $\boldsymbol{A}(\Sigma)$ 中元素 f. 选取任意一个平常点 $p\in\Sigma$. 设 $q=f(p)$, $\mathrm{d}f_p$ 为 f 在点 p 的微分. 这意味着 $\mathrm{d}f_p$ 为从 $\boldsymbol{T}_p(\Sigma)$ 到 $\boldsymbol{T}_q(\Sigma)$ 的线性映射. 注意到

$$M(f,p)=\phi_{qp}\circ \mathrm{d}f_p$$

为 $\boldsymbol{T}_p(\Sigma)$ 到自身的线性自同构, 利用从 p 的邻域到 $\mathbf{R}^2$ 中原点邻域的等距同构 I_p, 可以将 $\boldsymbol{T}_p(\Sigma)$ 看作 $\mathbf{R}^2$ 中原点的切平面. 设 $\rho(f)$ 为 $\mathbf{R}^2$ 中对应于 $M(f,p)$ 的线性变换.

我们断言: $\rho(f)$ 不依赖于 p 的选取. 事实上, $\rho(f)$ 可以用另一种方式来描述. 在坐标卡 I_p 与 I_q 之下, $\rho(f)$ 是

$$\mathrm{d}I_q\circ \mathrm{d}f_p\circ \mathrm{d}I_p^{-1}$$

的线性部分. 仿射变换的线性部分不依赖于点 p 的选取, 因此无论选局部坐标卡中哪个点, $\rho(f)$ 的定义都相同, 但是平移曲面是连通的, 所以 $\rho(f)$ 不依赖于点 p 的选取.

$\rho(f)$ 的行列式给出 f 将一点处邻域的面积伸缩的倍数. 因为整个平移曲面的面积有限, $\rho(f)$ 为自同构, 从而 $\rho(f)$ 的行列式必为 1, 从而 $\rho(f)$ 可以看作 $\mathrm{SL}_2(\mathbf{R})$ 中元素. 映射 $f\to\rho(f)$ 为同态 (因为链式法则): 复合映射的微分是每个成员微分的复合. 线性映射的复合与 $\mathrm{SL}_2(\mathbf{R})$ 的乘法是一回事.

我们构造了表示 $\rho:\boldsymbol{A}(\Sigma)\to\mathrm{SL}_2(\mathbf{R})$. 令 $V(\Sigma)=\rho(\boldsymbol{A}(\Sigma))$. 矩阵群 $V(\Sigma)$ 有时称为 Veech 群. 本章稍后要计算第 17.5 节末尾提到的双八边形曲面的 Veech 群. 但是在这之前, 需要再介绍一些理论结果.

18.3 双曲变换群作用

回忆 $\boldsymbol{H}^2$ 为双曲平面. 使用上半平面模型. $\mathrm{SL}_2(\mathbf{R})$ 中每个元素在 $\boldsymbol{H}^2$ 上都是等距变换 (分式线性变换, 见第 10.3 节). 特别地, Veech 群 V 在 $\boldsymbol{H}^2$ 上有作用. $\boldsymbol{H}^2$ 中一点 x 的轨道定义为集合

$$\{g(x)|g\in V\}.$$

定义 $\boldsymbol{H}^2$ 上等价类: 两点属于同一等价类当且仅当它们有相同的轨道.

V 在 $\boldsymbol{H}^2$ 上的作用称为真不连续作用, 如果对于任何一个双曲度量下的球 $B\subset\boldsymbol{H}^2$, 集合

$$\{g\in V|g(B)\cap B\neq\varnothing\}$$

为有限集. 换句话说, V 中除了有限个元素外, 其余元素在 $\boldsymbol{H}^2$ 上的作用幅度很大, 它们将球 B 移动到与自己不相交的地方.

习题 18.4. 设 $\mathrm{SL}_2(\mathbf{Z})$ 为行列式为 1 的 2×2 的整系数矩阵. 证明 $\mathrm{SL}_2(\mathbf{Z})$ 在 $\boldsymbol{H}^2$ 上的作用为真不连续作用.

在证明本节主要定理之前, 再给出一个定义. 给定两个群 $G_1, G_2 \subset \mathrm{SL}_2(\mathbf{R})$. 如果存在 $g \in SL_2(\mathbf{R})$ 使得 $G_2 = gG_1g^{-1}$, 那么称 G_1, G_2 共轭.

习题 18.5. 假设 G_1, G_2 共轭. 证明 G_1 在 $\boldsymbol{H}^2$ 上为真不连续作用当且仅当 G_2 为真不连续作用.

定理 18.1. 设 V 为一个曲面的 Veech 群, 则 V 在 $\boldsymbol{H}^2$ 上的作用真不连续.

定理 18.1 的证明放在下一节.

不管 V 的作用是否是真不连续, 都有商空间 $\boldsymbol{H}^2/V$. 定义如下: $\boldsymbol{H}^2$ 中任意两点 x, y 称为等价, 若存在 $g \in V$ 使得 $g(x) = y$. 则 $\boldsymbol{H}^2/V$ 定义为等价类的全体. 当 V 的作用是真不连续时, 商空间有很好的性质.

定理 18.2. 设 V 在 $\boldsymbol{H}^2$ 上的作用为真不连续, 则可以去掉 $\boldsymbol{H}^2$ 中一个可数离散点集 T, 使得商空间 $(\boldsymbol{H}^2 - T)/V$ 为双曲曲面.

证明. 首先注意到 V 中所有元素均保持定向, 所以 V 不包含反射. (若 V 中元素改变定向, 则定理的叙述会稍有不同.) 另外, $\boldsymbol{H}^2$ 上保持定向的等距同构至多有一个不动点.

设 T 为 $\boldsymbol{H}^2$ 中满足存在某个 $g \in V$ 使得 $g(x) = x$ 的所有 x 的集合, 则 T 必为离散集. 即, 存在 $\epsilon > 0$ 使得任何半径为 ϵ 的球至多包含 T 中一个点. 否则可以找到一个球 B, 其中包含 T 中无穷多个点, 这与 V 真不连续相矛盾. 注意 T 在 V 作用下不变. 即, 若 $x \in T$ 在 g 下不动, 则 $y = h(x)$ 在 hgh^{-1} 下也不动. 因此商空间 $(\boldsymbol{H}^2 - T)/V$ 有定义. $\boldsymbol{H}^2 - T$ 中每一点 x 都存在邻域 Δ_x 使得 $g(\Delta_x) \cap \Delta_x = \varnothing$ 对所有非平凡 g 均成立. 事实上, 令 d_g 为 $g(x)$ 与 x 的双曲距离. 因为 $x \notin T$, 所以 d_g 为正数. 由 V 作用真不连续得出, 不存在序列 $\{g_i\}$ 使得 $\{d_{g_i}\}$ 趋于 0. 因此, d_g 必有正的下极限, 这正是要证的.

现在知道 $\boldsymbol{H}^2 - T$ 中任意 x 都有小邻域在 G 中非平凡元素作用下彼此不相交. 这个小邻域到商空间 $(\boldsymbol{H}^2 - T)/V$ 为单射, 从而可以看作 x 附近的坐标卡. □

商空间 $\boldsymbol{H}^2/V$ 仍然有意义. 事实上, 它可以由 $(\boldsymbol{H}^2 - T)/V$ 通过添加有限个点得到. 定义 V 的余体积为 $(\boldsymbol{H}^2 - T)/V$ 的体积. 如果 V 有有限余体

积, 那么群 V 称为一个格群, 此时 Σ 称为 Veech 曲面. 比如说, $\mathrm{SL}_2(\mathbf{Z})$ 为格群.

18.4 定理 18.1 的证明

先来证明定理 18.1 的一个平凡情形.

习题 18.6. 假设 Σ 为不含锥点的平移曲面. 证明 Σ 等距同构于平坦环面.

习题 18.7. 证明定理 18.1 对不含锥点的曲面成立.

从现在开始, 假定 Σ 至少包含一个锥点. 此时 Σ 同胚于 Euclid 示性数为负的曲面. 设 C 为 Σ 的锥点集. 映射 $\gamma:[0,1]\to\Sigma$ 称为一个鞍形连接, 如果它满足:

- $\gamma(t)\in C$ 当且仅当 $t=0$.
- γ 在 $(0,1)$ 上的限制是一条直线.

习题 18.8. 证明 Σ 上存在一对鞍形连接, 它们相交于 $\Sigma-C$ 中一点.

引理 18.3. 设 f 为 Σ 的仿射自同构. γ_1,γ_2 为两条鞍形连接 (如习题 18.8 所保证). 假设 f 保持 γ_1,γ_2 的端点且 $f(\gamma_j)=\gamma_j, j=1,2$, 则 f 在表示 ρ 的微分形式的核空间中.

证明. 仿射变换若将直线映到自身, 则它在该直线上的限制是伸缩变换. 因此 f 在 γ_j 上限制为伸缩变换. 因为 $f(\gamma_j)=\gamma_j$, 所以伸缩系数为 1 (因为 γ_j 的长度保持不变). 因此, f 在 γ_j 上为恒等映射.

设 p 为 γ_1,γ_2 的交点. 我们知道 $f(p)=p$. 因为 γ_1,γ_2 不平行, 所以 $\mathrm{d}f_p$ 在点 p 有两个线性独立的不变空间, 从而 $\mathrm{d}f_p$ 为恒等变换, 从而 $\rho(f)$ 为恒等映射. □

定理 18.1 的证明: 假设 Veech 群 $V=V(\Sigma)$ 不是真不连续群, 然后得出矛盾. 假设存在一个圆盘 $B\subset\boldsymbol{H}^2$ 以及无限集 $\{g_i\}\subset V$ 使得 $g_i(B)\cap B\neq\varnothing$. 将 $\mathrm{SL}_2(\mathbf{R})$ 看作 $\mathbf{R}^4$ 中子集 (通过把矩阵的元素排成向量), $\{g_i\}$ 成为 $\mathbf{R}^4$ 中一个有界无限集. Euclid 空间中有界无限集必有聚点, 这意味着可以找到一个形如 $g_ig_j^{-1}\in V$ 的序列收敛到单位元.

对 Σ 而言, 这意味着存在仿射自同构序列 $\{f_i\}$, 使得 $\rho(f_i)$ 不是恒等映射, 但是当 $i\to\infty$ 时 $\rho(f_i)$ 收敛到恒等映射. 因为 f_i 是 Σ 上锥点集上的一个置换, 通过选取适当幂次, 总可以假设 f_i 保持 Σ 上锥点不变.

设 γ_1, γ_2 为习题 18.8 所指的鞍形连接, $f_k(\gamma_1)$ 为鞍形连接且与 γ_1 连接同样一对锥点. 当 k 充分大时, $f_k(\gamma_1)$ 与 γ_1 几乎同方向且几乎同长度. 如果方向不是完全相同的话, 它们不可能连接同一对锥点. 这两条鞍形连接从同一个锥点出发逐渐分开, 其中一条必然错过另一个锥点, 如图 18.1 所示.

这意味着 $f_k(\gamma_1)$ 与 γ_1 当 k 充分大时必须指向相同方向, 从而 $f_k(\gamma_1) = \gamma_1$. 同样地, $f_k(\gamma_2) = \gamma_2$. 根据引理 18.3, 当 k 充分大时, $\rho(f_k)$ 为恒等映射, 这构成矛盾, 因此定理得证.

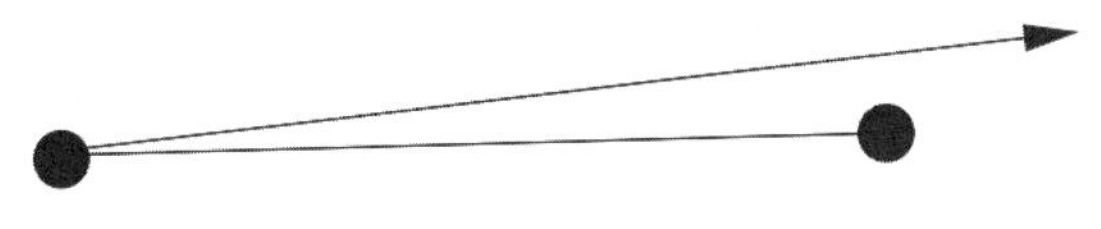

图 18.1: 几乎平行道路

□

18.5　三角形群

$\boldsymbol{H}^2$ 中双曲测地三角形是指以测地线段、测地射线, 或者测地线为边长的三角形. 本节感兴趣的是有两个顶点为理想点而另一个顶点内角为 $\pi/4$ 的测地三角形. 图 18.2 展示了圆盘模型下这样的一个三角形, 它称为三角形 $(4, \infty, \infty)$.

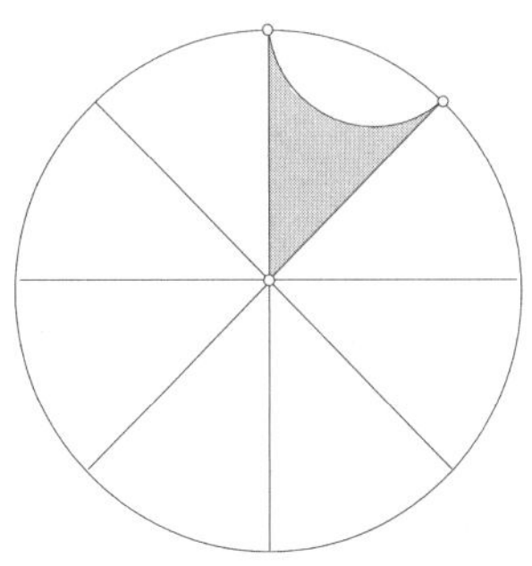

图 18.2: 双曲三角形 $(4, \infty, \infty)$

引理 18.4. 设 γ 为 $\boldsymbol{H}^2$ 中测地线, 则存在阶数为 2 的双曲等距变换保持 γ 不动.

证明. 将 $\boldsymbol{H}^2$ 看作上半平面. 映射 $z \to -\bar{z}$ 保持虚轴 (为测地线) 不变. 已知任意两条测地线彼此等距. 若 g 为一个等距变换, 将测地线 γ_1 映到测地线 γ_2, I 为阶数为 2 的保持 γ_1 不变的等距变换, 则 gIg^{-1} 为阶数为 2 的保持 γ_2 不变的等距变换. 因此, 可以从上面的反射变换出发通过共轭构造出其他所有阶数为 2 的等距变换, 保持 γ 不变. □

保持 γ 不变的阶数为 2 的双曲等距称为双曲反射. 给定一个测地三角形 Δ, 构造群 $G(\Delta) \subset \mathrm{SL}_2(\mathbf{R})$ 如下: 设 I_1, I_2, I_3 分别为保持 Δ 的三边不动的双曲反射. $G(\Delta)$ 定义为 I_1, I_2, I_3 组成的长度为偶数的字串. 比如, I_1I_2 与 $I_1I_2I_1I_3$ 均属于$G(\Delta)$, 而 $I_1I_2I_3$ 则不属于 $G(\Delta)$. G 中元素均保持定向. 可以证明 I_1I_2, I_2I_3, I_3I_1 均对应于 $\mathrm{SL}_2(\mathbf{R})$ 中元素, 这就证明了 $G(\Delta)$ 为 $\mathrm{SL}_2(\mathbf{R})$ 的子群.

18.6 线性反射与双曲反射

作为讨论 Veech 群例子的准备, 我们来研究如何把作用在 $\mathbf{R}^2$ 上的线性映射变成作用在 $\boldsymbol{H}^2$ 上相应的分式线性映射.

一个线性反射是一个线性变换 $\boldsymbol{T}: \mathbf{R}^2 \to \mathbf{R}^2$, 使得 $\boldsymbol{T}(\boldsymbol{v}) = \boldsymbol{v}$, $\boldsymbol{T}(\boldsymbol{w}) = -\boldsymbol{w}$. 在 $\mathbf{R}^2$ 的某组基 $\{\boldsymbol{v}, \boldsymbol{w}\}$ 之下, 对应的 $\boldsymbol{H}^2$ 上的双曲等距变换是双曲反射. 为了将这一变换具体写出, 先来看 $\boldsymbol{T}$ 在 $\mathbf{R}^2$ 上标准基之下的矩阵表示. 该矩阵行列式一定是负的, 因为线性反射改变定向. 因此, 给定一个线性反射 $\boldsymbol{T}$ 及其矩阵表示

$$\boldsymbol{M} = \begin{bmatrix} a & b \\ c & d \end{bmatrix},$$

相应的双曲等距为

$$z \to \frac{a\bar{z} + b}{c\bar{z} + d}.$$

为了理解该映射, 考虑特殊情形 $\boldsymbol{v} = (1, 0), \boldsymbol{w} = (0, 1)$, 则对应的双曲反射为 $z \to -\bar{z}$. 其他所有双曲反射都与之共轭.

映射 $\boldsymbol{T}$ 由向量对 $(\boldsymbol{v}, \boldsymbol{w})$ 决定, 但是决定 $\boldsymbol{T}$ 的基不止一组, $(C_1\boldsymbol{v}, C_2\boldsymbol{w})$ 也决定 $\boldsymbol{T}$, 这里 C_1, C_2 为非零常数. 因此, 事实上, 决定 $\boldsymbol{T}$ 的是 (L_1, L_2), 其中 L_1 为过 $\boldsymbol{v}$ 及原点的直线, L_2 为过 $\boldsymbol{w}$ 及原点的直线. 在 $\boldsymbol{T}$ 作用下, L_1 不动, L_2 反转 (即关于原点中心对称).

映射 $-\boldsymbol{T}$ 固定 L_2 不动并将 L_1 反转. 因此 $\{L_1, L_2\}$ 决定了 $\{\boldsymbol{T}, -\boldsymbol{T}\}$. 映射 $\pm\boldsymbol{T}$ 对应于一个双曲映射. 简言之, 每个双曲反射都由一对过原点的直线

$\{L_1, L_2\}$ 决定. 这样的直线对称为交叉对.

考虑 L_1, L_2 垂直的情形. 此时 $\{L_1, L_2\}$ 称为加号对, 因为这两条直线旋转之后看起来像个加号. 在双曲平面的圆盘模型下, 可以通过适当双曲等距变换使得所有加号对决定的双曲反射均保持 $\mathbf{C}$ 中某条过原点的测地线不动. 图 18.3 给出了两个例子, 左边是两组加号直线对, 一组线条粗, 一组线条细. 右边一粗一细两条线是 Δ 中左图加号对决定的双曲反射下保持不动的测地线.

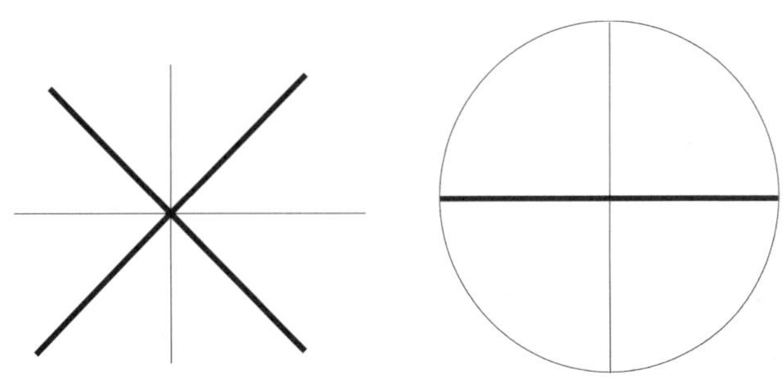

图 18.3: Euclid 反射与双曲反射

习题 18.9. 本习题分三个部分. 设 Δ 为双曲平面的圆盘模型. (事实上, 本习题结论不依赖于模型的选取, 选取圆盘模型是为了讨论更具体.)

(a) 设 θ 为两对加号直线间的最小夹角. 证明 Δ 中相应的测地线夹角为 2θ.

(b) 证明一个保持定向的线性变换使得某条过原点的直线保持不动, 则该线性变换对应于一个双曲等距, 该等距变换在 $\partial\Delta$ 上有不动点, 但在 Δ 中没有. 这样的双曲等距称为抛物型等距, 参见第 10.9 节.

(c) 证明在一对双曲反射下不动的所有测地线在 $\partial\Delta$ 上有一个共同理想点当且仅当这两个双曲反射的复合是抛物型的.

根据习题 18.9, 可以画出 3 组交叉对, 其相应的 Δ 中的测地线为三角形 $(4, \infty, \infty)$ (图 18.2) 的三条边, 其中两组交叉对为加号对, 而另一组不是. 图 18.4 中粗线代表了 3 组交叉对, 放射性均匀分布的细线作为参考线.

为了说清楚为何图 18.4 中的 3 组交叉对对应三角形 $(4, \infty, \infty)$, 使用 $\boldsymbol{H}^2$ 的圆盘模型 Δ. 设 $\pm\boldsymbol{T}_1, \pm\boldsymbol{T}_2, \pm\boldsymbol{T}_3$ 为 3 组线性反射, 分别对应于圆中的 3 组交叉对. 设 R_j 为对应于 $\pm\boldsymbol{T}_j$ 的双曲反射. 设 γ_j 为在 R_j 下不动的测地线.

根据构造, γ_1, γ_2 为经过原点的测地线. 根据习题 18.9 (a), γ_1, γ_2 的夹角为 $\pi/4$. 因此通过适当的旋转, γ_1, γ_2 如图 18.2 所示.

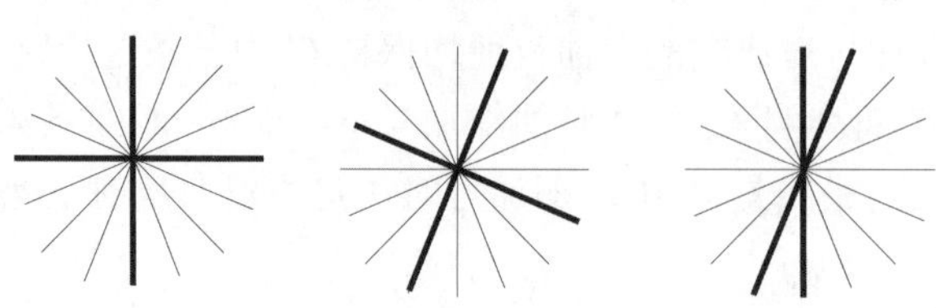

图 18.4: 三组特殊交叉对

最后需要证明 γ_3 与 γ_1, γ_2 分别有一个共同交点为理想点. 考虑 γ_1, γ_3. 如果正负号选择合适的话,$\boldsymbol{T}_1\boldsymbol{T}_3$ 保持原点的铅垂线不动, 这条线为 $\boldsymbol{T}_1, \boldsymbol{T}_3$ 所共有. 根据习题 18.9 (b), R_1R_3 为抛物型的. 而根据习题 18.9 (c), γ_1, γ_3 有共同的理想点. 同样地, R_2, R_3 有一个共同的理想点交点.

做这么多准备就是为了证明 $(4, \infty, \infty)$ 三角形群是某一个平移曲面仿射自同构群的子群. 这项工作将在本章最后一节完成.

18.7 圆柱面与 Dehn 扭曲

一个平坦柱面 (简称柱面) 是一个带有边界的曲面, 它等距同构于 $\mathbf{R}^2$ 中带形区域在平移作用下的商空间. 严格来讲, 柱面不是平移曲面, 因为它有边界. 除此之外, 它与平移曲面很接近. 下一节将看到, 柱面是平移曲面的子集.

虽然柱面有边界, 仍然可以定义它的仿射自同构. 仿射自同构是一个柱面的同胚, 限制在柱面内部是局部仿射, 或者可以定义成两个柱面之间存在一个仿射同构, 该映射称为两个柱面之间的同胚, 该同胚在柱面内部局部仿射. 任意两个柱面之间都存在一个仿射同构.

两个柱面 C_1, C_2 称为相似, 如果存在一个仿射同构 $T: C_1 \to C_2$ 使得 $\mathrm{d}T$ 在每一点均为相似变换. 注意并非任何两个柱面都相似, 不严格地说一个细长柱面不可能与一个短粗柱面相似.

一个柱面 C 的 Dehn 扭曲是一个非平凡的仿射自同构 $T: C \to C$, 它保持边界不动. 乍一看, 存在这样的映射着实令人吃惊. 这里有一个典型例子. 设 C 为水平带形 $\mathbf{R} \times [0, 1]$ 在等价关系

$$(x, y) \sim (x + n, y), \quad n \in \mathbf{Z}$$

下的商空间. 换言之, C 为水平带形在水平平移之下的商空间. 映射

$$T(x, y) = (x + y, y)$$

保持 $\mathbf{R} \times [0,1]$ 不变且与等价关系相容. 逆映射 T^{-1} 也满足同样性质. 因此, T 诱导出 C 上的一个仿射自同构 $[T]$. 因为 T 固定 $\mathbf{R} \times \{0\}$ 每点不变, $[T]$ 固定 C 的边界不变. 在直线 $\mathbf{R} \times \{1\}$ 上, 有 $T(x,1) = (x+1,1) \sim (x,1)$, 从而 $[T]$ 也固定 C 的上边缘的每个点不变. 另一方面, $[T]$ 在 C 内部显然非平凡, 因为 $\mathrm{d}T$ 不可能是恒等映射.

两个线性变换 T_1, T_2 称为相似, 若存在相似变换使得 $T_2 = ST_1S^{-1}$. 两个相似柱面 C_1, C_2 其上存在 Dehn 扭曲 $g_j : C_j \to C_j$, 则其微分 $\mathrm{d}g_1$ 与 $\mathrm{d}g_2$ 相似. 若 $\mathrm{d}g_1$ 与 δ_n 固定同一条 $\mathbf{R}^2$ 中过原点的直线, 则有更强的结论 $\mathrm{d}g_1 = \mathrm{d}g_2$.

18.8　注意看, 双八边形!

本节来计算由底角为 π/8 的等腰三角形黏合而成的平移曲面的 Veech 群. 由第 17.5 节知, 这一曲面可以由黏合两个八边形得到, 每个八边形的边都与另一个八边形的对应边相黏合. 设 Σ 为得到的曲面.

定理 18.5. $V(\Sigma)$ 为 $(4, \infty, \infty)$ 反射三角形群的偶子群.

$(4, \infty, \infty)$ 的三角形群是由 3 个双曲反射 R_1, R_2, R_3 生成的群, 其偶子群是由偶数个 R_1, R_2, R_3 复合构成的群. 等价地说, 偶子群是三角形群中保持定向的映射组成的子群, 偶子群的指数为 2.

下面来给出定理 18.5 的证明概要. 为了方便起见, 定义反仿射自同构为 Σ 的反仿射同胚. 这里反仿射是指局部形如 $x \to L(x) + \boldsymbol{C}$ 的映射, 其中 L 为改变定向的线性映射, $\boldsymbol{C}$ 为常向量. 上一节提到的线性反射就是一个例子.

设 $\widehat{A}(\Sigma)$ 为这些反仿射生成的群. $\widehat{V} = \rho(\widehat{A})$. 这里 ρ 是群表示映射. 我们证明 $\widehat{V}$ 与三角形 $(4, \infty, \infty)$ 的3 边反射生成的群 $\widehat{G}$ 相同. $\widehat{A}$ 中的偶元素保持定向, 其余的改变定向, 因此 Veech 群对应于偶元素的象.

图 18.5 显示黏合 Σ 所用的两个八边形. Σ 是由这两个八边形的对边黏合而成的. 将 Σ 的竖直的两条边的反射对应于 $\widehat{A}$ 中元素 T_1. 该映射在第一个八边形中心处的微分保持经过该中心的竖直线不动, 同时将过该中心的水平线反转. 因此, $\pm\mathrm{d}T_1$ 对应于图 18.5 的第一组加号对, 从而 $\rho(\pm T_1) =$

R_1. 同理, 取 T_2 为图 18.6 的沿着斜率为正的那条直线的反射, 从而得到 $\rho(\pm T_2) = R_2$.

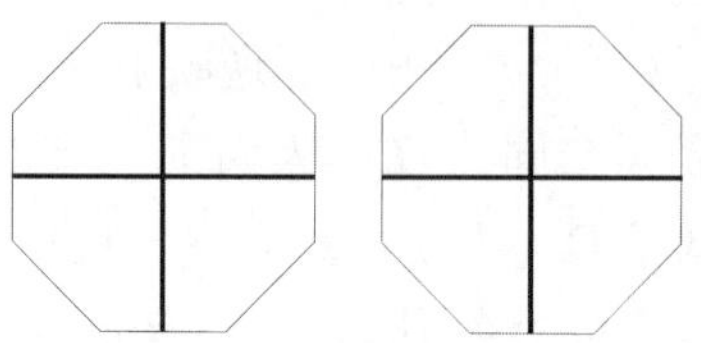

图 18.5: 第一组交叉对

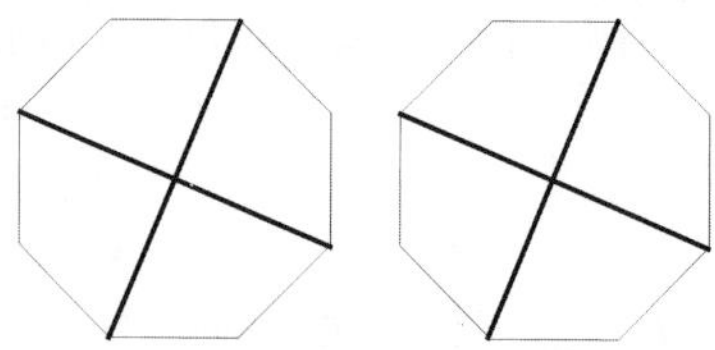

图 18.6: 第二组交叉对

到目前为止, 只用到了 Σ 上比较显然的对称性. 现在来说明反仿射自同构与第三组交叉对相对应. 图 18.7 中的交叉对 $\{L_1, L_2\}$ 是我们要考虑的交叉对. 这里只显示了其中一个八边形, 直线 L_3 一会儿再做解释.

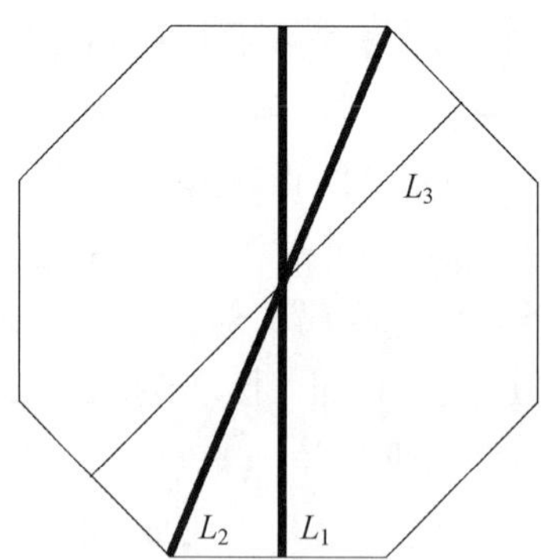

图 18.7: 第三组交叉对

我们要构造一个反仿射自同构 $g : \Sigma \to \Sigma$ 使得 g 逐点固定 L_2 且把 L_1 映到 L_3, 保持长度但是上下反转. 即, g 将 L_1 的上端点映到 L_3 的下端点. 同时, 映射 T_2 将 L_2 逐点固定不动, 将 L_3 映到 L_1, 保持长度和上下位置. 但是复合映射 $T_3 = T_2 \circ g$ 将 L_2 逐点固定, 将 L_1 反转. 根据构造, $\pm T_3$ 对应于第三组交叉对. 令 $R_3 = \rho(\pm T_3)$, 从而得到我们想要的映射.

现在把注意力放到映射 g 的构造上. 图 18.8 给出了 Σ 的由 4 个平坦柱面组成的分解, 分别记为 A, B, C, D. 别忘了, 左边八边形的每条边与右边八边形的对边相黏合. 因此左右两边的 A 部分黏合成为柱面 A, 柱面 A, B 等距同构, 柱面 C, D 等距同构. 下面是映射 g 存在的关键.

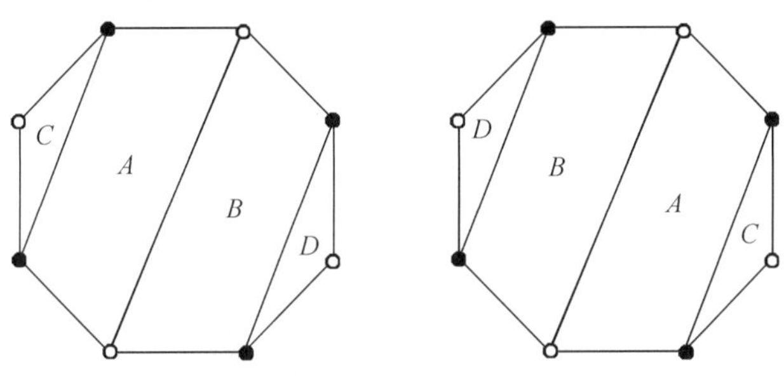

图 18.8: 柱面分解

习题 18.10. 证明柱面 A, C 相似, 因此 4 个柱面彼此相似.

首先, g 与将两个八边形互换的对称映射可交换. 图 18.9 展示了 g 是如何作用于其中一个八边形的, 至少是在 L_2 附近的作用. 我们要求 g 将点 x 映到点 y. 图中箭头表明映射的方向, x, y 为相应边的中点.

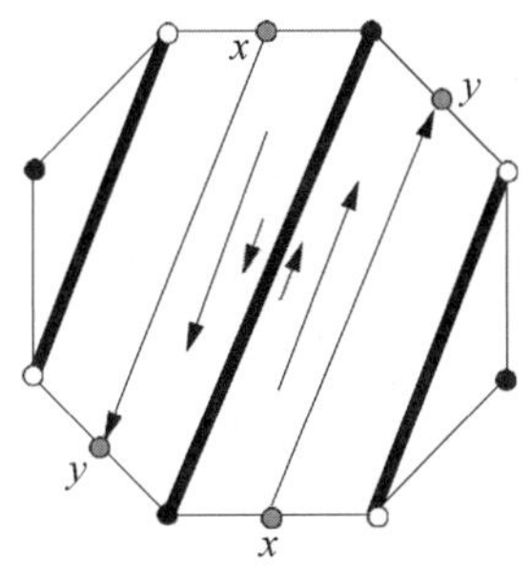

图 18.9: 自同构作用

暂且假设 Σ 中局部仿射自同构满足以上性质 (将 x 映到 y). 即, 假设这样的 g 真的存在, 则由 g 的构造, g 保持 L_2 逐点固定, 将 L_1 映到 L_3, 保持长度但是上下颠倒. L_1 为连接上下两个 x 的线段, 而 L_3 为连接两个 y 的线段 (如图 18.9 所示).

接下来只需要证明 g 的存在性. 我们将利用每个柱面上的 Dehn 扭曲并证明它们可以拼在一起. 首先, 在中线 L_2 附近定义 g. 将 g 往外延拓使得它在柱面 A 上有定义. 连接 x 与 y 的直线黏合之后成为柱面 A 和 B 的中心闭路. 根据 g 的构造, g 将这两个中心闭路旋转半周, 柱面 A 的另一个边界离中线 L_2 的距离是它到 A 的中心闭路距离的两倍. 按照比例, g 将 A 的另一个边界旋转一周, 即 g 逐点固定 A 的另一条边界. 因此 g 为 A 的一个 Dehn 扭曲. 同样, g 也是 B 的 Dehn 扭曲.

因为 C 与 A 相似, 所以 C 也有一个 Dehn 扭曲 g', 使得 $\mathrm{d}g'$ 与 $\mathrm{d}g$ 相似. 因为 A 与 C 有共同边界, 从而 $\mathrm{d}g' = \mathrm{d}g$. 即, C 的 Dehn 扭曲与 A 的有相同微分. 这也就是说, g 连续延拓到 C, 同样地连续延拓到 D, 主要原因是 g 逐点固定 4 个柱面的共同边界. 这样就证明了 g 的存在性.

现在知道 $\widehat{V}(\Sigma)$ 包含 $(4,\infty,\infty)$ 反射三角群, 从而 Veech 群 $V(\Sigma)$ 包含 $(4,\infty,\infty)$ 反射三角群的偶子群. 剩下只需要证明 $\widehat{V}(\Sigma)$ 就是反射三角群. 设 Y 为三角形 $(4,\infty,\infty)$, 设 $\widehat{G}$ 为 Y 的边的双曲反射生成的群.

习题 18.11. (此题较难) 假设群 Γ 真不连续地作用在 $\boldsymbol{H}^2$ 上且 $\widehat{G} \subset \Gamma$. 证明: 或者 $\Gamma = \widehat{G}$, 或者 Γ 是由以 Y 的中点为顶点的测地三角形的边的反射生成的群.

若 $\widehat{V}$ 不等于 $\widehat{G}$, 则 Σ 有一个等距对称, 将八边形的中心保持不动 (这对应沿 Y 的平分线的反射). 但是在上图中的两个八边形中不存在任何一条对称轴, 因此这个等距对称不存在. 从而 $\widehat{V} = \widehat{G}$. 这正是要证明的.

习题 18.12. (此题较难) 计算对应于底角为 π/n, $n = 4, 6, 8$ 的等腰三角形的平移曲面的 Veech 群.

第 5 部分

曲面的全体

第 19 章　连分数

本章介绍连分数及其与双曲几何的联系. 之所以花一整章介绍连分数, 除了它的理论优美这一明显原因, 还因为利用它可以漂亮地引入模群的概念. 模群在接下来的几章会讲到, 关于它的精彩论述参见 [DAV].

19.1　Gauss 映射

给定 $x \in (0,1)$, 定义 Gauss 映射

$$\gamma(x) = \left(\frac{1}{x}\right) - \text{floor}\left(\frac{1}{x}\right), \tag{19.1}$$

其中 floor (y) 表示不超过 y 的最大整数. Gauss 映射有一个很好的几何解释. 如图 19.1 所示, 从长为 1、宽为 x 的长方形出发, 去掉尽量多的边长为 x 的正方形, 把剩下的带阴影的长方形旋转 $90°$, 得到的长方形与长为 1、宽为 $\gamma(x)$ 的长方形相似. 从 $x_0 = x$ 出发, 构造一个序列 $x_0, x_1, x_2, \cdots$, 其中 $x_{k+1} = \gamma(x_k)$. 这个序列可以定义下去, 直到出现某个 k 使得 $x_k = 0$. 这样的话, x_{k+1} 就无法定义了.

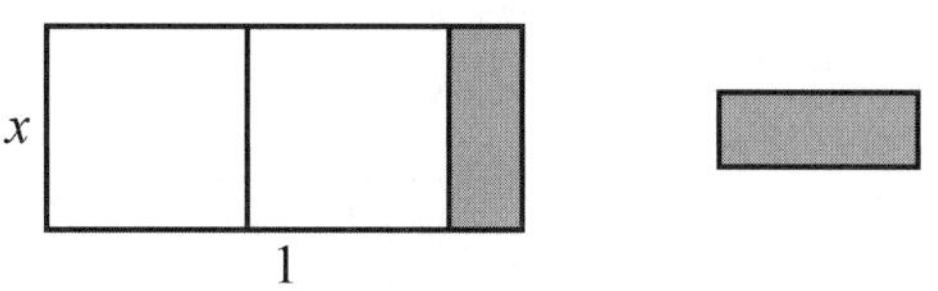

图 19.1: 长方形的分割

习题 19.1. 证明: 序列 $\{x_k\}$ 只包含有限个元素当且仅当 x_0 为有理数.

考虑 x_0 为有理数的情形. 有一个有限序列 $x_0, \cdots, x_n$, 其中 $x_n = 0$. 定

义

$$a_{k+1} = \text{floor}\left(\frac{1}{x_k}\right), \quad k = 0, \cdots, n-1. \tag{19.2}$$

数 a_k 也有几何解释. 如图 19.1, $x = x_k$, a_{k+1} 告诉我们最多去掉多少个边长为 x_k 的正方形. 如图 19.1 所示, $a_{k+1} = 2$. 图 19.2 展示的是整个序列. 从 $x_0 = 7/24$ 开始, 我们有:

- $a_1 = \text{floor}\,(24/7) = 3$.
- $x_1 = 24/7 - 3 = 3/7$.
- $a_2 = \text{floor}\,(7/3) = 2$.
- $x_2 = 7/3 - 2 = 1/3$.
- $a_3 = \text{floor}\,(3) = 3$.
- $x_3 = 0$.

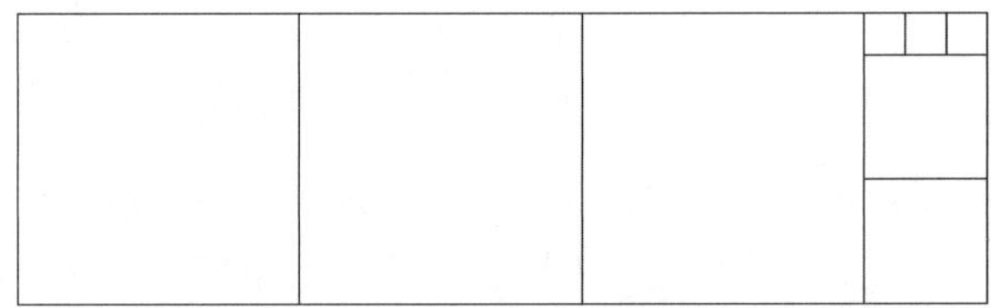

图 19.2: 长为7/24、宽为1的长方形的正方形分割

在图 19.2 中, 通过计算大小不同的正方形的个数得到序列 $(a_1, a_2, a_3) = (3, 2, 3)$. 最大的长方形长为 1、宽为 x_0.

19.2 连 分 数

仍然考虑 x_0 为有理数的情形. 可以将 x_0 用 $a_1, \cdots, a_n$ 表示. 一般地, 有

$$x_{k+1} = \frac{1}{x_k} - a_{k+1},$$

或者

$$x_k = \frac{1}{a_{k+1} + x_{k+1}}. \tag{19.3}$$

从而

$$x_0 = \frac{1}{a_1 + x_1} = \frac{1}{a_1 + \frac{1}{a_2 + x_2}} = \frac{1}{a_1 + \frac{1}{a_2 + \frac{1}{a_3 + x_3}}} = \cdots . \tag{19.4}$$

引进记号

$$\alpha_1 = \frac{1}{a_1},\ \ \alpha_2 = \frac{1}{a_1 + \frac{1}{a_2}},\ \ \alpha_3 = \frac{1}{a_1 + \frac{1}{a_2 + \frac{1}{a_3}}}, \cdots . \tag{19.5}$$

在这些记号中, 将 (19.4) 中 x_k 去掉了. α_k 的值与 k 有关, 但是 $x_0 = \alpha_n$, 因为 $x_n = 0$.

对于上一节的例子, 有

$$\alpha_1 = 1/3,\ \ \alpha_2 = \frac{1}{3 + \frac{1}{2}} = 2/7,\ \ \alpha_3 = x_0 = 7/24.$$

称两个既约形式 (译注: 原文不准确) 的有理数 p_1/q_1 与 p_2/q_2 为 Farey 相关, 记为 $p_1/q_1 \sim p_2/q_2$, 如果

$$\det \begin{bmatrix} p_1 & p_2 \\ q_1 & q_2 \end{bmatrix} = p_1 q_2 - p_2 q_1 = \pm 1. \tag{19.6}$$

比如 $1/3 \sim 2/7, 2/7 \sim 7/24$. 这不是偶然.

习题 19.2. 以任何有理数 $x_0 \in (0,1)$ 为起点得到的 $\{\alpha_k\}$. 证明 $\alpha_k \sim \alpha_{k+1}$ 对所有 k 都成立.

习题 19.3. 证明序列 $\{x_k\}$ 只包含有限个元素当且仅当 x_0 为有理数. 考虑序列 $\beta_k = \alpha_{k+1} - \alpha_k$. 证明 β_k 正负交替出现, 因此序列 $\alpha_1, \alpha_2, \cdots, \alpha_{n-1}$ (译注: 原文有误) 交替高估和低估 $x_0 = \alpha_n$.

习题 19.4. 假设 $x_0 \in (0,1)$ 为无理数 (译注: 原文有误). 证明: 对所有 k, α_{k+1} 的分母比 α_k 的分母大. 再试着证明分母的增长速度至少是指数级的.

19.3　Farey　图

现在换个话题来讨论双曲几何的一个问题. 设 $\boldsymbol{H}^2$ 为双曲平面的上半平面模型. 我们来构造 $\boldsymbol{H}^2$ 中一个测地图 $\mathcal{G}$, 称为 Farey 图, 该图的顶点为 $\boldsymbol{H}^2$ 的边界 $\mathbf{R} \cup \{\infty\}$ 中的有理点, 其中 ∞ 看作有理点, 用分数 1/0 来表示. 该图的边是连接 Farey 有理数的测地线. 比如, 顶点

$$0 = \frac{0}{1},\ \ 1 = \frac{1}{1},\ \ \infty = \frac{1}{0}$$

为理想三角形 T_0 的顶点, 该三角形的三边都在 $\mathcal{G}$ 中.

设 $\boldsymbol{\Gamma} = \mathrm{SL}_2(\mathbf{Z})$ 为以分式线性变换作用在 $\boldsymbol{H}^2$ 上的 2×2 上的行列式为 1 的整系数矩阵. 跟以前一样, $\boldsymbol{\Gamma}$ 也作用在 $\mathbf{R} \cup \{\infty\}$ 上. 群 $\boldsymbol{\Gamma}$ 称为模群.

技术讨论: 在讨论 $\boldsymbol{\Gamma}$ 之前, 需要澄清一点技术细节. 矩阵 $\boldsymbol{A}$ 与 $-\boldsymbol{A}$ 给出同样的分式线性变换, 因此有时人们引进记号 $\mathrm{PSL}_2(\mathbf{Z})$ 来表示商群 $\mathrm{SL}_2(\mathbf{Z})/\pm$, 其中每一个元素为一个等价类 $\{\boldsymbol{A}, -\boldsymbol{A}\}$. 这个区别有点烦人, 但是对我们没有影响. 我们只需要记住所谓一个矩阵跟一个分式线性变换不是完全一回事 (因为分式线性变换与矩阵等价类对应), 但是矩阵代表的是分式线性变换.

习题 19.5. 设 $g \in \boldsymbol{\Gamma}$ 为某元素. 假设 $\gamma_1 \sim \gamma_2$. 证明: $g(\gamma_1) \sim g(\gamma_2)$. 特别地, g 为 $\mathcal{G}$ 中一个对称映射.

现在知道 $\boldsymbol{\Gamma}$ 为 $\mathcal{G}$ 的对称群. 此外 $\boldsymbol{\Gamma}$ 还有以下性质. 假设 e 为 $\mathcal{G}$ 的一条边, 连接 p_1/q_1 与 p_2/q_2. 矩阵

$$\begin{bmatrix} p_1 & q_1 \\ p_2 & q_2 \end{bmatrix}^{-1}$$

将 e 映到连接 $0 = 0/1$ 与 $\infty = 1/0$ 的边, 后者称为特选边. 换句话说, 可以找到 $\mathcal{G}$ 的对称映射将任何一边映到特选边. 因为 $\boldsymbol{\Gamma}$ 为群, 可以找到 $\boldsymbol{\Gamma}$ 的元素将 $\mathcal{G}$ 的任何一条边 e_1 映到另一条边 e_2, 只需要将 $\boldsymbol{\Gamma}$ 中将 e_1 映到特选边的映射与将 e_2 映到特选边的映射的逆进行复合即可. 因此 $\boldsymbol{\Gamma}$ 在 $\mathcal{G}$ 上的作用是传递的.

习题 19.6. 证明 $\mathcal{G}$ 中不存在相交的边.

我们已经看到理想三角形 T_0 的边在 $\mathcal{G}$ 中. 特选边是 T_0 的一条边, 它也是顶点为

$$\frac{0}{1}, \quad \frac{1}{0}, \quad \frac{-1}{1}$$

的三角形 T_1 的一条边, T_1 的三条边也在 $\mathcal{G}$中. 因此特选边为两个理想边所共有, 这两个三角形的所有边都在 $\mathcal{G}$ 中. 根据对称性, $\mathcal{G}$ 中所有的边都为两个理想三角形所共有. 从 T_0 出发, 像树一样往外延伸. 注意到 $\mathcal{G}$ 由 $\boldsymbol{H}^2$ 中理想三角形的边组成. 图 19.3 展示了 $\mathcal{G}$ 中一部分元素, 左边的竖线是连接 0 和 ∞ 的边, 右边的竖线是连接 1 和 ∞ 的边.

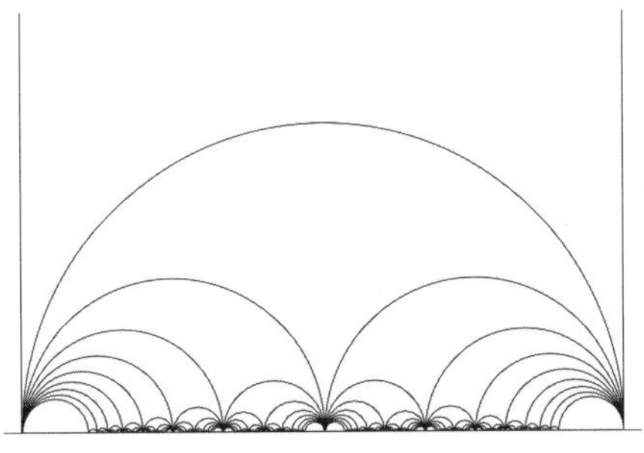

图 19.3: Farey 图 (部分)

19.4　模群的结构

Farey 图提供了一个理解模群的好方法. 因为 Farey 图是由理想三角形的边构成的, 所以它包含了 3 重对称. 矩阵

$$\begin{bmatrix} 0 & 1 \\ -1 & 1 \end{bmatrix}$$

对应阶数为 3 的分式线性变换 $\boldsymbol{A}$, 将理想三角形 T_0 的顶点置换. 更准确地说, $\boldsymbol{A}$ 作用如下

$$0 \to 1 \to \infty \to 0.$$

Farey 图中也有 2 重对称. 矩阵

$$\begin{bmatrix} 0 & 1 \\ -1 & 0 \end{bmatrix}$$

对应阶数为 2 的分式线性变换 $\boldsymbol{B} \in \varGamma$, 作用如下

$$0 \to \infty, \quad 1 \to -1.$$

$\boldsymbol{B}$ 为围绕连接 0 和 ∞ 的边的中点 i 的旋转. 换句话说, $\boldsymbol{B}$ 将三角形 $T_0 = (0, 1, \infty)$ 与相邻三角形 $T' = (0, -1, \infty)$ 互换.

习题 19.7. 证明 $\boldsymbol{BAB}$ 将三角形 $T' = (0, -1, \infty)$ 做旋转.

习题 19.8. 由 $\boldsymbol{A}, \boldsymbol{B}$ 组成的字符串称为约化的, 如果其中不出现 $\boldsymbol{AAA}$ 和 $\boldsymbol{BB}$ 这两个字符段. 之所以这样定义, 是因为 $\boldsymbol{A}^3, \boldsymbol{B}^2$ 均为恒等映射. 证明模群的任一元素都可以写成 $\omega(\boldsymbol{A}, \boldsymbol{B})$, 其中 ω 为约化字符串. (提示: 证明只用

$\boldsymbol{A}, \boldsymbol{B}$, 可以用两种方法将特选边移动到另外任何一条边, 这也正是模群所能做到的.)

习题 19.9. 设 $\omega(\boldsymbol{A}, \boldsymbol{B})$ 为非平凡约化字符串. 证明 $\omega(\boldsymbol{A}, \boldsymbol{B})$ 为模群中一个非平凡元素.

19.5 连分数与 Farey 图

回到连分数的讨论, 看看它与 Farey 图的关系. 设 $x_0 \in (0,1)$ 为有理数, 有序列 $\alpha_1, \cdots, \alpha_n = x_0$ 作为 x_0 的近似. 为了方便, 定义

$$\alpha_{-1} = \infty, \ \ \alpha_0 = 0. \tag{19.7}$$

习题 19.2 和习题 19.3 的结论对序列 $\alpha_{-1}, \alpha_0, \cdots, \alpha_n$ 也成立. 特别地, 在 Farey 图中通过连接 ∞ 到 0, 0 到 α_1, 再到 α_2 等等, 得到一条道路 $P(x_0)$ 连接 ∞ 与 x_0. 上面的例子中得到的道路不漂亮, 我们看另一个例子.

设 $x_0 = 5/8$. 从而有

$$a_1 = \cdots = a_5 = 1,$$

且

$$\alpha_1 = 1, \alpha_2 = \frac{1}{2}, \alpha_3 = \frac{2}{3}, \alpha_4 = \frac{3}{5}, \alpha_5 = x_0 = \frac{5}{8}.$$

取 $x_0 = 5/7$, 得到

$$a_1 = 1, \ \ a_2 = 2, \ \ a_3 = 2$$

且

$$\alpha_1 = 1, \ \ \alpha_2 = \frac{2}{3}, \ \ \alpha_3 = \frac{5}{7}.$$

关于这些图, 有三点需要指出. 第一, 它们形成的是折线. 根据习题 19.3 和习题 19.4, 得到的总是折线. 由习题 19.4知, 该路径没有重复. 由习题 19.3 知, 该路径总是左右交替.

第二, 可以从图中看出 $a_1, \cdots, a_n$. 通过计算在每个顶点处转动次数, 在图 19.5 中, 该路径在 α_0 处落在第一条弧上, 在 α_1 处落在第二条弧上, 在 α_2 处落在第二条弧上, 对应于序列 $(1,2,2)$. 同理, 在图 19.4 中, 该路径在每个点处都落在第一条弧上, 对应于 $(1,1,1,1,1)$.

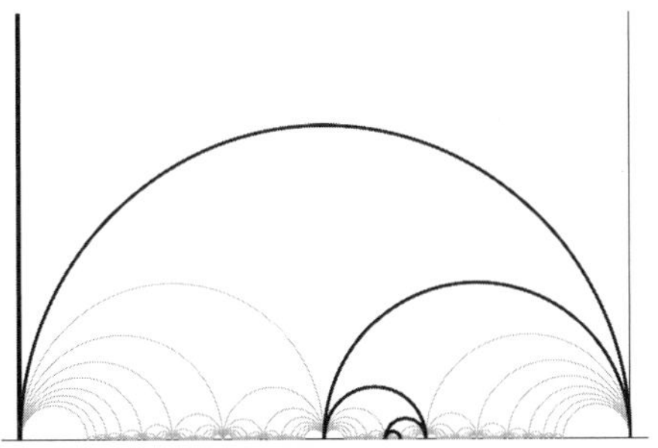

图 19.4: 对应于 5/8 的 Farey 道路

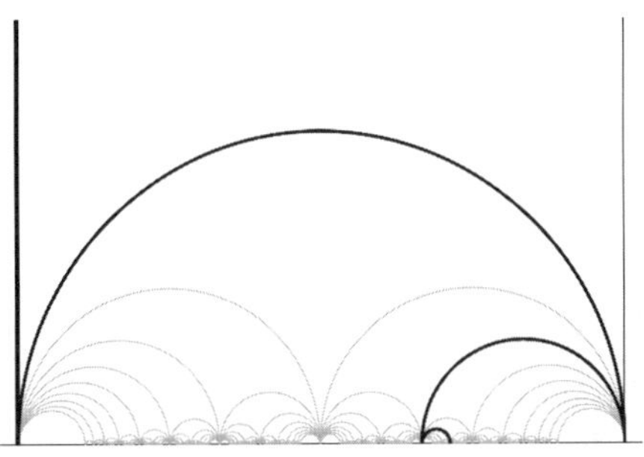

图 19.5: 对应于 5/7 的 Farey 道路

习题 19.10. 对于任何一个有理数 $x_0 \in (0,1)$, 证明上述关于顶点处转动次数的论述.

第三点, 在我们的路径上, 第 k 段圆弧的直径小于 $1/(k(k-1))$. 这个估计很粗略, 但是对于下面的讨论已经足够了. 事实上, 第 k 段弧连接 $\alpha_{k-1} = p_{k-1}/q_{k-1}$ 到 $\alpha_k = p_k/q_k$, 且 $\alpha_{k-1} \sim \alpha_k$. 第 k 段弧的半径为

$$|\alpha_{k-1} - \alpha_k| = \left|\frac{p_{k-1}}{q_{k-1}} - \frac{p_k}{q_k}\right| =^* \frac{1}{q_{k-1}q_k} \le \frac{1}{k(k-1)},$$

其中带 * 号的等式是因为 α_{k-1} 与 α_k Farey 相关. 最后的不等式是根据习题 19.4, 因为 α-序列的分母至少以指数形式增加. 因此, 事实上, 每段弧长依指数阶趋于 0.

19.6　无理数情形

到目前为止, 我们关心的是 x_0 为有理数的情形. 当 x_0 为无理数时, 得

到一个无穷有理数序列 $\{\alpha_k\}$ 趋于 x_0. 根据以前所说, 有

$$x_0 \in [\alpha_k, \alpha_{k+1}] \text{ 或者 } x_0 \in [\alpha_{k+1}, \alpha_k] \tag{19.8}$$

对每个 k 都成立. 区间的选择依赖于 k 的奇偶性, 且有

$$\lim_{k\to\infty} |\alpha_k - \alpha_{k+1}| = 0. \tag{19.9}$$

所以

$$x_0 = \lim_{k\to\infty} \alpha_k. \tag{19.10}$$

相应的 Farey 图中的无限段路径从 ∞ 开始无限地左右摆动, 且以 x_0 为极限 (译注: 原文有误).

最好的例子可能是

$$x_0 = \frac{\sqrt{5}-1}{2} = \frac{1}{\phi},$$

这里 ϕ 为黄金分割常数. 此时对所以 k, $a_k = 1$, α_k 为两个相邻的 Fibonacci 数的比值. 相应的 Farey 路径的最初几段如图 19.3 所示. 这条路径将会无限延伸下去.

在允许自由使用记号的情况下, 可以写

$$\frac{1}{\phi} = \frac{1}{1+\frac{1}{1+\frac{1}{1+\cdots}}}.$$

因为 $\phi = 1 + 1/\phi$, 所以

$$\phi = 1 + \frac{1}{\phi} = 1 + \frac{1}{1+\frac{1}{1+\frac{1}{1+\cdots}}}. \tag{19.11}$$

序列 $\{a_k\}$ 称为 x_0 的连分数展开. 在 $x_0 > 1$ 时, 在序列的最开始添加 floor (x_0). 因此, $1/\phi$ 的连分数展开为 $1, 1, 1, \cdots$ 而 ϕ 的连分数展开为 $1, 1, 1, 1, \cdots$.

习题 19.11. 求 $\sqrt{k}$, $k = 2, 3, 5, 7$ 的连分数展开.

连分数这一课题内容很多, 下面是几个基本性质.

- 一个无理数 $x_0 \in (0, 1)$ 是整系数一元二次方程 $ax^2 + bx + c = 0$ 的根当且仅当它的连分数展开最终变成周期序列, 证明见 [DAV].

- 著名的常数 e 的连分数展开为

$$2;1,2,1,1,4,1,1,6,1,1,8,1,1,10,\cdots$$

- π 的连分数展开至今未知.

虽然文献很多, 但是连分数这一课题仍然有许多未解决的问题. 比如, 人们不知道 2 的平方根的连分数展开 $\{a_k\}$ 是否有界. 事实上, 当整系数多项式的根既非平方无理也非有理时, 人们不知道其连分数展开是否有界.

第 20 章　Teichmüller 空间与模空间

本章的目的是介绍闭曲面的 Teichmüller 空间及模空间的概念. 我们也要讨论映射类群, 它是 Teichmüller 空间的对称变换群. 关于这些概念, 理论既丰富又深刻. 我们的目的是用直观的方法来介绍基本概念. 本章大多数知识都是作者从 [THU] 中学到的 (至少关于负 Euler 示性数的情形是这样的). [RAT] 与本书有类似的观点, 但是更加严谨详细. 关于本章涉及的内容, 还有几本更高深的专著, 比如 [GAR] 和 [FMA].

先来研究环面, 然后再研究负 Euler 示性数曲面.

20.1　平行四边形

带标记的平行四边形是一个平行四边形 P, 选定了其中一个顶点 v 以及从 v 出发的第一条边 e_1 以及第二条边 e_2 (如图 20.1 所示). 给定两个带标记的平行四边形 P_1, P_2. 如果存在一个保持定向的相似变换, 即, 平移加上伸缩加上旋转, 将 P_1 映到 P_2 并保持标记相对应, 那么称这两个平行四边形等价.

将 P 看作 $\mathbf{C}$ 的子集. 给定一个带标记的平行四边形, 可以通过平移和旋转使得 $v=0$, e_1 为从 0 到 1 的边, e_2 为从 0 到某个 $z \in \mathbf{C}-\mathbf{R}$ 的边. 只考虑一半可能情形, 即, 当 $z \in \boldsymbol{H}^2$时, 看作 $\mathbf{C}$ 的上半平面.

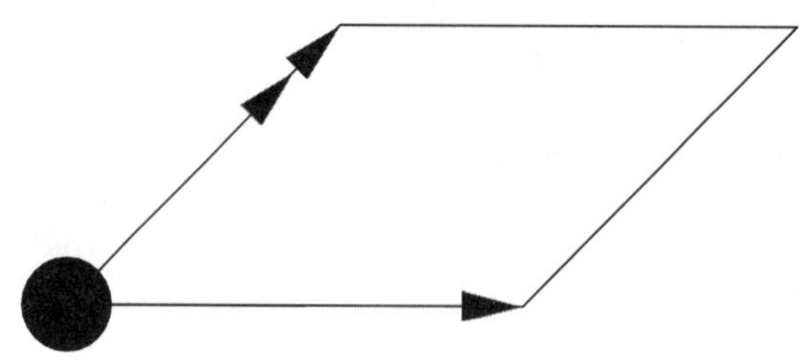

图 20.1: 带标记的平行四边形

习题 20.1. 证明 $z(P_1) = z(P_2)$ 当且仅当 P_1 与 P_2 等价.

也可以把这个过程反过来. 给定 $z \in \boldsymbol{H}^2$, 可以构造一个带标记平行四边形使得 $z(P) = z$. 选取平行四边形 $(0, 1, z, 1+z)$ 并给它标记. 简言之, 可以说存在带标记平行四边形全体 $\mathcal{T}$ 与 $\boldsymbol{H}^2$ 的一个双射. 还可以进而将 $\boldsymbol{H}^2$ 上的双曲度量转移到 $\mathcal{T}$ 上, 即 P_1 与 P_2 的距离定义为 $z(P_1)$ 与 $z(P_2)$ 之间的双曲距离.

20.2　平面上的环面

在第 6.3 节讨论了黏合平行四边形对边而得到的曲面, 这样的曲面称为平坦曲面. 在那一节有一件事没有讨论, 就是平行四边形的形状对环面的影响, 也就是上一节所讨论的内容. 如果将所有平行四边形都按第 6.3 节的方法黏合, 就得到 Teichmüller 空间和模空间. 因此, 想法就是将第 6.3 节与上一节的内容加以综合.

一个平坦环面是指一个曲面 T, 局部 Euclid 且同胚于一个环面. T 的万有覆叠空间为 $\mathbf{R}^2$, 其基本群为 $\mathbf{Z}^2$.

定义 20.1. 一个带标记的平坦环面是指一个平坦环面 T, 以及其上一组选定的道路等价类 $\gamma_1, \gamma_2 \in \pi_1(T)$, γ_1, γ_2 生成 $\pi_1(T)$. 称两个带标记的环面 T_1, T_2 等价, 如果存在一个保持定向的相似变换, 将 T_1 映到 T_2 且诱导出基本群之间的映射, 将 $\pi_1(T_1)$ 选定的生成元映到 $\pi_1(T_2)$ 的生成元.

给定一个带标记的平坦环面 T, 可以构造相应的带标记的平行四边形如下. 将 $\pi_1(T, v)$ 看作覆叠群, 以平移形式作用在 $\mathbf{R}^2$ 上, 其中 v 为基点. 考虑以

$$0,\ \ \gamma_1(0),\ \ \gamma_2(0),\ \ \gamma_1(0) + \gamma_2(0) \tag{20.1}$$

为顶点的平行四边形. 其选定的顶点为 0, 选定的第 k 条边为从 0 到 $\gamma_k(0)$ 的边. 我们要求 P 的标记保持正定向. 因此通过只考虑一半的可能性我们再一次避免了重复. 也可以反过来, 从一个带标记的平行四边形出发, 如图 20.1 所示, 可以将 P 的对边黏合, 两组对边黏合之后形成的闭路代表 γ_1, γ_2.

习题 20.2. 证明带标记的平坦环面相互等价当且仅当相应的带标记平行四边形相互等价.

现在从另一个观点来定义带标记环面. 设 Σ 为正方形环面, 也是我们喜欢的环面.

定义 20.2. 一个带标记的环面是指一个三元组 $(\Sigma, T, \boldsymbol{\phi})$, 其中 T 为平坦环面, $\boldsymbol{\phi}: \Sigma \to T$ 为保持定向的同胚. 两个三元组 $(\Sigma_1, T_1, \boldsymbol{\phi}_1)$ 与 $(\Sigma_2, T_2, \boldsymbol{\phi}_2)$ 称为等价, 如果存在一个保持定向的相似变换 $f: T_1 \to T_2$ 使得 $f \circ \boldsymbol{\phi}_1$ 与 $f \circ \boldsymbol{\phi}_2$ 同伦等价.

这两个定义可以互相转化. 由定义 20.2 得出定义 20.1: 首先选定一组 $\pi_1(\Sigma)$ 中的生成元. γ_1 为黏合正方形水平边得到的闭路, γ_2 为黏合竖直边得到的闭路, 则 $\boldsymbol{\phi}^*(\gamma_1), \boldsymbol{\phi}^*(\gamma_2)$ 为 $\pi_1(T)$ 的不同元素. 由定义 20.1 得出定义 20.2: 回忆带标记的环面可以由平行四边形 P黏合而成. 存在仿射变换将正方形映到 P 并且保持黏合边对应, 将该变换看成 Σ 到环面 T 的映射, 从而得到三元组 $(\Sigma, T, \boldsymbol{\phi})$, 其中 $\boldsymbol{\phi}$ 不仅是同胚, 也是局部仿射.

习题 20.3. 证明以上的两种定义之间的转换保持等价关系不变, 因此两种定义实际上是一致的.

既然两种定义彼此等价, 可以将 $\mathcal{T}$ 按照第二种定义来理解. 即, $\mathcal{T}$ 中的元素看作是三元组 $(\Sigma, T, \boldsymbol{\phi})$, 空间 $\mathcal{T}$ 可以看作双曲空间 $\boldsymbol{H}^2$. 在这种意义下, $\mathcal{T}$ 称为 Teichmüller 空间.

20.3 重温模群

现在将模群引入到讨论中. 模群在第 19.3 节, 19.4 节做过讨论. 首先, 把我们偏爱的正方形环面 Σ 看作商空间 $\mathbf{R}^2/\mathbf{Z}^2$. 这一点在本节很重要.

设 $\mathcal{G} = \mathrm{SL}_2(\mathbf{Z})$ 为行列式为 1 的 2×2 整系数矩阵群. 即, 模群 $\mathcal{G}$ 中任何元素 $\boldsymbol{g}$ 在 $\mathbf{R}^2$ 的作用为保持定向的线性变换, 且 $\boldsymbol{g}(\mathbf{Z}^2) = \mathbf{Z}^2$. 这说明 $\boldsymbol{g}$ 诱导一个保持定向的同胚 $\boldsymbol{g}: \Sigma \to \Sigma$. 用相同的记号 $\boldsymbol{g}$ 来表示这个诱导的同胚.

给定一个三元组 $(\Sigma, T, \boldsymbol{\phi})$. 定义新的三元组 $(\Sigma, T, \boldsymbol{\phi} \circ \boldsymbol{g}^{-1})$. 即, 固定同样的环面 T, 但是将 $\boldsymbol{\phi}: \Sigma \to T$ 改为复合映射 $\Sigma \to \Sigma \to T$, 其中第一个箭头表示 $\boldsymbol{g}^{-1}$. 之所以用 $\boldsymbol{g}^{-1}$ 而不是 $\boldsymbol{g}$, 有技术上的原因, 下面将做解释.

习题 20.4. 证明 $(\Sigma, T_1, \boldsymbol{\phi}_1)$ 与 $(\Sigma, T_2, \boldsymbol{\phi}_2)$ 等价当且仅当 $(\Sigma, T_1, \boldsymbol{\phi}_1 \circ \boldsymbol{g})$ 与 $(\Sigma, T_2, \boldsymbol{\phi}_2 \circ \boldsymbol{g})$ 等价.

群 $\mathcal{G}$ 在 $\mathcal{T}$ 上以下述方式作用:

$$\boldsymbol{g}_1(\boldsymbol{g}_2(X)) = (\boldsymbol{g}_1 \circ \boldsymbol{g}_2)(X), \tag{20.2}$$

对所有 $\boldsymbol{g}_1, \boldsymbol{g}_2 \in \mathcal{G}, X \in \mathcal{T}$. 这里 $\boldsymbol{g}_1 \circ \boldsymbol{g}_2$ 是指先作用 $\boldsymbol{g}_2$ 然后再作用 $\boldsymbol{g}_1$. 为了证明式子 (20.2), 设 X 由三元组 $(\Sigma, T, \boldsymbol{\phi})$ 表示, 计算

$$\begin{aligned} \boldsymbol{g}_1(\boldsymbol{g}_2(X)) &= \boldsymbol{g}_1(\Sigma, T, \boldsymbol{\phi} \circ \boldsymbol{g}_2^{-1}) = (\Sigma, T, \boldsymbol{\phi} \circ \boldsymbol{g}_2^{-1} \circ \boldsymbol{g}_1^{-1}) \\ &= (\Sigma, T, \boldsymbol{\phi} \circ (\boldsymbol{g}_1 \circ \boldsymbol{g}_2)^{-1}) = (\boldsymbol{g}_1 \circ \boldsymbol{g}_2)(X). \end{aligned}$$

由以上推导可知为何在 $\boldsymbol{g}$ 的作用定义中使用 $\boldsymbol{g}^{-1}$, 因为它与复合运算相容.

将 $\mathcal{T}$ 等同于 $\boldsymbol{H}^2$ 之后, 可以看到一个矩阵

$$\boldsymbol{g} = \begin{bmatrix} a & b \\ c & d \end{bmatrix} \tag{20.3}$$

如何在 $\mathcal{T}$ 上作用. 设 $X = (\Sigma, T, \boldsymbol{\phi})$, 假设 T 由粘合平行四边形 $(0, 1, z, 1+z)$ 的对边得到的环面, 因此 $\boldsymbol{\phi}$ 为将 $(1, 0)$ 映到 $(1, 0)$, $(0, 1)$ 映到 (x, y) 的线性变换, 这里 $z = x + \mathrm{i}y$. 将 $\boldsymbol{\phi}$ 提升到 Σ 和 T 之后, 得到同样的线性变换. 换句话说, 线性变换

$$\widehat{\boldsymbol{\phi}} = \begin{bmatrix} 1 & x \\ 0 & y \end{bmatrix} \tag{20.4}$$

诱导同胚映射 $\boldsymbol{\phi}$. 线性变换

$$\widehat{\boldsymbol{\phi}} \circ \boldsymbol{g}^{-1} = \begin{bmatrix} d - cx & -b + ax \\ -cy & ay \end{bmatrix} \tag{20.5}$$

诱导同胚映射 $\boldsymbol{\phi} \circ \boldsymbol{g}^{-1}$.

为了求出 $\boldsymbol{g}(X) = (\Sigma, T, \boldsymbol{\phi} \circ \boldsymbol{g}^{-1})$, 我们来算出带标记的平行四边形 $(\boldsymbol{\phi} \circ \boldsymbol{g}^{-1})(T_0)$, 其中 T_0 为单位正方形, 选定点为原点, 第一条边为 $1 \equiv (1, 0)$, 第二条边为 $\mathrm{i} \equiv (0, 1)$. 这里同时使用 $\mathbf{C}$ 上的复坐标以及 $\mathbf{R}^2$ 上的实坐标. 计算可知, $\widehat{\boldsymbol{\phi}} \circ \boldsymbol{g}^{-1}$ 将第一条边和第二条边分别映到 $-cz + d$ 和 $az - b$, 因此, 若 $X \in \mathcal{T}$ 对应于 $z \in \boldsymbol{H}^2$, 则 $\boldsymbol{g}(X)$ 对应于

$$\frac{az - b}{-cz + d}. \tag{20.6}$$

为了得到式子 (20.6), 首先通过 $\frac{1}{-cz+d}$ 将 $-cz + d$ 映为 1, 这个变换将 $az - b$ 映为 $\frac{az-b}{-cz+d}$, 从而得到式子 (20.6). 除了某些项的系数变成了负数, 式子 (20.6) 就是 $\boldsymbol{g}$ 在 $\boldsymbol{H}^2$ 上的分式线性变换.

20.4 模 空 间

商空间 $\mathcal{M}=\mathcal{T}/\mathcal{G}$ 称为模空间. 为了用环面来理解这个商空间, 暂且令 $\mathcal{M}'$ 为平坦环面的等价类, 如果两个平坦环面之间存在一个保持定向的相似变换将其中一个变为另一个, 那么称它们彼此等价. 暂且不考虑环面上的标记, 我们准备构造 $\mathcal{M}$ 与 $\mathcal{M}'$ 之间一个自然的双射. 一旦有了这个双射, 将可以抛开 $\mathcal{M}'$ 而把 $\mathcal{M}$ 看作平坦环面的等价类.

从 $\mathcal{T}$ 到 $\mathcal{M}$ 有一个显然的映射. 给定一个三元组 $(\Sigma,T,\boldsymbol{\phi})$, 只考虑 T, 这个显然映射保持 $\mathcal{T}$ 和 $\mathcal{M}'$ 的等价类相对应. $\mathcal{G}$ 在 $\mathcal{T}$ 上的作用对于作为底空间的环面不影响, 只是映射改变了, 因此这样的映射其实是从 $\mathcal{M}$ 到 $\mathcal{M}'$ 的映射.

与此同时, 存在一个从 $\mathcal{M}'$ 到 $\mathcal{M}$ 的映射. 给定一个平坦环面 T, 可以任取一个同胚 $\boldsymbol{\phi}:\Sigma\to T$. 考虑三元组 $(\Sigma,T,\boldsymbol{\phi})\in\mathcal{M}'$ (译注: 原文有误) 在该映射之下的象. 该映射不依赖于同胚映射的选取. 事实上, 任给两个三元组 $(\Sigma,T,\boldsymbol{\phi}_1)$ 与 $(\Sigma,T,\boldsymbol{\phi}_2)$, 映射 $\boldsymbol{\phi}_2^{-1}\circ\boldsymbol{\phi}_1$ 为 Σ 的一个保持定向的同胚. 我们断言该映射同伦等价于 Σ 上由 $\boldsymbol{g}\in\mathcal{G}$ 给出的线性同胚. 暂且承认这一断言, 我们看出存在 $\boldsymbol{g}\in\mathcal{G}$ 使得 $(\Sigma,T,\boldsymbol{\phi}_2)=\boldsymbol{g}(\Sigma,T,\boldsymbol{\phi}_1)$, 即 $\boldsymbol{g}(\Sigma,T,\boldsymbol{\phi}_1)$ 与 $(\Sigma,T,\boldsymbol{\phi}_2)$ 给出 $\mathcal{M}$ 上同一个点.

在承认同伦等价断言之下, 存在一个从 $\mathcal{M}$ 到 $\mathcal{M}'$ 的双射, 因此把 $\mathcal{M}$ 看作平坦环面等价类构成的空间, 该空间称为模空间.

值得指出的是我们仅仅将 $\mathcal{M}'$ 看作集合, 但也可以以某种方式赋予它度量. 该度量必须保证 $\mathcal{M}$ 到 $\mathcal{M}'$ 的双射为同胚映射, 这一点现在不打算进一步讨论, 因为下一节会在负 Euler 示性数曲面的情形下引进度量.

现在唯一没有证明的论断是 $\gamma=\boldsymbol{\phi}_2^{-1}\circ\boldsymbol{\phi}_1$ 同伦等价于 $\mathrm{SL}_2(\mathbf{Z})$ 中某个元素 $\boldsymbol{g}$. 注意 γ 作用在基本群 $\pi_1(\Sigma)$ 上. 因为 γ 为保持定向的同胚, γ 在 $\pi_1(\Sigma)$ 上的作用与某个 $\boldsymbol{g}\in\mathrm{SL}_2(\mathbf{Z})$ 相同, 因此将 γ 换成 $\gamma\circ\boldsymbol{g}^{-1}$. 不妨假定 γ 在 $\pi_1(\Sigma)$ 上的作用为恒等映射. 现在的任务是证明 γ 同伦等价于恒等映射.

严格证明会很冗长, 这里介绍证明的思路. 设 e_1,e_2 为 Σ 的水平闭路与竖直闭路. 因为 $\gamma(e_1)$ 与 e_1 同伦等价, 所以可以调整 γ 使其在 e_1 上为恒等映射, 接下来调整 γ 使得其在 $e_1\cup e_2$ 上为恒等映射, 但此时可以将 Σ 割开将 γ 看作从正方形到自身的连续映射且保持边界不变. 下面的习题完成了证明.

习题 20.5. 证明一个从单位正方形到自身的连续映射如果在边界上为恒等映射那么该映射同伦等价于恒等映射.

本节得到了一个很重要的认识: 空间 $\mathcal{M}$ 的定义比 $\mathcal{T}$ 简单直接, 但是先定义 $\mathcal{T}$ 然后再将 $\mathcal{M}$ 定义为 $\mathcal{T}$ 的商空间是有用的. 这一认识将帮助我们给出负 Euler 示性数曲面 Teichmüller 空间的定义.

20.5　Teichmüller 空间

在负 Euler 示性数曲面的情形, 我们打算重复上面的构造, 但是有一个问题需要先解决. 上一节考虑平坦环面以及它们之间的相似变换. 接下来, 在本节中要考虑双曲曲面以及它们之间的等距变换. 给定一个平坦环面, 总可以重新定义度量使得其面积为 1. 如果只考虑单位面积的平坦环面的话, 它们之间的相似变换就成了保持定向的等距变换, 因为保持面积和定向的相似变换为等距变换. 因此完全可以用单位面积平坦环面以及它们之间的等距变换来重新表述上一节的结果. 这一观点在负 Euler 示性数曲面的情形变得非常自然, 因为两个拓扑结构相同 (译注: 指有相同的 Euler 示性数) 的曲面有相同的面积, 见定理 12.4的 Gauss-Bonnet 定理.

现在可以开始了. 固定整数 $g \geq 2$, 它是要考虑的曲面的亏格. 因为曲面 S 的亏格满足

$$\chi(S) = 2 - 2g. \tag{20.7}$$

这里 χ 为 Euler 示性数 (见第 3.4 节). 因此, 环面亏格为 1, 八边形曲面亏格为 2. 一般地, 亏格为 g 的曲面为带有 g 个洞的环面且局部等距同构于双曲平面 $\boldsymbol{H}^2$. 我们来构造 $\mathcal{T}_g$, 亏格为 g 的双曲曲面的 Teichmüller 空间.

首先要选定一个标准的亏格为 g 的曲面, 称为 Σ. 与环面不同的是, 此时没有一个想当然的曲面可以作为标准曲面, 我个人的选择是由正双曲 $4g$-边形对边黏合而成的曲面. 不管选哪个曲面作为标准, 我们关心的总是三元组 $(\Sigma, M, \boldsymbol{\phi})$, 其中 M 为亏格 g 的双曲曲面, $\boldsymbol{\phi}: \Sigma \to M$ 为同胚. 两个三元组 $(\Sigma, M_1, \boldsymbol{\phi}_1)$ 与 $(\Sigma, M_2, \boldsymbol{\phi}_2)$ 称为等价, 如果存在一个等距同构 $f: M_1 \to M_2$ 使得 $f \circ \boldsymbol{\phi}_1$ 与 $f \circ \boldsymbol{\phi}_2$ 同伦等价.

在环面的情形, 有一个自然的方法来赋予 $\mathcal{T}$ 坐标系, 因为 $\mathcal{T}$ 实际上就是 $\boldsymbol{H}^2$. 但是现在我们没有一个显然的方法, 所以我们先把 $\mathcal{T}$ 构造成一个度量空间. 下面这个定义给出两个距离很近但不相同的曲面的含义. 称一个同胚 $f: M_1 \to M_2$ 为 $(1+\epsilon)$-等距, 如果不等式

$$(1-\epsilon) \leq \frac{d_2(x_2, y_2)}{d_1(x_1, y_1)} \leq 1 + \epsilon \tag{20.8}$$

对所有四元组 x_1, y_1, x_2, y_2 都成立, 其中 $x_1, y_1 \in M_1, x_2 = f(x_1), y_2 = f(y_1)$, 函数 d_1, d_2 分别为 M_1, M_2 上的度量.

两个三元组 $(\Sigma, M_1, \boldsymbol{\phi}_1)$ 与 $(\Sigma, M_2, \boldsymbol{\phi}_2)$ 之间的距离定义为所有满足存在 $(1+\epsilon)$-等距 $f : M_1 \to M_2$ 使得 $f \circ \boldsymbol{\phi}_1$ 与 $f \circ \boldsymbol{\phi}_2$ 同伦等价的所有 ϵ 的下确界.

习题 20.6. 证明上述定义的等价关系与距离的定义相容. 因此两个等价类之间的距离有定义, 从而 $\mathcal{T}_g$ 成为一个度量空间.

在环面情形, $\mathcal{T}$ 上存在一个完美的典则度量, 即双曲度量. 在高亏格的情形, 我们定义的度量很不错, 但不是典则度量. $\mathcal{T}_g$ 上存在几个典则度量, 最常用的两个为 Teichmüller 度量与 Weil-Petersson 度量. 令人恼火的是这两个常用的度量彼此很不相同. 因此尽管有不止一种方法把 $\mathcal{T}_g$ 看作度量空间, 但似乎并不存在最好的方法, 好与不好要看具体问题.

20.6 映射类群

当选定标准平坦环面, 即正方形环面后, $\mathrm{SL}_2(\mathbf{Z})$ 自然地成为 Σ 的局部线性的保持定向的同胚. 对于双曲曲面来说, 这样一个自然的同胚群是否存在并非显然, 但是的确存在这样的群.

上上节证明了平坦环面 Σ 上任意保持定向的同胚同伦等价于 $\mathrm{SL}_2(\mathbf{Z})$ 中的元素. 事实上, 也可以说 $\mathrm{SL}_2(\mathbf{Z})$ 为保持定向的相似变换在同伦等价下的商群. 即, 这样两个同胚彼此等价, 并且如果它们彼此同伦等价的话可以看作同一个. 这个对应可以立刻推广到高亏格情形.

固定一个亏格为 g 的双曲曲面. 映射类群定义为 Σ 的同胚等价类群. 如果两个同胚同伦等价, 那么称它们等价. 该群通常记为 $\mathcal{MCG}_g$. 该群可以看作 $\mathrm{SL}_2(\mathbf{Z})$ 的推广. 映射类群的定义依赖于 Σ 的选取, 不同的选取得到的群彼此同构.

习题 20.7. 映射类群作为一个集合显然是合理定义的. 证明它的确是一个群, 即群运算与等价类相容.

最近几年人们对映射类群的关注度越来越高. 关于这个群有许多未解决的问题, 其中最著名的一个是: 对每个亏格 g, 是否存在某个 $n = n_g$ 以及一个单同态 $\phi : \mathcal{MCG}_g \to \mathrm{GL}_n(\mathbf{C})$? 这里 $\mathrm{GL}_n(\mathbf{C})$ 是行列式非零的 $n \times n$ 复矩阵群. 或者更简洁地说, 映射类群是否为线性群? $\mathrm{GL}_n(\mathbf{C})$ 的子群称为线性群.

群 $\mathcal{MCG}_g$ 作用在 $\mathcal{T}_g$ 上. 同胚 $\boldsymbol{h}:\Sigma\to\Sigma$ 将三元组 $(M,\Sigma,\boldsymbol{\phi})$ 映为 $(M,\Sigma,\boldsymbol{\phi}\circ\boldsymbol{h}^{-1})$. 根据映射类群的定义, $\boldsymbol{h}$ 的作用与定义 $\mathcal{T}_g$ 的等价关系相容.

习题 20.8. 上文中定义了 $\mathcal{T}_g$ 上一个度量. 证明 $\mathcal{MCG}_g$ 中任何元素在 $\mathcal{T}_g$ 上为等距同构.

到目前为止, 我们定义了 $\mathcal{MCG}_g$ 及 $\mathcal{T}_g$. 定义商空间

$$\mathcal{M}_g=\mathcal{T}_g/\mathcal{MCG}_g. \tag{20.9}$$

这一空间称为亏格为 g 的双曲曲面的模空间.

与环面情形类似, 可以用另一种方法来定义 $\mathcal{M}_g$. 将 $\mathcal{M}_g$ 定义为亏格为 g 的双曲曲面的集合, 其上带有 $\mathcal{T}_g$ 上的度量, 即, 两个双曲曲面的距离为它们之间的 $(1+\epsilon)$-等距变换的 ϵ 下确界.

第 21 章　Teichmüller 空间的拓扑

上一章定义了 Teichmüller 空间 $\mathcal{T}_g$. 对于环面来说, 其 Teichmüller 空间就是 $\boldsymbol{H}^2$. 特别地, 它同胚于 $\mathbf{R}^2$. 本章将通过习题的形式来证明 $\mathcal{T}_g$ 同胚于 $\mathbf{R}^{6g-6}$, $g \geq 2$.

这一漂亮的结论给出了某种意义上与环面相类似的几何刻画. 映射类群 $\mathcal{MCG}_g$ 等距作用在一个与 $\mathbf{R}^{6g-6}$ 同胚 (度量可能比较奇怪) 的空间上. 模空间 $\mathcal{M}_g$ 的拓扑之所以复杂, 是因为它是一个拓扑平凡的空间在一个复杂群作用下的商空间. 这句话对环面的模空间也适用, 只不过此时的模空间 $\mathcal{M}$ 和群 $SL_2(\mathbf{Z})$ 没有那么复杂.

21.1　裤 状 曲 面

裤状曲面是带有边界的双曲曲面, 它由两个相同的直角六边形黏合对应的三条边而成, 如图 21.1, 21.2 所示. 这样的黏合在第 12 章有详细的讨论.

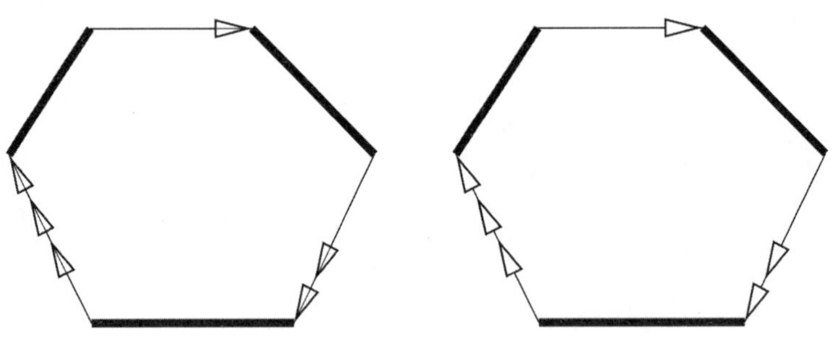

图 21.1: 六边形黏合

习题 21.1. 设 l_1, l_2, l_3 为三个常数. 证明: 存在一个直角六边形, 其奇数边的长度分别为 l_1, l_2, l_3. 证明这样的六边形在等距意义下唯一.

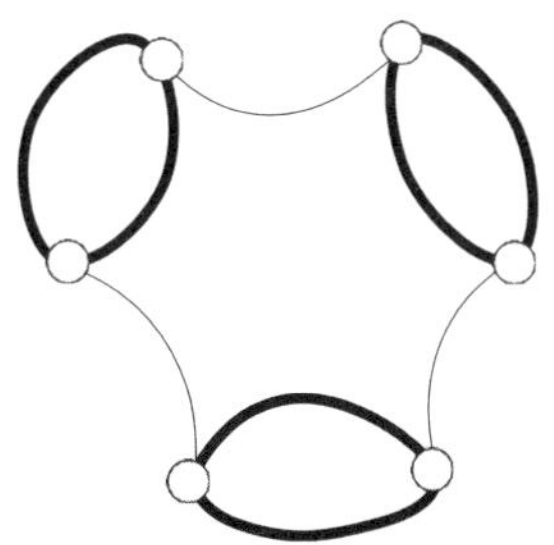

图 21.2: 裤状曲面

裤状曲面同胚于带 3 个洞的球面, 其边界是完全测地的, 意思是指在边界上任何一点都存在一个邻域等距同构于 $\boldsymbol{H}^2$ 中的半圆盘. 这里"半圆盘"是指圆盘中位于直径一侧的部分.

习题 21.2. 假设 M 为一个带边界的曲面, 其内部局部等距于 $\boldsymbol{H}^2$, 而其边界为完全测地的. 另外, M 同胚于带 3 个洞的球面. 证明 M 为裤状曲面, 即, M 可由两个六边形如图 21.1 的方式黏合而成. (提示: 考虑依次联结 3 个边界的 3 条测地线段. 将 M 沿着这 3 条测地线切开, 则 M 将变成两个直角六边形. 用习题 21.1 的结论证明这两个六边形完全相等.)

习题 21.3. 设 l_1, l_2, l_3 为三个正实数. 证明: 在等距意义下存在唯一的裤状曲面, 其边界长度分别为 l_1, l_2, l_3.

为避免混淆, 将裤状曲面简称为裤曲面.

21.2　裤状分解

双曲曲面的一个裤状分解是指该曲面可以通过有限个裤曲面沿着边界黏合而成. 本节证明每个双曲曲面都有一个裤状分解. 事实上, 每个双曲曲面都有许多裤状分解.

假设 M 为双曲曲面, γ 为 M 上的闭路, $\boldsymbol{H}^2$ 为 M 的万有覆叠, 使得 $M = \boldsymbol{H}^2/\Gamma$. 这里 Γ 为覆叠群. 设 $\widetilde{\gamma}$ 为 γ 到 $\boldsymbol{H}^2$ 上的提升. 因为 γ 为闭路, 所以必定存在一个非平凡元素 $g \in \Gamma$ 使得 $g(\widetilde{\gamma}) = \widetilde{\gamma}$. 根据双曲曲面等距同构分类定理知, g 或者为椭圆型的、抛物型的, 或者为双曲型的. 因为 M 为紧致曲面, 所以存在 $\epsilon > 0$ 使得每个 M 上半径为 ϵ 的圆盘都可以嵌入到 $\boldsymbol{H}^2$

中. 这说明 g 将 $\boldsymbol{H}^2$ 中的点至少移动 ϵ 距离, 这也说明 g 为双曲型的 (见第 10.9 节). 特别地, g 在 $\partial\boldsymbol{H}^2$ 上有两个不动点.

接下来, $\widetilde{\gamma}$ 在 $\partial\boldsymbol{H}^2$ 上有两个聚点, 即, g 的不动点. 存在唯一一条测地线 $\widetilde{\beta}$ 连接 g 的这两个不动点, 该测地线称为 g 的轴. $\beta=\widetilde{\beta}/g$ 称为 γ 的测地表示. 从直观上讲, 如果将 γ 想象成一个被拉伸的橡皮圈, 那么 β 表示的是该橡皮圈在外力消失后的形状. 下面的习题告诉我们为什么可以这样看.

习题 21.4. 证明 γ 与 β 同伦.

如果曲线 γ 不与自身相交, 那么称它为简单曲线. 如果 γ 是简单曲线, 那么 γ 的任意两个到万有覆叠空间的提升也不相交. 如果作为 γ 的测地表示, β 不是简单曲线, 那么它在 $\boldsymbol{H}^2$ 上的两个提升 $\widetilde{\beta}_1$ 与 $\widetilde{\beta}_2$ 必定相交. 但是这样的话, $\widetilde{\beta}_1$ 的端点将 $\widetilde{\beta}_2$ 的端点在 $\partial\boldsymbol{H}^2$ 上分离开来, 从而存在相应于 $\widetilde{\beta}_j$ 的 γ 的提升 $\widetilde{\gamma}_1, \widetilde{\gamma}_2$, 其理想端点具有相同性质. 这就迫使 $\widetilde{\gamma}_1$ 与 $\widetilde{\gamma}_2$ 彼此相交, 从而 γ 与自身相交. 图 21.3 展示了这一情形.

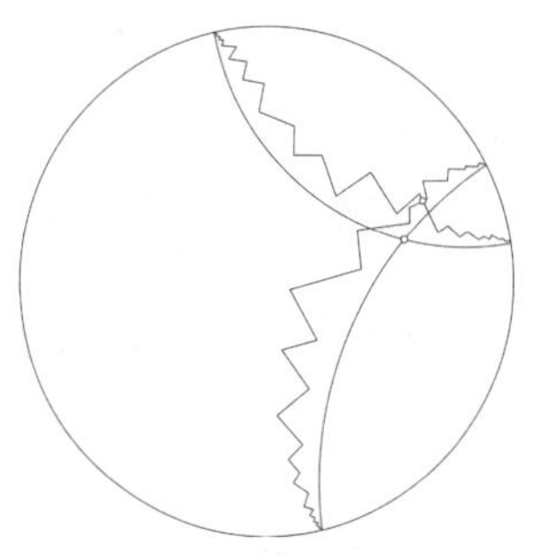

图 21.3: 相交曲线

因此, 如果 γ 为简单曲线, 那么 β 也是简单曲线. 同理可证下面的推广: $\{\gamma_i\}$ 是一组有限条不相交的简单环路, 则它们的测地表示 $\{\beta_i\}$ 也不相交.

把简单环路换成其测地表示是一个奇妙的过程. 读者可能会担心这些测地表示会与自身相交或者彼此相交, 即使原来的简单曲线不相交. 但是正如前面解释的, 这样的事情不会发生. 因此要寻找双曲曲面的一个裤状分解, 只需要找出一组简单环路, 将 M 分成带 3 个洞的球面, 然后将这些简单曲线换成其测地表示, 从而得到裤状分解.

现在我们来讲一下本章主要结论的证法. 从正方形环面 Σ 出发并给出它的一个裤状分解. 设 $S\subset\Sigma$ 为该分解对应的曲线全体. 根据定义, $\Sigma-S$

为带 3 个洞的球面的并集, $\mathcal{T}_g$ 中一点为三元组 (Σ, M, ϕ) 的等价类. 通过选取 $\phi(S) \subset M$ 中曲线的测地表示来定义 M 上的一个裤状分解.

习题 21.5. 证明上述分解中有 $2g-2$ 个裤状曲面, $3g-3$ 条边界曲线.

$3g-3$ 条边界曲线的长度给出 $3g-3$ 个实数. 每条边界曲线都属于两个裤状曲面, 从而得到另外 $3g-3$ 个数. 别忘了这两个裤状曲面要在共同边界上相黏合, 这另外的 $3g-3$ 个数称为扭曲参数. 这 $6g-6$ 个数的大小不依赖于三元组的等价类代表元的选取, 因此有合理定义. 我们定义一个从 $\mathcal{T}_g$ 到 $\mathbf{R}^{6g-6}$ 的映射并证明它为同胚.

21.3　特殊映射与三元组

本节为证明的主要步骤做准备. 首先选定一个裤状曲面, 它由两个在正六边形黏合而成. 每个裤状曲面, 包括选定的, 在每个边界分支上都有两个特殊点. 在图 21.2 中特殊点为正六边形顶点的象点.

特选曲面 Σ 是由 $2g-2$ 个特选裤状曲面黏合而成的. 我们要求这些裤状曲面的边界在黏合过程中保持两组特殊点对应地黏合在一起. 这样还不足以唯一地确定最后的曲面, 只是在许多可能性之下选择其中的一种. 一旦选定, 在整个证明过程中将保持不变.

设 $P(l_1, l_2, l_3)$ 为边界长度为 l_1, l_2, l_3 的裤状曲面. 选取一个从特殊裤状曲面 P_0 到 $P(l_1, l_2, l_3)$ 的同胚. 最好的方法是选定一个从正直角六边形到边长为 $l_k/2$ 的六边形的同胚, 将顶点映到相应的顶点, 然后将该映射在另一对六边形上再复制一份.

更一般地, 任给一个 6 元组 $(l_1, l_2, l_3, \theta_1, \theta_2, \theta_3)$. 选定一个上面提到的从 P_0 到 $P(l_1, l_2, l_3)$ 的映射, 但是在第 k 个边界分支的小邻域上沿顺时针方向作一个角度为 $\theta_k/2$ 的扭曲. 注意这里 θ_k 只在 $[0, 2\pi)$ 上有定义. 这个新得到的映射与第 18.8 节的 Dehn 扭曲很类似, 称这个映射为特殊映射, 记为 $\mu(l_1, l_2, l_3, \theta_1, \theta_2, \theta_3)$.

给定一个三元组 (Σ, M, ϕ), 如上所述, 我们得到一个 M 的裤状分解. 若该三元组满足以下条件, 则称它为特殊三元组:

- ϕ 限制在 Σ 的任何一个裤状分支上都是特殊映射.
- 如果 ϕ 在某个裤状分支 P 上为映射 $\mu(l_1, l_2, l_3, \theta_1, \theta_2, \theta_3)$, 那么在以 P 的第 k 个边界分支为共同边界的裤状曲面 P' 上的限制为 $\mu(\ldots, l_k, \cdots,$

$\theta_k, \cdots)$, 其余 4 个坐标可以不同. 换言之, ϕ 由特殊映射拼接而成, 且拼接为无缝拼接 (即在边界处有合理定义).

下面我们证明每一个三元组等价于特殊三元组. 要提醒读者的是严格的证明包含许多细节, 在此均予省略. 希望感兴趣的读者看了这个证明概要之后能够自己做出详细证明. 证明的所有细节见 [RAT].

引理 21.1. 任何三元组均等价于特殊三元组.

证明概要. 从三元组 (Σ, M, ϕ_1) 出发, 构造 ϕ_1 与另一个同胚 $\phi_2 : \Sigma \to M$ 之间的同伦. 这里 ϕ_2 将测地线集合 S 映到 M 的自然裤状分解的测地线集合. 接着构造一个 ϕ_2 与映射 $\phi_3 : \Sigma \to M$ 之间的同伦, 这里 ϕ_3 与 ϕ_2 在 S 的一个小邻域之外相同, 该邻域为唯一的无法控制 ϕ_2 的区域. 这一映射与特殊映射在 $3g-3$ 个小圆环之外一致. Σ 的每个这样的圆环都被分成两部分, 分别属于黏合在一起的两个裤状曲面, 圆环的中心线就是黏合在一起的共同边界. 该圆环上存在一个由一系列圆周组成的叶状结构, 这些圆周都在某种意义下平行于圆环的中心线. 在 M 上也有类似的叶状结构. 对 ϕ_3 进行调整, 将这些圆周旋转同样角度 (在每半个圆环上各旋转一半的角度), 最后得到的 ϕ_4 与 ϕ_1 同伦, 且在属于裤状分解的每个裤状曲面上都是特殊映射. 因此 (Σ, M, ϕ_4) 等价于最初的三元组 (Σ, M, ϕ_1). □

21.4 证明的完成

现在我们来构造从 $\mathcal{T}_g$ 到 $\mathbf{R}^{6g-6}$ 的映射. 从 $\mathcal{T}_g$ 上一点 (Σ, M, ϕ) 出发, 根据引理 21.1, 只需要考虑特殊三元组即可. 但是对于特殊三元组 Σ 的裤状分解中所有边界分支集合 S 中的每条测地线对应于一个序对 (l, θ), 这就给出了一个从 $\mathcal{T}_g$ 到 $\mathbf{R}^{6g-6}$ 的映射, 称其为 Φ.

根据习题 21.3, 映射 Φ 为满射. 可以构造裤状曲面使其边界长度为任意给定长度, 然后将它们旋转任意角度之后再黏合起来. 映射 Φ 也是单射, 因为 S 上的坐标给出唯一一个指令如何黏合得到 M 以及映射 ϕ. 因此, Φ 为 $\mathcal{T}_g$ 与 $\mathbf{R}^{6g-6}$ 之间的双射. 该坐标系称为 Fenchel-Nielson 坐标系.

映射 Φ^{-1} 为连续映射. 特殊映射的参数几乎相等的话, 相应的裤状曲面也几乎彼此等距同构, 相应的扭曲也几乎一样, 这就使得可以构造两个几乎等距同构曲面之间的映射且该映射属于正确的同伦类.

最复杂的部分是证明 Φ 的连续性. 下面是证明的思路. 设 $(\Sigma, M_j, \phi_j)(j = 1, 2)$ 为两个距离很近的特殊三元组. 假设 $f : M_1 \to M_2$ 为一个 $(1+\epsilon)$-等距.

当 ϵ 充分小的时候, 映射 f 将 M_1 上的属于裤状分解的每个裤状曲面映到 M_2 上带 3 个洞的球面, 其边界距离测地线很近. 将近似测地线的边界换成测地线, 其长度会变短. 因此, M_2 上裤状分解中的每个裤状曲面的边界长度不超过 M_1 上裤状分解中相应裤状曲面的边界长度的 $(1+\epsilon)$ 倍. 因此 S 中每条边界长度参数 $\{l_k\}$ 对这两个三元组也几乎相等.

习题 21.6. 设 P_1 为 M_1 上的一个裤状分解中的一个裤状曲面, P_2 为 M_2 上相应的裤状曲面. 证明 $f(\partial P_1)$ 包含在 P_2 的一个 ϵ'-邻域中, 其中当 $\epsilon \to 0$ 时 $\epsilon' \to 0$. (提示: 将图提升到万有覆叠空间. 证明 $\boldsymbol{H}^2$ 中一条几乎距离最短曲线必定是闭的, 即, 任意两条这样的曲线必定落在彼此的小的管状邻域中.)

习题 21.7. M_1 上裤状分解中的每一个裤状曲面均可以剖分为两个全等的直角六边形. 设 H 为一个这样的六边形. 证明 $f(H)$ 落在 M_2 上相应六边形的一个 ϵ'-邻域中. 这里当 $\epsilon \to 0$ 时, $\epsilon' \to 0$. (提示: 根据习题 21.5, f 将裤状分解中的每个裤状曲面的边界映到 M_2 上一条曲线. 这些曲线离它们相应的测地表示很近. 这证明了结论在 H 的三条边上成立. 另外, f 将 H 的另外三条边的每一条 s 映到一条曲线, 它几乎为 M_2 上联结两个裤状曲面边界的最短曲线. 证明这使得 $f(s)$ 与真正的最短路径很近.)

M_1 上裤状分解中的每一个裤状曲面的边界 β 上有 4 个特殊点, 这两对特殊点分别来自在 β 处黏合的两个裤状曲面. 这 4 个点称为特殊四点组.

习题 21.8. 设 Q 为一个特殊四点组. 证明 $f(Q)$ 落在 M_2 上相应的特殊四点组的 ϵ'-邻域中. 这里当 $\epsilon \to 0$ 时, $\epsilon' \to 0$.

对 M_1, S 的每条曲线上的参数 $\theta/(2\pi)$ 可以从两个特殊四点组上的相应点的距离得到. 根据习题 21.8, M_1 上的 θ 参数与 M_2 上的 θ 参数在模 2π 之下很接近.

最后, 假设 M_1 上的一个 θ 参数与 M_2 上相应的 θ 参数 (除以 2π 之后)相差几乎一个非零整数, 则存在 M_1 上的一条曲线, 穿过 θ 参数相差 2π 整数倍的这条边界, 使得 $f(\gamma)$ 在 M_2 上扭曲若干圈 (至少一圈), 从而其长度比 γ 要长许多 (如图 21.4 所示). 这与 f 为 $(1+\epsilon)$-等距相矛盾. 图 21.4 显示的是 M_1 中 θ 参数为 0 而在 M_2 中 $\theta/(2\pi)=1$ (译注: 原文有误) 的情形.

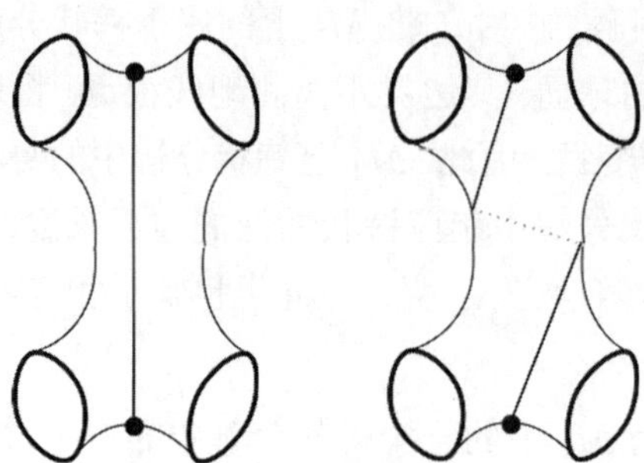

图 21.4: 扭曲 2π 的整数倍

把这一切都汇总起来, 我们证明了 (略去一些细节) 映射 Φ 为从 $\mathcal{T}_g$ 到 $\mathbf{R}^{6g-6}$ 的同胚.

第 6 部分

更多精彩

第 22 章　Banach-Tarski 定理

本章的目的是证明 Banach-Tarski 定理. 我们的处理方法与 [WAG] 的类似. 起初, Banach-Tarski 定理并不像是一个关于曲面的定理, 但是它是一个关于球面旋转的定理. 我们的证明用到了模群.

22.1　结　论

$\mathbf{R}^3$ 中的集合 A, B 称为等价的, 如果存在一个不相交的有限分拆

$$A = A_1 \cup \cdots \cup A_n, \quad B = B_1 \cup \cdots \cup B_n,$$

以及等距同构 $I_1, \cdots, I_n$, 使得 $I_j(A_j) = B_j$ 对所有 j 成立, 记为 $A \sim B$. 当 $A \sim B$ 时, 这意味着可以将 A 切成 n块, 然后像玩拼图一样, 将它们重新拼成 B. 这意味着存在逐块等距映射 $A \to B$.

习题 22.1. 证明 $\sim$ 为等价关系.

证明Banach-Tarski 定理需要选择公理. 关于该公理的讨论, 参见 [DEV]. 下面是该公理的完整叙述.

实选择公理 (RAC). 设 $\{X_\alpha\}$ 为 $\mathbf{R}^3$ 中不相交子集组成的集合 (译注: 原文有误), 则存在一个集合 $S \subset \cup X_\alpha$, 使得对每一个 α, S 包含 X_α 的唯一一个元素.

实选择公理看起来很显然, 或者说是无害的, 但是 Banach-Tarski 定理告诉我们, 在该假设下可以得到与直觉截然相反的结论.

如果集合 A 为有界集且包含一个开球(译注: 原文有误), 那么 A 称为“好”集合.

定理 22.1 (Banach-Tarski 定理). 假设实选择公理成立, 给定任意两个“好”集合 A, B, 则必有 $A \sim B$.

由于 $\sim$ 为等价关系, 所以只需要在 A 为半径为 1 的球的情形下证明定理即可.

这个定理令人惊讶的地方是, A 可以是很小的球, 而 B 可以是很大的球. 乍一看, 定理 22.1 与物理中的质量守恒定律相矛盾. 通常的解释是, 包含在分拆中的那些子集非常复杂以至于没有质量. 另一种解释是, 这里研究的对象不是由原子构成的.

22.2 Schroeder-Bernstein 定理

Schroeder-Bernstein 定理 (有时也称为 Cantor-Bernstein 定理) 说的是: 若存在从 A 到 B 的单射以及从 B 到 A 的单射, 则存在从 A 到 B 的双射. 这个定理对任意集合, 任意映射都成立. 任何一本关于集合论的书中都有这个结果. 其证明在本节中给出. 拙著《关于无穷的画集》中有一个通过画图给出的证明.

若 A, B 为 $\mathbf{R}^3$ 的子集, 上面所说的单射为逐块等距映射, 则得到的双射也是逐块等距映射. 用数学符号来表述: 若 $A \sim B', B' \subset B$, 则记 $A \prec B$. 这等于说, 存在一个从 A 到 B 的逐块等距的单射.

引理 22.2. 若 $A \prec B$ 且 $B \prec A$, 则 $A \sim B$.

证明. 存在逐块等距的单射 $f : A \to B$ 和 $g : B \to A$. 一个 n-链是形如 $x_n \to \cdots \to x_0 \in A$ 的序列, 满足:

- 如果 $k > 0$ 为偶数, 那么 $x_k \in A$. 此时, $f(x_k) = x_{k-1}$.

- 如果 k 为奇数, 那么 $x_k \in B$. 此时, $g(x_k) = x_{k-1}$.

对于每个 $a \in A$, 令 $n(a)$ 为最长的以 $a = x_0$ 结尾的 $n-$链的长度. $n(a) = \infty$ 是可能的. 令 $A_n = \{a \in A | n(a) = n\}$. 将 A, B 互换, 类似地定义 B_n.

现在有:

- $f(A_k) = B_{k+1}$, 对 $k = 0, 2, 4, \cdots$ 成立.

- $g^{-1}(A_k) = B_{k-1}$, 对 $k = 1, 3, 5, \cdots$ 成立.

- $f(A_\infty) = B_\infty$.

f 在 $A' = A_0 \cup A_2 \cup \cdots \cup A_\infty$ 上为逐块等距单射, g^{-1} 在 $A'' = A - A'$ 上也是逐块等距单射. (注意 A'' 不包含 A_∞.) 如果 $a \in A'$, 定义 $h(a) = f(a)$; 如果 $a \in A''$, 定义 $h(a) = g^{-1}(a)$. 根据构造,

$$f(A') \cap g^{-1}(A'') = \varnothing.$$

因此 h 为单射, 且 $B = f(A') \cup g^{-1}(A'')$, h 为满射, 从而 h 为双射. 根据构造, h 为逐块等距映射. □

22.3　加倍定理

若存在一个分拆 $B = B_1 \cup \cdots \cup B_n$ 以及等距同构 $I_1, \cdots, I_n$, 使得 $A \subset \cup I_j(B_j)$, 则记为 $B \succ A$. 换句话说, 可以将 B 分拆成有限个子集, 并利用这些子集来覆盖 A. 集合 $I_1(B_1), \cdots, I_n(B_n)$ 不必不相交.

引理 22.3. 若 $B \succ A$, 则 $A \prec B$.

证明. 假设 $B \succ A$. 定义:

- $A_1 = A \cap I_1(B_1)$.
- $A_2 = A \cap I_2(B_2) - A_1$.
- $A_3 = A \cap I_3(B_3) - A_1 - A_2$, 等等.

则 $A = A_1 \cup \cdots \cup A_n$ 为一个分拆. 令 $B'_j = I_j^{-1}(A_j)$, 则 $B'_1 \cup \cdots \cup B'_n$ 为 B' 的一个分拆. 根据构造, $A \sim B' \subset B$, 从而 $A \prec B$. □

现在利用加倍定理来证明 Banach-Tarski 定理. 加倍定理更加简单, 但其结论同样令人吃惊.

定理 22.4 (加倍定理). 假定实连续公理成立, 则存在 3 个不相交的单位球 A, B_1, B_2, 使得 $A \succ B$, 其中 $B = B_1 \cup B_2$.

设 B_r 为以原点为中心、 r 为半径的球. 假定实连续公理及加倍定理成立. 我们证明对任意 $r, s > 0$, $B_r \sim B_s$. 通过伸缩, 不妨假设 $1 = r < s$. 显然 $B_1 \prec B_s$. 根据上一节的引理, 只需要证明 $B_1 \succ B_s$. 存在某个 n, 使得 B_s 被 2^n 个 B_1 的平移所覆盖. 反复使用加倍定理 n 次, 得到 B_1 等价于 2^n 个不相交的 B_1 的平移的并集, 从而 $B_1 \succ B_s$. 这正是要证明的. 因此 $B_r \sim B_s$ 对所有 $r, s > 0$ 成立.

要证明 Banach-Tarski 定理, 只需要证明 $B = B_1$ 为单位球的情形即可. 但是存在 B_r, B_s, 使得 $B_r \subset A \subset B_s$. 因为 $B_r \sim B_s$ 且 $A \subset B_s$, 所以 $B_r \succ A$, 即 $A \prec B_r$. 但是 $B_r \prec A$, 从而 $A \sim B_r$, 但是 $B_r \sim B_1$, 所以 $A \sim B_1$, 从而证明了 Banach-Tarski 定理.

22.4 镂空球

只剩下证明加倍定理了. 该定理的叙述再简单不过了, 但是直接证明它会有技术上的困难, 绕过这些技术困难的方法就是证明另一个相关的定理.

一个镂空球是指形如 $B - X$ 的集合, 其中 B 为单位球, X 为可数条过 B 的球心的直线.

习题 22.2. 证明任何单位球都可以被 3 个等距同构的镂空球所覆盖.

定理 22.5 (**镂空球定理**). 假定实连续公理成立, 则存在一个镂空球 Σ 以及分拆 $\Sigma = \Sigma_1 \cup \Sigma_2 \cup \Sigma_3$, 使得:

- 对所有 (i, j) 对, Σ_i 与 Σ_j 等距同构.
- $\Sigma_3 \succ \Sigma_1 \cup \Sigma_2$.

引理 22.6. 假定实连续公理成立, 则存在 9 个不相交的镂空球 $A, B_1, \cdots, B_8$, 使得 $A \sim B$, 其中 $B = B_1 \cup \cdots \cup B_8$.

证明. 反复利用镂空球定理, 我们有 $\Sigma_1 \succ Y$, 其中 Y 为有限个与 Σ_1 等距同构的集合的并集. 由此立刻得到引理的证明. □

习题 22.3. 利用引理 22.6 证明加倍定理.

为了证明 Banach-Tarski 定理, 只需要证明镂空球定理.

22.5 镂空球定理

证明镂空球定理是证明 Banach-Tarski 定理中最精彩的部分, 剩下的不过是装饰门面. 正是在镂空球定理的证明中用到了模群.

考虑可数群

$$\Gamma = \langle A, B | A^3 = B^2 = \text{恒等元} \rangle.$$

这一记号是说 Γ 是由 A, B 组成的字串全体, 满足限制条件 A^3, B^2 为恒等元. Γ 的乘法运算是将两个字串联结起来. 比如 $(AB) * (AB) = ABAB$.

习题 22.4. 证明群 Γ 同构于第 19.3 节与第 19.4 节提到的模群. (提示: 利用第 19.4 节习题 19.7 以及习题 19.8.)

我们有分拆 $\Gamma = \Gamma_1 \cup \Gamma_2 \cup \Gamma_3$, 其中:

- Γ_1 由以 A 开头的字串全体组成.
- Γ_2 由以 A^2 开头的字串全体组成.
- Γ_3 由空字串或者以 B 开头的字串全体组成.

我们有以下结构

$$A\Gamma_k = \Gamma_{k+1}, \quad \Gamma_1 \cup \Gamma_2 \subset B\Gamma_3.$$

第一个方程中的下标按模 3 理解. 这两个代数条件与镂空球定理的结论很相似. 要使用的技巧是将代数条件变为几何条件. 设 $\boldsymbol{B}$ 为 $\mathbf{R}^3$ 中的单位球. 设 SO(3) 为 $\boldsymbol{B}$ 的旋转群. 下面证明一个技术性引理.

引理 22.7. 存在一个单同态 $\rho : \Gamma \to \mathrm{SO}(3)$.

固定单同态 ρ, 将 A, B 看作其在 ρ 之下的象. 因此, A 为 $\boldsymbol{B}$ 的一个阶数为 3 的旋转, 而 B 为 $\boldsymbol{B}$ 上阶数为 2 的旋转. 一般地, 将 Γ 中的元素等同于其在 ρ 下的象.

SO(3) 中的一个非平凡元素是指绕一条过原点的直线的旋转. $\mathbf{R}^3$ 中的一条直线是“坏”的, 如果围绕该直线的旋转保持 Γ 中某些元素不动. 因为 Γ 可数, 从而至多有可数条“坏”直线. 设 X 为“坏”直线的全体, 令 $\Sigma = \boldsymbol{B} - X$, 则 Σ 为镂空球, 而且 Γ 自由地作用在 Σ上. 自由作用的含义如下: 若存在 $\gamma \in \Gamma, p \in \Sigma$ 使得 $\gamma(p) = p$, 则 γ 必为恒等元.

在 Σ 上存在一个等价关系, 记为 $p_1 \sim p_2$, 如果存在 $\gamma \in \Gamma$, 使得 $p_1 = \gamma(p_2)$. 因为 Γ 为群, 所以 $\sim$ 为等价关系, 从而得到一个不可数分拆

$$\Sigma = \cup \Sigma_\alpha,$$

其中每个分支为一个等价类. 根据实连续公理假设, 可以找到集合 $S \subset \Sigma$, 使得 S 包含 Σ_α 中唯一一个元素.

引理 22.8. 若 $\gamma_1, \gamma_2 \in \Gamma$ 为不同元素, 则 $\gamma_1(S) \cap \gamma_2(S) = \varnothing$.

证明. 用反证法. 假设 $p \in \gamma_1(S) \cap \gamma_2(S)$. 则 $\gamma_j^{-1}(p) \in S$, $j = 1, 2$. 但是 $\gamma_1^{-1}(p)$ 与 $\gamma_2^{-1}(p)$ 在 Γ 的同一条轨道上, 因为 S 与 Γ 的轨道只有一次相交, 所以 $\gamma_1^{-1}(p) = \gamma_2^{-1}(p)$. 但是 $\gamma_2\gamma_1^{-1}(p) = p$, 而 Γ 在 Σ 上的作用是自由的, 所以 $\gamma_2\gamma_1^{-1}$ 为恒等元, 即 $\gamma_1 = \gamma_2$, 这是矛盾的. □

引理 22.9.

$$\Sigma = \bigcup_{\gamma \in \Gamma} \gamma(S).$$

证明. 任给 $p \in \Sigma$, 根据构造, 存在某个 $q \in S$, 使得 $p \sim q$. 这意味着存在一个 $\gamma \in \Gamma$, 使得 $p = \gamma(q)$, 从而 $p \in \gamma(S)$. □

现在定义

$$\Sigma_k = \Gamma_k(S) \coloneqq \bigcup_{\gamma \in \Gamma_k} \gamma(S).$$

上面两个引理告诉我们, $\Sigma = \Sigma_1 \cup \Sigma_2 \cup \Sigma_3$ 为 Σ 的一个分拆. 同时

$$A(\Sigma_k) = \Sigma_{k+1}, B(\Sigma_3) = B\Gamma_3(S) \supset (\Gamma_1 \cup \Gamma_2)(S) = \Sigma_1 \cup \Sigma_2.$$

上面第一个方程说明对任何 i, j, Σ_i 与 Σ_j 等距同构. 第二个式子表明 $\Sigma_1 \cup \Sigma_2$ 等距同构于 Σ_3 的子集, 从而 $\Sigma_3 \succ (\Sigma_1 \cup \Sigma_2)$. 因此镂空球定理得证.

22.6 一个有关多项式的定理

剩下唯一需要完成的就是单同态 $\rho : \Gamma \to \mathrm{SO}(3)$ 的构造. 这似乎很显然: 一个任意选取的同态应该是单同态. 但是证明却是精心设计的. 证明中需要对不同的同态进行参数化, 而且需要使用一个多项式的技巧. 在证明主要结论之前, 这一节先来证明这一有关多项式的结论.

如果$\mathbf{C} \cup \{\infty\}$ 上两点 z, w 满足:

$$w = -\frac{1}{\bar{z}}, \tag{22.1}$$

那么 z, w 称为一对伙伴点. 特别地, 0 与 ∞ 为伙伴点. 下面的习题指出这一概念的重要性.

习题 22.5. 设 $\phi : S^2 \to \mathbf{C} \cup \{\infty\}$ 为球极平面投影. (如第 9.5 节及第 14.3 节所提到的.) 证明 ϕ 将 S^2 中的一对对径点映到一对伙伴点.

下面来证明一个关于 $\mathbf{C}^2$ 中子集的代数结论, 该子集由伙伴点决定. 设 $R_\Delta \subset \mathbf{C}^2$ 表示形如 $(z, -1/\overline{z})$ 的元素的集合. 设 $F : \mathbf{C}^2 \to \mathbf{C}$ 为一个二元多项式.

引理 22.10. 若 F 在 $\mathbf{C}^2$ 上非常数, 则 F 在 R_Δ 上非常数.

证明. 假设 F 在 R_Δ 上为常数. 考虑 $\mathbf{C}^2$ 上的有理映射

$$\theta(z_1, z_2) = (z_1 + 1/z_2, \mathrm{i}(z_1 - 1/z_2)).$$

根据构造, $\theta(R_\Delta)$ 为 $\mathbf{R}^2$ 中的开集. 函数 $\theta \circ F \circ \theta^{-1}$ 为 $\mathbf{C}^2$ 上一个有理函数且在 $\mathbf{R}^2$ 的一个开子集上为常数 (有理函数为多项式的商), 这就迫使 $\theta \circ F \circ \theta^{-1}$ 恒为常数, 从而 F 恒为常数. □

22.7　单　同　态

设 α 为 $\mathbf{C} \cup \{\infty\}$ 上阶数为 2 的固定 $0, \infty$ 的旋转. 给定两个不同的复数 $z, w \in \mathbf{C}$, 设 $\beta_{z,w}$ 为 3 阶分式线性变换, 它固定 z, w 且绕 z 旋转 $2\pi/3$ (在无穷小意义下).

$\mathrm{SL}_2(\mathbf{C})$ 中有一个矩阵表示 α, 同时可以在 $\mathrm{SL}_2(\mathbf{C})$ 中找到连续变化的矩阵表示 $\beta_{z,w}$. 这些矩阵的元素均为 z, w 的多项式. 因此, 任意两个 $\beta_{z,w}, \beta_{z',w'}$ 在 $\mathrm{SL}_2(\mathbf{C})$ 中共轭, 共轭矩阵的元素为 z, w 的多项式. 为了记号简洁, 把 $\alpha, \beta_{z,w}$ 与它们的矩阵表示不加区分.

定义同态 $\rho_{z,w} : \mathit{\Gamma} \to \mathrm{SL}_2(\mathbf{C})$, 将 A 变到 α, B 变到 $\beta_{z,w}$, 并通过矩阵乘积将 $\rho_{z,w}$ 拓展到整个 $\mathit{\Gamma}$.

引理 22.11. 假设存在 $z \in \mathbf{C}$ 满足: 对于 $w = -1/\overline{z}$, 同态 $\rho_{z,w}$ 为单射, 则存在一个从 $\mathit{\Gamma}$ 到 $\mathrm{SO}(3)$ 的单同态.

证明. 令 $\phi : S^2 \to \mathbf{C} \cup \{\infty\}$ 为球极平面投影. 映射 $\phi^{-1} \circ \alpha \circ \phi$ 为 S^2 上阶数为 2 的旋转. 由第 14.3 节习题 14.9 及上一节习题 22.5, 有

$$\phi^{-1} \circ \beta_{z,w} \circ \phi$$

为 S^2 上阶数为 3 的旋转, 其中 $w = -1/\overline{z}$. 这样的话, 共轭映射 $\phi^{-1} \circ \beta_{z,w} \circ \phi$ 为从 $\mathit{\Gamma}$ 到 $\mathrm{SO}(3)$ 的一个同态. 当 $w = -1/\overline{z}$ 时, 这个同态为单同态当且仅当 $\rho_{z,w}$ 为单同态. □

为了完成证明, 只需要证明存在 $z \in \mathbf{C}$ 使得 $\rho_{z,w}$ 为单射. 当 $w=-1/\overline{z}$ 时, 记 $\rho_z=\rho_{z,w}, w=-1/\overline{z}$. 给定任何 $\gamma \in \Gamma$, 用 $S(\gamma) \subset \mathbf{C}$ 表示使得$\rho_z(\gamma)$ 不为单位矩阵的所有点 $z \in \mathbf{C}-\{0\}$ 的集合. 令 $z=x+\mathrm{i}y$. 可以看出 $w=-1/\overline{z}$ 的坐标为 (x,y) 的有理函数, 任何一个 (x,y) 的有理函数要么恒为零, 要么在一个疏集上为零, 因此 $S(\gamma)$ 要么为空集, 要么为开的稠密集.

习题 22.6. 平面的 Baire 纲定理断言: $\mathbf{C}$ 中可数个开稠密集的交集非空. 证明这一结论.

暂且假设对所有非平凡的 $\gamma \in \Gamma$, $S(\gamma)$ 非空, 则根据 Baire 纲定理, 交集 $\bigcap\limits_{\gamma} S(\gamma)$ 非空. 在该交集中任选一个 z, 则 ρ_z 为单射. 因此为完成定理的证明, 只需要证明 $S(\gamma)$ 永远非空.

任意固定一个 γ, 我们来证明 $S(\gamma)$ 非空. 暂且允许 w 自由变化 (即不一定等于 $-1/\overline{z}$). 设 F_{ij} 为矩阵 $\rho_{z,w}(\gamma)$ 的第 (i,j) 个元素, 这里 F_{ij} 为 z,w 的多项式.

引理 22.12. 存在 i,j, 使得 F_{ij} 非平凡.

证明. 下面是证明的关键. 选取 (z,w) 使得 $\rho(\Gamma)$ 与第 19.3 节及第 20.3 节中的双曲模群共轭. 此时矩阵 $\rho_{z,w}(\gamma)$ 不是单位元, 因为在双曲模群中的相应元素在双曲平面上的作用是非平凡的, 因此该矩阵作为 z,w 的函数不可能是常数. □

根据引理 22.12, 多项式 F_{ij} 在 $\mathbf{C}^2$ 上非常数, 从而根据引理 22.10, F_{ij} 在 R_Δ 上也非常数, 从而 $\rho_z(\gamma)$ 的某些元素不是 z 的常数函数, $\rho_z(\gamma)$ 不可能对所有 z 都是单位矩阵, 因此 $S(\gamma)$ 非空. 这就证明了整个定理.

第 23 章　Dehn 剖分定理

在第 8.5 节中我们知道两个相同面积的多边形彼此剖分等价. 本章的目的是证明 Dehn 剖分定理. 该定理指出类似的结论在 3 维不成立.

23.1　结　论

多面体是边界为有限个多边形的立体, 这些多边形称为多面体的面. 要求这些面要么不相交, 要么相交于一条棱, 要么相交于一个顶点. 最后要求每条棱只可能属于两个面.

一个多面体 P 的剖分是指将 P 看作有限个小的多面体的并集:

$$P = P_1 \cup \cdots \cup P_n, \tag{23.1}$$

使得这些小的多面体的内部不两两相交. 注意, 这里并不要求这些小的多面体相交在面上.

如果 $P = P_1 \cup \cdots \cup P_n$, $Q = Q_1 \cup \cdots \cup Q_n$, 使得 P_k 与 Q_k 等距同构, 那么多面体 P, Q 称为剪刀全等. 有时人们要求这些等距同构是保持定向的, 但事实上等距同构下剪刀全等的多面体与保持定向下的剪刀全等完全等价. (这个简单事实对我们来说其实不重要.)

1900 年, David Hilbert 提出了 23 个问题, 又称"Hilbert 问题". 其中 Hilbert 第 3 问题是: 体积相等的两个多面体是否剪刀全等? (Hilbert 猜测的答案是否定的.) 从 1900 年到现在, Hilbert 23 问题中的许多问题极大地刺激了数学的发展, 但是第 3 问题早在 1901 年就被 Max Dehn 解决了. 1901 年 Dehn 证明了下面的结论:

定理 23.1. 相同体积的立方体与正四面体彼此不剪刀全等.

习题 23.1. 三棱柱是一个多面体, 有 5 个面, 其中 2 个面平行, 因此三棱柱的横截面为三角形. 证明任意两个体积相等的三棱柱剪刀全等. (提示: 设法将问题归结为多边形的剖分.)

23.2 二 面 角

二面角是多面体在一条棱上的角度. 为了定义这个角, 将多面体做旋转使得该棱竖直, 然后从上往下垂直地看该多面体, 该棱所在的两个面就变成了两条线, 二面角就定义为这两条线的夹角. 这里使用的夹角度量为弧度量除以 2π, 因此直角的角度为 1/4, 所有正方体的二面角均为 1/4.

正四面体在所有棱上的二面角均相等. 我们将证明该角度为无理数. 从几何上讲, 这意味着在一条棱上不可能用有限个四面体来拼满这条棱, 即使允许这些四面体在完全对合之前彼此重叠.

将四面体的一条棱竖直摆放. 不把四面体看作 $\mathbf{R}^3$ 的子集, 而是将其看作 $\mathbf{C}\times\mathbf{R}$ 的子集更加方便且有用, 其中 $\mathbf{C}$ 为复平面. 这是一个很好的描述垂直方向的方法.

考虑复数

$$w=\frac{1}{3}+\frac{2\sqrt{2}}{3}\mathrm{i}. \tag{23.2}$$

注意 $|w|=1$. 令 T_0 为四面体, 其顶点为

$$(1,0),\quad (w,0),\quad (0,\frac{1}{\sqrt{3}}),\quad (0,-\frac{1}{\sqrt{3}}).$$

习题 23.2. 验证 T_0 为正四面体.

考虑以下列点为顶点的四面体 T_n

$$(w^n,0),\quad (w^{n+1},0),\quad (0,\frac{1}{\sqrt{3}}),\quad (0,-\frac{1}{\sqrt{3}}).$$

四面体 $T_0,T_1,T_2,\cdots$ 通过 T_0 围绕竖轴进行旋转得到. 对所有 n, T_{n+1},T_n 共有一面. 说二面角为无理数等价于说序列 $T_0,T_1,T_2,\cdots$ 有无限长. 这等于说不存在 n, 使得 $w^n=1$.

下一节将证明不存在正整数 n, 使得 $w^n=1$. 这意味着 $T_0,T_1,T_2,\cdots$ 的确是无穷序列. 因此正四面体的二面角为无理数.

23.3 无理性的证明

本节证明对任何正整数 n, 复数

$$w=\frac{1}{3}+\frac{2\sqrt{2}}{3}\mathrm{i} \tag{23.3}$$

不是方程 $w^n=1$ 的根.

习题 23.3. 验证对 $n=1,2,3,4,5,6$, $w^n\neq 1$. 验证 $w^2=2w/3-1$.

由习题 23.3, 只需要验证 $n\geq 7$ 的情形. 令 $G(w)$ 为形如 $a+bw$ 的数的全体, 其中 a,b 为整数. $G(w)$ 为离散集: 每个圆盘与 $G(w)$ 的交集为有限集, 因为 w 不是实数, 因此看作平面向量的话, $1,w$ 是线性无关的.

假设 $n\geq 7$ 为满足 $w^n=1$ 的最小正整数. 设 $\mathbf{Z}[w]$ 为形如

$$a_1w+a_2w^2+\cdots+a_nw^n \tag{23.4}$$

的数的集合, 其中 $a_1,\cdots,a_n$ 为整数.

$$(w^a-w^b)^c\in\mathbf{Z}[w] \tag{23.5}$$

对任何正整数 a,b,c 均成立. 这是因为 $w^n=1$ 至少有 7 个 w 的正整数次方幂在单位圆上, 因此至少其中两个之间的距离小于 1. 因此存在正整数 a,b 使得$|z|<1$, 这里 $z=w^a-w^b$. 序列 $z,z^2,z^3,\cdots$ 都属于 $\mathbf{Z}[w]$ 且它们彼此不同, 因为 $|z^{n+1}|=|z||z^n|<|z^n|$, 所以 $\mathbf{Z}[w]$ 不是离散的.

利用习题 23.3, 我们有 (译注: 原文有误)

$$w^3=w\times w^2=w(\frac{2}{3}w-1)=\frac{2}{3}w^2-w=-\frac{5}{9}w-\frac{2}{3}.$$

对 w 的高次幂可以做类似的计算. 一般地,

$$3^n(a_1w+\cdots+a_nw^n)=\text{整数}+\text{整数}\times w \tag{23.6}$$

对任何整数 $a_1,\cdots,a_n$ 均成立. 但是这样 $\mathbf{Z}[w]$ 就包含在 $G(w)/3^n$ 中, 从而是离散的, 但是我们证明了 $\mathbf{Z}[w]$ 不是离散的, 从而导出矛盾.

23.4　有理向量空间

设 $\mathcal{R}=\{r_1,\cdots,r_N\}$ 为有限个实数的集合. 设 $\boldsymbol{V}$ 为形如

$$a_0+a_1r_1+\cdots+a_Nr_N,\quad a_0,a_1,\ldots,a_N\in\mathbf{Q}$$

的数的全体. $\boldsymbol{V}$ 是一个有理系数的有限维向量空间.

定义 $\boldsymbol{v}_1,\boldsymbol{v}_2\in\boldsymbol{V}$ 相互等价, 如果 $\boldsymbol{v}_1-\boldsymbol{v}_2\in\mathbf{Q}$, 记为 $\boldsymbol{v}_1\sim\boldsymbol{v}_2$. 设 $[\boldsymbol{v}]$ 为 $\boldsymbol{V}$ 中与 $\boldsymbol{v}$ 等价的向量全体, 设 $\boldsymbol{W}$ 为 $\boldsymbol{V}$ 的等价类. $\boldsymbol{W}$ 上的两种运算满足

$$[\boldsymbol{v}]+[\boldsymbol{w}]=[\boldsymbol{v}+\boldsymbol{w}],\quad r[\boldsymbol{v}]=[r\boldsymbol{v}].$$

$\boldsymbol{W}$ 上的零元为 $[\mathbf{0}]$.

习题 23.4. 证明以上定义均合理, $\boldsymbol{W}$ 成为有理系数的有限维向量空间.

设 $\boldsymbol{v}_1,\cdots,\boldsymbol{v}_m$ 为 $\boldsymbol{V}$ 的一组基, $\boldsymbol{w}_1,\cdots,\boldsymbol{w}_n$ 为 $\boldsymbol{W}$ 的一组基, $\boldsymbol{V}$ 与 $\boldsymbol{W}$ 的张量积 $\boldsymbol{V}\otimes\boldsymbol{W}$ 为形如

$$\sum_{i,j} a_{ij}(\boldsymbol{v}_i\otimes\boldsymbol{w}_j),\quad a_{ij}\in\mathbf{Q}, \tag{23.7}$$

的有理系数线性空间. 这里 $\boldsymbol{v}_i\otimes\boldsymbol{w}_j$ 为一个形式符号, 但是 $\otimes$ 以复杂的方式定义了从 $\boldsymbol{V}\times\boldsymbol{W}$ 到 $\boldsymbol{V}\otimes\boldsymbol{W}$ 的双线性映射

$$\left(\sum a_i\boldsymbol{v}_i\right)\otimes\left(\sum b_j\boldsymbol{w}_j\right)=\sum a_ib_j(\boldsymbol{v}_i\otimes\boldsymbol{w}_j). \tag{23.8}$$

$m\times n$ 元素 $\{1(\boldsymbol{v}_i\otimes\boldsymbol{w}_j)\}$ 为 $\boldsymbol{V}\otimes\boldsymbol{W}$ 的一组基.

以下为 $\boldsymbol{V}\otimes\boldsymbol{W}$ 的基本性质. 若 $\boldsymbol{v}\in\boldsymbol{V}$ 非零且 $\boldsymbol{w}\in\boldsymbol{W}$ 也非零, 则 $\boldsymbol{v}\otimes\boldsymbol{w}$ 非零. 这可以通过将 $\boldsymbol{v},\boldsymbol{w}$ 在一组基下表示出来并考虑式 (23.8) 得到, 至少某个 a_ib_j 非零. 特别地,

$$6\otimes\delta\neq 0, \tag{23.9}$$

这里 δ 为正四面体的二面角, $\mathcal{R}$ 包含 δ.

23.5 Dehn 不变量

设 $\mathcal{R}=\{r_1,\cdots,r_N\}$ 为有限个实数的集合. 设 $\boldsymbol{V},\boldsymbol{W}$ 为上一节考虑的向量空间, $\boldsymbol{V}$ 为有理系数的形如

$$a_0+a_1r_1+\cdots+a_Nr_N,\quad a_0,a_1,\ldots,a_N\in\mathbf{Q}$$

的数的全体. $\boldsymbol{W}$ 为 $\boldsymbol{V}$ 的有理系数等价类空间.

假设 X 为一个多面体. 设 $\lambda_1,\cdots,\lambda_k$ 表示 X 所有边的长度, 设 $\theta_1,\cdots,\theta_k$ 为相应的二面角的角度. 如果

$$\lambda_1,\cdots,\lambda_k,\theta_1,\cdots,\theta_k\in\mathcal{R}, \tag{23.10}$$

那么 X 称为 $\mathcal{R}$ 适应的.

若 X 为 $\mathcal{R}$ 适应的, 则定义 Dehn 不变量为

$$\langle X\rangle=\sum_{i=1}^{k}(\lambda_i\otimes[\theta_i])\in\boldsymbol{V}\otimes\boldsymbol{W}. \tag{23.11}$$

这里 $\otimes$ 按 (23.7) 定义. 加法有定义, 因为 $\boldsymbol{V} \otimes \boldsymbol{W}$ 为向量空间.

假设 P, Q 分别为正方体和正四面体且体积相等. 假设 $\mathcal{R}$ 选取得足够大, 使得 P, Q 为 $\mathcal{R}$ 适应的. 设 λ_P, λ_Q 分别为 P, Q 的边长, δ_P, δ_Q 分别为 P, Q 的二面角. 我们有 $[\delta_P] = [1/4] = [0]$, 因为 $1/4$ 为有理数. 另一方面已经证明 δ_Q 为无理数, 因此 $[\delta_Q] \neq [0]$, 由此得到

$$\langle P \rangle = 12\lambda_P \otimes [\delta_P] = [0], \ \langle Q \rangle = 6\lambda_Q \otimes [\delta_Q] \neq [0]. \tag{23.12}$$

特别地,

$$\langle P \rangle \neq \langle Q \rangle. \tag{23.13}$$

为证明 Dehn 定理, 想法是证明 Dehn 不变量对两个剪刀全等的多面体是一样的. 下一节的结论对证明这一论断非常重要.

23.6　平整剖分

多面体 X 为一个平整剖分是指 $X = X_1 \cup \cdots \cup X_N$, 其中 X_i $(i = 1, \cdots, N)$ 为不相交或者仅共有一面、一棱或者一个顶点的多面体. $\mathcal{R}$ 如上定义.

引理 23.2. 假设 $X = X_1 \cup \cdots \cup X_N$ 为一个平整剖分, 且每个剖分成员为 $\mathcal{R}$ 适应的多面体. 则

$$\langle X \rangle = \langle X_1 \rangle + \cdots + \langle X_N \rangle.$$

证明. 我们将用 Y 来表示一个典型的多面体. 一个标志是指一个序对 (e, Y), 其中 e 为 Y 的一条棱, 则

$$\langle X_1 \rangle + \cdots + \langle X_N \rangle = \sum_{f \in F} \lambda(f) \otimes \theta'(f).$$

设 S 为上式右端的和, 这里 F 为所有标志的全体. $\lambda(f), \theta'(f)$ 分别为对应于标志 f 的棱长和二面角. 将标志 (e, Y) 做如下分类:

- 第一类: e 不在 X 的边界上.

- 第二类: e 在 X 的边界上但不在棱上.

- 第三类: e 在 X 的棱上.

将 S 分解为 $S = S_1 + S_2 + S_3$, 其中 S_j 为关于所有第 j 类标志的和.

两个标志 $(e, Y), (e', Y')$ 称为强等价当且仅当 $e = e'$. 给定一个第一类边 e, 设 $\theta_1, \cdots, \theta_m$ 为包含 e 的标志的二面角. 由平整剖分定理, 最小多面体围绕 e 有完整的拼合, 因此 $\theta_1 + \cdots + \theta_m = 1$, 从而

$$\sum \lambda(e) \otimes [\theta_j] = \lambda(e) \otimes \sum [\theta_j] = \lambda(e) \otimes [1] = 0.$$

对所有第一类标志等价类求和得到 $S_1 = 0$. 类似地, $S_2 = 0$, 此时 $\theta_1 + \cdots + \theta_m = 1/2$.

现在证明 $S_3 = \langle X \rangle$. 定义弱等价类如下: $(e, P), (e', P')$ 称为弱等价的当且仅当 e 与 e' 落在 X 的同一条棱上. 存在一个从弱等价类的全体到 X 的棱的全体的一个双射. 设 e 为 X 的一条棱, 棱长为 λ, 二面角为 θ. 设 $e_1, \cdots, e_m$ 为不同的棱且与 e 弱等价, 用显然的记号, $\lambda = \lambda_1 + \cdots + \lambda_m$. 设 $\theta_{j1}, \cdots, \theta_{jm_j}$ 为 e_j 所在的强等价类中所有的二面角, 则 $\theta_{j1} + \cdots + \theta_{jm_j} = \theta$. 关于 e 的弱等价类求和, 有

$$\sum_{j,k} \lambda_j \otimes [\theta_{jk}] = \sum_j \lambda_j \otimes [\theta] = \lambda(e) \otimes [\theta(e)],$$

再关于所有棱的弱等价类求和, 得到 $S_3 = \langle X \rangle$. □

23.7 定理证明

设 P 为正方体, Q 为正四面体. 假定 $P = P_1 \cup \cdots \cup P_n$ 与 $Q = Q_1 \cup \cdots \cup Q_n$.

首先来构造新的剖分使其成为平整剖分. 以下是构造过程. 设 $\Pi_1, \cdots, \Pi_k$ 为所有剖分多面体的每个面所在的平面构成的序列. 一个整块是指 $P - \cup \Pi_j$ 的一个分支的闭包, 则得到每个剖分多面体 P_i 的一个整块平整剖分

$$P_i = P_{i1} \cup \cdots \cup P_{in_i}, \tag{23.14}$$

其中每一个 P_{ij} 均为整块, 以及 P 的一个整块平整剖分

$$P = \cup P_{ij}. \tag{23.15}$$

类似地得到 Q 的一个整块平整剖分. 在式 (23.15) 所示的整块平整剖分下, P, Q 不一定剪刀全等, 但是这不重要.

设 $\mathcal{R}$ 为在 P, Q 的剖分中出现的所有多面体的棱长以及二面角. 设 $\boldsymbol{V} \otimes \boldsymbol{W}$ 为 $\mathcal{R}$ 适应的向量空间 (上节定义的). 在 $\boldsymbol{V} \otimes \boldsymbol{W}$ 上计算 Dehn 不变量, 有

$$\langle P \rangle = \sum \langle P_{ij} \rangle = \sum \langle P_i \rangle = \sum \langle Q_i \rangle = \sum \langle Q_{ij} \rangle = \langle Q \rangle. \tag{23.16}$$

第一个等式是将引理 23.2 用在式 (23.15) 上, 第二个等式是将引理 23.2 用在式 (23.14) 中每个剖分上然后再相加, 中间的等式是因为 Dehn 不变量在等距同构下不变, 最后两个等式与前两个等式成立的原因相同. 总之, $\langle P \rangle = \langle Q \rangle$, 这与计算得到的 $\langle P \rangle \neq \langle Q \rangle$ 相矛盾. 因此, 唯一的可能就是正方体与正四面体不剪刀全等.

习题 23.5. 在体积为 1 的 Plato 立方中哪些彼此剪刀全等?

第 24 章 Cauchy 刚性定理

本章的目的是证明严格凸多面体的 Cauchy 刚性定理. [AIZ] 中有另一个证明. 正如 [AIZ] 的作者指出的, Cauchy 最初的证明有错误, 正确的证明出现在 I. J. Schoenberg 写给 K. Zaremba 的一封信中.

24.1 主要结论

一个多面体是指边界为有限个多边形 (称为面) 的立方体. 一个多面体 P 称为严格凸的, 如果对于 P 的每一个面 f, 都存在半空间 Π_f, 使得 $P \subset \Pi_f$ 且 $P \cap \partial\Pi_f = f$. 边界 $\partial\Pi_f$ 为 f 的延展平面. 正方体是严格凸多面体.

多面体 P 与 P' 彼此为对方的折曲, 如果存在一个从 ∂P 到 $\partial P'$ 的同胚, 限制在每个面上为等距同构. 换句话说, 存在一个从 P 的面到 P' 的面的一个保持组合结构的双射, 使得对应的面彼此等距同构. 对多边形可以类似地定义折曲的概念, 则我们看到任何一对边长为 1 的菱形彼此折曲. Cauchy 刚性定理指出这种情形 (存在多个互为折曲的多边形) 在 3 维不可能, 至少在凸多面体情形不可能.

定理 24.1 (Cauchy 刚性定理). 设 P 与 P' 为两个严格凸多面体. 若 P 与 P' 互为折曲, 则 P 与 P' 等距同构.

习题 24.1. 举例说明 Cauchy 刚性定理在去掉凸性条件后不总成立.

令人惊讶的是 Robert Connelly 发现了一组连续变化的多面体, 其中任意两个互为折曲. 换言之, Connelly 的例子是名副其实的折曲.

24.2 对偶图

P 的面上存在一个良好的图, 称为对偶图. 在 P 的每个面上选一个新的顶点, 两个顶点之间有边连接当且仅当相应的两个面共有一条棱.

有一个很好的几何方法来表示对偶图. 设 S 为一个点集, 由 P 的每一个面上分别取定的一个内点组成. 为了避免不确定, 可以取 P 的每个面的质心. 设 P^* 为以 S 为顶点集的凸多面体. 准确地说, P^* 为 S 的凸包, 即 $\mathbf{R}^3$ 中所有包含 S 的闭凸子集的交集. 对偶图为 P^* 的顶点与棱的交集.

习题 24.2. 若 P 是 Plato 立体, 则 P^* 也是. 若 P 为正方体, 则 P^* 为八面体. 若 P 为十二面体, 则 P^* 为二十面体. 若 P 为四面体, 则 P^* 也是四面体, 不过 P^* 要略小一些. 画图来验证这些论断.

为了最好地展示对偶图, 将 P^* 放在一个球中, 然后将对偶图通过关于 P^* 的某个内点径向投影到球面上, 然后将该球面变换到单位球面 S^2, 从而得到 S^2 上的一个图 Γ, 它的边为圆弧, $S^2-\Gamma$ 的每个分支均为多边形, 边界由圆弧组成. 重要的是, 每个分支均同胚于开圆盘.

多面体 P 的棱的全体与对偶图的棱的全体之间存在一个自然的一一对应. 如果在 P 上直接画出对偶图, 那么对偶图的每条边与 P 的某条棱相交, 反之亦然. 因此, 给定一个 P 的棱的标号, 就可以一一对应得到对偶图 Γ 的棱上的标号, 这里对偶图看作 S^2 上的图.

24.3　证明大略

P 的每条棱 e 都有 P' 的一条对应棱 e'. 设 $\theta(e)$ 为 P 在 e 的二面角, $\theta(e')$ 为 P' 在 e' 的二面角. (二面角为有公共棱的两个面的夹角.) 根据 $\theta(e)-\theta(e')$ 为正, 为负, 还是为 0, 将边标上 $(+),(-)$, 或者 (0). 然后将这组标号转移到 S^2 中的对偶图 Γ 上, $S^2-\Gamma$ 的每一个分支 C 的边界为 Γ 的一条闭路. 依次, 比如说按顺时针顺序, 读这些标号, 得到 $\{+,-,0\}$ 的元素组成的一个循环的标号串 $L(C)$.

如果将所有 0 从标号串 $L=L(C)$ 中删除, 得到一个非空标号串, 最多有一次从 $+$ 变到 $-$, 那么 L 称为“坏”的. 否则, L 称为“好”的. 比如 $(+0+---00+)$ 是一个“坏”的标号串, 而 $(++---+-)$ 是一个“好”的标号串. 下面证明两个结论, 第一个有关几何性质, 第二个有关组合性质.

引理 24.2. 对 $S^2-\Gamma$ 的任意分支 C, $L(C)$ 为“好”的标号串.

引理 24.3. 设 Γ 为 S^2 上的图, 使得 $S^2-\Gamma$ 的每个分支均为嵌入的拓扑圆盘. 假设 Γ 的棱的标号不平凡 (译注: 即不全为 0 标号), 则存在至少一个 $S^2-\Gamma$ 的分支, 使得 $L(C)$ 为“坏”标号串.

除非 Γ 的标号完全平凡, 否则这两个引理相互矛盾. 从而得到 $\theta(e) = \theta(e')$ 对 P 的所有棱 e 都成立. 这意味着, P 与 P' 等距同构.

习题 24.3. 用纸板做 4 个等边三角形并在顶点处黏成半个八面体, 对偶图 Γ 中与之对应的部分是一个四边形. 将这半个八面体进行折曲, 我们将会看到唯一可能的非平凡标号为 $(+-+-)$ 或者 $(-+-+)$. 将这一结论与第 9 章习题 9.5 做比较.

习题 24.4. 不要看下面引理 24.3 的冗长证明, 给出该引理在正方体情形的证明.

习题 24.3 与习题 24.4 合起来证明了当 P 为正方体时 (译注: 原文有误) 的 Cauchy 刚性定理.

习题 24.5. 给出引理 24.3 在 P 为十二面体时的直接证明.

24.4 引理 24.3 的证明

在证明引理 24.3 之前, 我们先来做个习题热热身.

习题 24.6. 一个线场是指球面上连续变换的切线场, 即, 对每一点 $p \in S^2$, 在切空间 $T_p(S^2)$ 中选一条切线 L_p 使其连续依赖于 p. 证明 S^2 上不存在连续线场. 这个结论不是第 9 章毛球定理的推论, 但是其证明方法与毛球定理类似.

设 P 为棱上带有标号 $+, -$ 的多边形. 如果 P 的边界标号串是"好"的, 那么称它有一个"好"的标号. 即, 至少有两次从 $+$ 到 $-$ 的变号. 一个具有"好"的标号的四边形的标号必然是 $(+-+-)$ (不计循环置换). 图 24.1 显示如何将具有"好"的标号的多边形分割成具有"好"的标号的四边形. 在分割的过程中允许添加边和顶点.

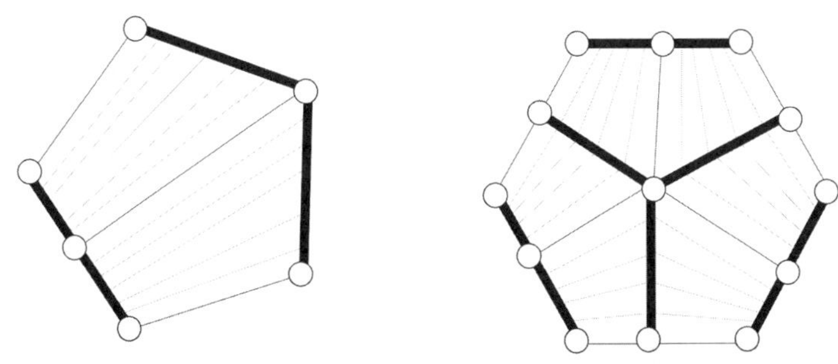

图 24.1: 添加边与顶点并用曲线填充

习题 24.7. 假设 P 为带有"好"的标号的多边形, 所有边的标号均非零. 证明: 可以将 P 剖分成正负标号相间的四边形, 并且扩充 P 的标号使得从每个顶点出发至少有 3 条边, 且这些边不可能连续出现 3 个 $+$.

不含零标号的情形: 先在所有边的标号都非零的情形下证明引理 24.3. 把 P 看作一个平坦锥形曲面. 设 P' 为 P 除去顶点. 将 P 的分拆中的每个四边形成员用垂直于标有 (+) 的边且平行于标有 (–) 的边的弧线填满. (图 24.2 右上图展示了在 T 形交界处弧线的分布情况.) 这些曲线在标有 (+) 的棱上拼合起来成为填满 P' 的曲线. 这些曲线的切线构成了 P' 的一个连续线场.

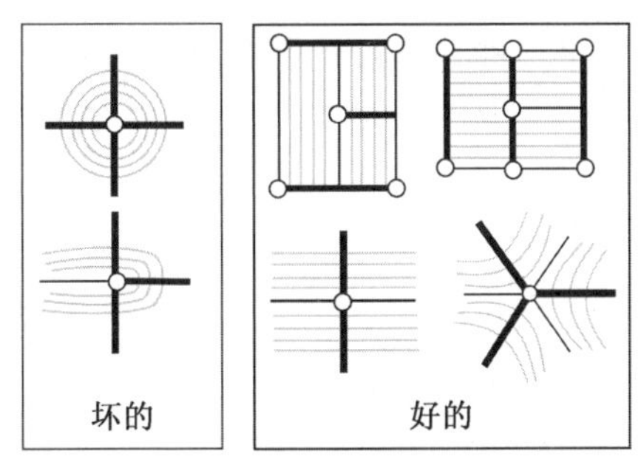

图 24.2: 顶点附近的好线场与坏线场

下面模仿第 9.6 节毛球定理的证明来说明这样的线场是不可能存在的. 给定 P' 中一个定向的环路 γ. 定义 $w(\gamma)$ 为线场沿着 γ 顺时针朝 γ 的切线方向转动的次数. 为了选定方向, 将 P 看作 $\mathbf{C}\cup\{\infty\}$ 且要求 0 和 ∞ 不是顶点.

设 γ_0 为环绕原点的逆时针方向的小环路. 设 γ_1 为一个大的环路, 环绕 P 的所有顶点. 设 $\{\gamma_t|t\in[0,1]\}$ 为 γ_0 与 γ_1 的同伦. 假想 γ_t 从 γ_0 逐渐扩

张成为 $\gamma_1(t)$ (如图 9.3 所示). 首先, $w(\gamma_0) = 2$ (当沿着 γ_0 绕半圈时, 线场已经回到了它最初的位置). 类似于毛球定理, 可以用图 9.3 右图的同伦证明 $w(\gamma_1) = -2$.

$w(\gamma_t)$ 的值只有当 γ_t 经过 P 的顶点时才会改变. 当 γ_t 经过顶点时, 有

$$w(\gamma_{t+\epsilon}) = w(\gamma_{t-\epsilon}) + w(\beta) - 2, \tag{24.1}$$

其中 β 为逆时针环绕该顶点的小环路. 选择 ϵ 使得 $\gamma_{t-\epsilon}$ 与 $\gamma_{t+\epsilon}$ 只在顶点的小邻域处不相同. 因此, $\gamma_{t+\epsilon}$ 通过在 $\gamma_{t-\epsilon}$ 上添加 β 得到. 若线场可以连续延拓到顶点处, 则公式 (24.1) 显然成立, 因为此时 $w(\beta) = 2$, 所以 $w(\gamma_{t+\epsilon}) = w(\gamma_{t-\epsilon})$. 这说明公式 (24.1) 正确反映了局部分析性质对环绕数的影响.

习题 24.7 的条件迫使 $w(\beta) \geq 2$. 因为这些条件保证与线场相切的曲线永远不会连接从同一个顶点出发的标有 (+) 的相邻边上的点. 这就排除了图 24.2 左图所示的一些坏的情形. (图 24.2 右图给出了一部分可能的情形, 但并非所有可能情形.)

因为 $w(\beta) \geq 2$, 所以 $w(\gamma_{t+\epsilon}) \geq w(\gamma_{t-\epsilon})$. 但是 $w(\gamma_1) \geq 2$, 这是个矛盾.

包含零标号的情形: 现在来看一般情形. 即, P 存在标号为 0 的棱但仍然是“好”的标号. 对标号为 0 的棱的个数 Z 进行归纳. $Z = 0$ 的情形已经证明了. 假设 Z 为使结论不成立的最小个数. 设 e 为某个标号为 0 的棱, 可以构造 S^2 上的一个新图 Γ_e, 将 e 缩成一个点, 所有与 e 相交的棱也相交于该点, 如图 24.3.

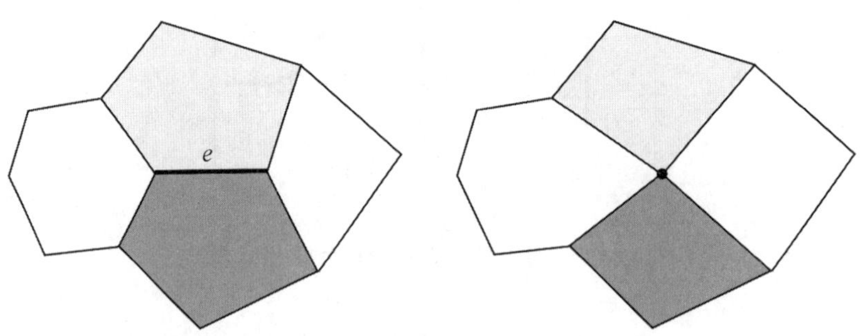

图 24.3: 将边缩成一点

这一操作只改变了 $S^2 - \Gamma$ 的两个以 e 为边的分支, 这两个分支最初至少有 5 条边, 因为至少有两次标号改变. 将 e 缩成一点之后, 新的分支至少有

4 条边, 仍然有两次标号改变, 从而就构造出了 $Z-1$ 个标号为 0 的边的反例, 这是一个矛盾.

24.5　Cauchy 手臂引理

一条球面手臂是指包含在严格凸的球面多边形的边界中的连通的多边形弧段. 按照定义, 这说明一条球面手臂必定包含在某个半球面中.

一条球面手臂由有限个大圆弧段联结而成. 我们要求球面手臂的两端点不重合, 因此它不会形成围绕球面多边形的一个闭路.

给定两条球面手臂 $A(0), A(1)$, 每条均包含 n 条测地线段. 设 $A_1(k), \cdots, A_n(k)$ 为构成 $A(k)$ 的测地线段. 最后设 $\theta_j(k)$ 为 $A(k)$ 在顶点 $a_j(k)$ 处的内角. 由于凸性, 内角的定义是合理的. 图 24.4 给出一个严格球面手臂的例子.

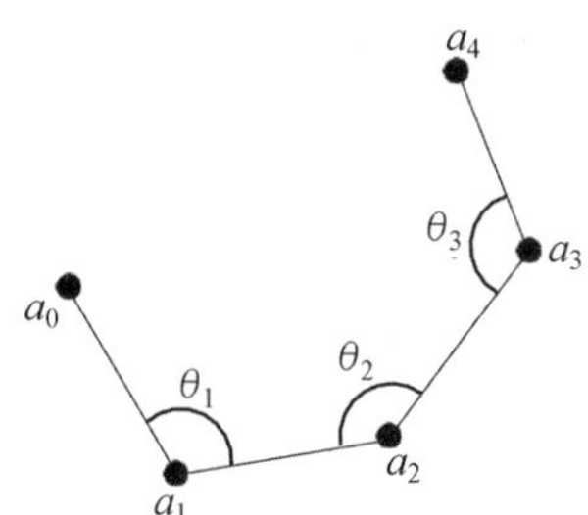

图 24.4: 长度为 4 的球面手臂

引理 24.4 (Cauchy 手臂引理). 假设对所有 $j=1,2,\ldots,n$, $A_j(0)$ 与 $A_j(1)$ 的长度相等, $\theta_j(0) \leq \theta_j(1)$ 对所有 j 成立, 且存在某个 j, 使得不等式严格成立, 则

$$d(a_0(0), a_n(0)) < d(a_0(1), a_n(1)).$$

这里 d 为球面距离.

稍后会给出该引理的证明. 这里的证法与 [AIZ] 相似, 但是我们将给出更多细节. 从直觉来讲, $A(1)$ 是 $A(0)$ 的伸展, 所以端点之间的距离更远. 事实上, 可以尝试通过每次增加一个内角的方法证明这一论断. 这似乎意味着归纳法可以奏效, 但是细节的处理非常棘手. 原因是当依次增加每个内角的

度数时，得到的手臂可以不再是严格凸的，这就使得很难给出一个直观的证明. 尽管最后的证明还是沿着这条思路进行的，但是归纳的过程非常困难.

24.6 引理 24.2 的证明

现在我们来证明引理 24.2.

证明. 设 v 为严格凸多面体 P 的一个顶点，Σ 为以 v 为心的小球面. 交集 $\partial P \cap \Sigma$ 为一个凸球面多边形. 通过伸缩变换，可以认为这是单位球面 S^2 上的凸多边形.

分别对 P 与 P' 上的伙伴点 v, v' 进行上述操作，从而得到两个凸球面多边形 C 与 C'. C 的边的长度与 C' 的边长相等，像 Cauchy 手臂定理中一样. 将 C 的顶点按照相应内角大小标号.

若标号是"坏"的，则可以找到 C 的一条弦使得所有 $(+)$ 标号的边都在 C 的一侧，而 $(-)$ 标号的边都在 C 的另一侧，如图 24.5 所示. 设 p, q 为该弦的两个端点. 令 C_1 为联结 p, q 的 C 的其中一段弧，而 C_2 为另一段弧. 记 C_1', C_2' 为 C' 上相应的弧段.

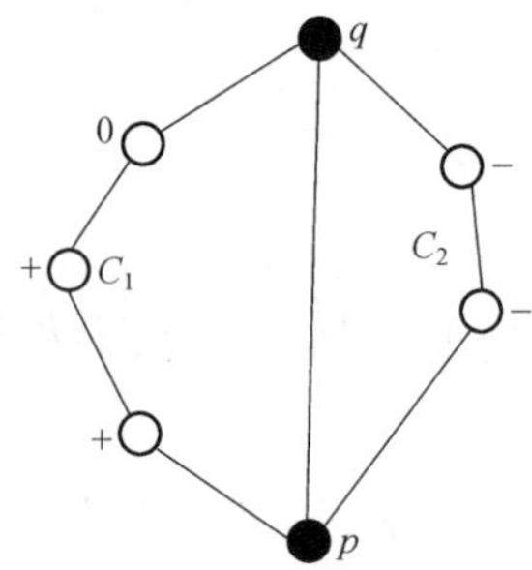

图 24.5: 将多边形分成两个部分

对 C_1, C_1' 应用 Cauchy 手臂引理，得到

$$d(p, q) > d(p', q').$$

对 C_2, C_2' 应用该引理得到相反的不等式，从而矛盾. □

本章剩下的篇幅就是给出 Cauchy 手臂引理的烦琐证明.

24.7 严格凸性的丧失

一个球面手臂在内角增加的过程中很容易丧失其严格凸性. 我们来研究一个简单的情形. 设对所有 $0 \le t < s$, $B(t)$ 为球面手臂. 设

$$b_0, b_1, \cdots, b_{n-1}, b_n(t) \tag{24.2}$$

为 $B(t)$ 的顶点. 假设只有最后一个顶点会移动. 设

$$B_1, \cdots, B_{n-1}, B_n(t)$$

为 $B(t)$ 的相应测地线段. 假定点 b_{n-1} 处的夹角 $\theta(t)$ 当 $t \to s$ 时增加, 但是 $\theta(s) < \pi$. 最后, 假设 $B(s)$ 不再是一个球面手臂. 本节旨在证明下面的技术性结论, 首次阅读 Cauchy 刚性定理的读者可以考虑跳过该引理的证明.

引理 24.5.

$$d(b_0, b_n(s)) = d(b_1, b_n(s)) - d(b_0, b_1).$$

在证明这个引理之前, 需要下面的引理作为准备.

引理 24.6. $B(s)$ 落在某个半球面中.

证明. 用反证法. 假设结论不成立. 对于 $t < s$, 设 $\widehat{B}_n(t)$ 为 $B_n(t)$ 所在的大圆, 如图 24.6 所示.

根据第 9 章习题 9.4, $\widehat{B}_n(t)$ 将球面分为两个半球面, 其中之一包含 $B(t) - B_n(t)$. 将这个半球面记为 $H(t)$. 显然 $H(t)$ 随 t 连续变化. 令

$$H(s) = \lim_{t \to s} H(t).$$

$H(s)$ 不可能包含 $B(s) - B_n(s)$, 否则对 $B(s)$ 扰动使其包含在 $H(s)$ 中.

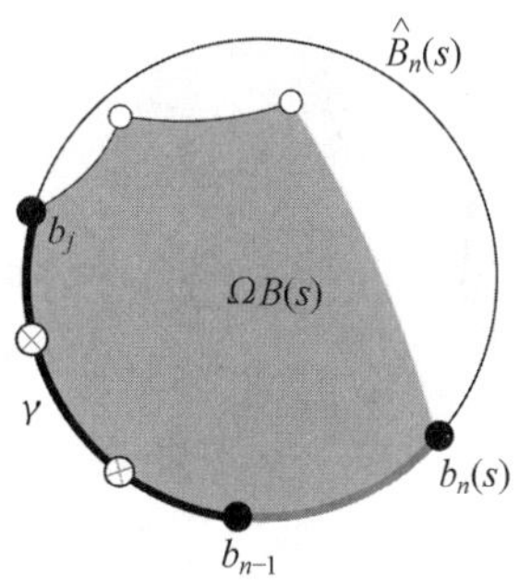

图 24.6: 手臂与大圆

剩下唯一的可能性就是存在某个 $j \le n-2$, 使得 $b_j \in \widehat{B}_n(s)$. 设 γ 为连接 b_{n-1} 与 b_j 的测地线. 注意 γ 不依赖于 t. 设 $\Omega B(t)$ 为 $B(t)$ 的凸包. 因为 $B(t)$ 包含在严格凸的球面多边形中, 所以 $\gamma \subset \Omega B(t)$. 令 $t \to s$, 有 $\gamma \subset \Omega B(s)$.

γ 的端点不依赖于 s 且不为对径点, 因此过 γ 的端点的大圆是唯一的, 从而 $\gamma \subset \widehat{B}_n(s)$. 但是 $\gamma \subset \Omega B(s)$, 从而必须有

$$b_j, \cdots, b_{n-1}, b_n(s) \in \widehat{B}_n(s).$$

这与 $\theta(s) \in (0, \pi)$ 相矛盾. □

下面证明引理 24.5. 我们知道 $B(s)$ 落在某个半球面中. 因为 $B(s)$ 不是球面手臂, 所以存在严格测地线段 β 与 $B(s)$ 在 3 个点 $\beta_0, \beta_1, \beta_2$ 处相交, 这 3 个点不在同一条边上.

这 3 个点不可能落在任何一条球面手臂中, 所以其中一个点, 比如 β_0, 必须落在 $B_n(s) - \{b_{n-1}\}$ 中. 与引理 24.6 一样的原因 , β_0 不在 $\widehat{B}_n(s)$ 中, 同时 β 不可能在 β_j 处横截于$B(s)$, 否则当 t 充分靠近 s 时, 将会得到类似 3 个点. 因为 β 横截于 $B_n(s)$, β_0 不可能是 $B_n(s)$ 的内点, 因此 $\beta_0 = b_n(s)$.

若 $\beta_1 = b_{n-1}$ 或者 $\beta_2 = b_{n-1}$, 则 $\beta \subset \widehat{B}_n(s)$. 这个已经证明不可能, 因此 β_1, β_2 落在球面手臂 $A = B(s) - B_n(s)$ 中且不可能都是 A 的端点. 若 β_1, β_2 不在 A 的同一条边上, 则 β 横截于A, 从而矛盾. 因此 β_1, β_2 位于 A 的同一条边上, 即, 存在 $j \le n-1$, $\beta_1, \beta_2 \subset B_j$.

若 $j > 1$, 则因为 A 为球面手臂, 所以得到图 24.7 (对应于 $j = 2$ 的情形). 但是此时存在一条过点 $b_n(t)$ 且离 β 很近的测地线与 $B(t)$ 在另外两个点相交. 当 t 接近 s 时, 这是矛盾的. 因此 $j = 1$, β 延长以 b_0, b_1 为端点的边 B_1.

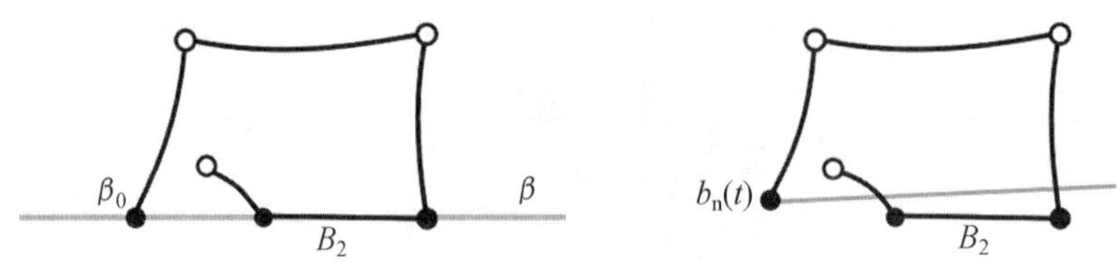

图 24.7: $j = 2$ 的情形

现在知道 $b_0, b_1, b_n(s) \in \beta$. 为了证明引理 24.5, 只需证明 b_0 在 β 上落在 b_1 与 $b_n(s)$ 之间. 否则 b_1 将落在 b_0 与 $b_n(s)$ 之间. 我们证明后者不可能.

设 β^* 为 β 所在大圆上以 b_1 为起点, 远离 b_0 的大半圆. 根据第 9 章习题 9.4, β^* 与测地线段 $\overline{b_0b_2}$ 不相交. 若 b_1 落在 b_0 与 $b_n(s)$ 之间, 则 $b_n(s) \in \beta^*$, 这意味着测地线段 $\overline{b_1b_n(t)}$ 收敛到 β^* 的一段弧且与 $\overline{b_0b_2}$ 不相交. 当 t 离 s 很近时, 这与 $B(t)$ 的凸性相矛盾, 因为两条测地线段 $\overline{b_0b_2}$ 与 $\overline{b_1b_n(t)}$ 永远相交.

24.8 Cauchy 手臂引理的证明

当 $n=2$ 时, Cauchy 手臂引理就是第 9 章习题 9.5. 设 $n \geq 3$ 为 Cauchy 手臂引理尚未得到证明的最小正整数. 本节用到的记号参见图 24.4. 先来证明该引理的一个特例.

引理 24.7 (**存在等角的情形**). 假设 $A(0), A(1)$ 为两个由 n 段测地线段组成的球面手臂, 满足 Cauchy 手臂引理的假设. 另外假设存在某个 j, 使得 $\theta_j(0)=\theta_j(1)$, 则 Cauchy 手臂引理对 $A(0), A(1)$ 成立.

证明. 将 $A_j \cup A_{j+1}$ 换成连接 a_{j-1} (译注: 原文有误) 与 a_{j+1} 的测地线段, 从而就得到一个新的球面手臂 (等于把原来的手臂去掉一个角). 新的手臂 $B(0)$ 与 $B(1)$ 满足 Cauchy 手臂引理的条件且有 $n-1$ 条边, 从而 Cauchy 手臂引理对 $B(0)$ 与 $B(1)$ 成立. 但是切掉一个角不影响手臂端点的位置, 从而 Cauchy 手臂引理对 $A(0)$ 与 $A(1)$ 也成立. □

现在对一般情形进行归纳. 设 $B(t)$ 为多边形路径, 它的前 $n-1$ 段与 $A(0)$ 的相同, 它的最后的内角 $\theta(t)$ 在 $t \in [0,1]$ 从 $\theta_{n-1}(0)$ 单调增加到 $\theta_{n-1}(1)$. $B(t)$ 的顶点如式 (24.2) 所示. 我们有 $b_j = a_j(0), j=0,\cdots,n-1$ 及 $b_n(0)=a_n(0)$.

假设 $B(1)$ 为球面手臂, 则含等角情形的引理可以用在 $(A(0), B(1))$ 和 $(B(1), A(1))$ 上, 从而

$$d(a_0(0), a_n(0)) < d(b_0(1), b_n(1)) < d(a_0(1), a_n(1)).$$

假设 $B(1)$ 不是球面手臂, 存在一个 $s \in (0,1)$, 使得对所有 $t<s$, $B(t)$ 均为球面手臂, 但是 $B(s)$ 不是. 在下面的论证中, 关键步骤要用到引理 24.5.

令 $f(t)=d(b_0, b_n(t))$. 则有 $f(0)=d(a_0(0), a_n(0))$. 对所有 $t<u \in [0,s)$, 等角情形的结论对 $(B(t), B(u))$ 适用, 因此 f 在 $[0,s)$ 上单调递增, 从而有

$$d(b_0, b_n(s)) > d(a_0(0), a_n(0)). \tag{24.3}$$

当 $t \in [0, s)$ 时, 将 $B(t), A(1)$ 的第 1 段去掉得到的球面手臂满足 Cauchy 手臂引理的假设, 且有 $n-1$ 条边. 因此, 对所有 $t \in [0, s)$, 有

$$d(a_1(1), a_n(1)) \geq d(b_1, b_n(t)).$$

令 $t \to s$, 得到

$$d(a_1(1), a_n(1)) \geq d(b_1, b_n(s)). \tag{24.4}$$

下面一系列不等式完成了 Cauchy 手臂引理的证明.

$$\begin{aligned}
& d(a_0(1), a_n(1)) \\
\overset{1}{\geq} \ & d(a_1(1), a_n(1)) - d(a_0(1), a_1(1)) \qquad (24.5) \\
\overset{2}{\geq} \ & d(b_1, b_n(s)) - d(a_0(1), a_1(1)) \\
\overset{3}{=} \ & d(b_1, b_n(s)) - d(b_0, b_1) \\
\overset{4}{=} \ & d(b_0, b_n(s)) \\
\overset{5}{>} \ & d(a_0(0), a_n(0)).
\end{aligned}$$

不等式 (1) 为三角不等式, 不等式 (2) 是根据式 (24.4), 等式 (3) 是因为 $B(s)$ 的第 1 段与 $A(1)$ 的第 1 段长度相等, 等式 (4) 是根据引理 24.5, 不等式 (5) 是根据式 (24.3).

从而完成了 Cauchy 手臂引理的证明.

参考资料

1. [AHL] AHLFORS, L., Complex Analysis[M]. New York: McGraw-Hill, 1952.

2. [AIZ] AIGNER, M., ZIEGLER, G., Proofs from The Book[M]. New York: Springer-Verlag, 1998.

3. [BAL] BANCHOFF, T., LOVETT, S., Differential Geometry of Curves and Surfaces[M]. Natick: A. K. Peters, Ltd., 2010.

4. [BE1] BEARDON, A., The Geometry of Discrete Groups[M]. Graduate Texts in Mathematics 91. New York: Springer-Verlag, 1983.

5. [BE2] BEARDON, A., A Primer on Riemann Surfaces[M]. L.M.S. Lecture Note Series 78. Cambridge: Cambridge University Press, 1984.

6. [BRO] BECK, M., ROBINS, S., Computing the Continuous Discretely[M]. Undergraduate Texts in Mathematics. New York: Springer-Verlag, 2007.

7. [CHE] CHEVALLEY, C., Theory of Lie Groups[M]. Princeton Mathematical Series 8. Princeton: Princeton University Press, 1999.

8. [DAV] DAVENPORT, H., The Higher Arithmetic[M] (8th ed.). Cambridge: Cambridge University Press, 2008.

9. [DEV] DEVLIN, K., The Joy of Sets: Fundamentals of Contemporary Set Theory (2nd Ed.)[M]. Undergraduate Texts in Mathematics. New York: Springer-Verlag, 1993.

10. [DOC] DOCARMO, M., Riemannian Geometry[M]. Mathematics Theory and Applications. Boston: Birkhauser, 1992.

11. [DRT] DRISCOLL, A., TREFETHEN, L. N., Schwarz-Christoffel Mapping[M]. Cambridge Monographs on Applied and Computational Mathematics. Cambridge: Cambridge University Press, 2002.

12. [FMA] FARB, B., MARGALIT, D., A Primer on Mapping Class Groups[M]. Princeton: Princeton University Press, 2011.

13. [GAR] GARDINER, F., Teichmüller Theory and Quadratic Differentials[M]. Pure and Applied Mathematics. New York: John Wiley and Sons, 1987.

14. [GPO] GUILLEMIN, V., POLLACK, A., Differential Topology[M]. Englewood Cliffs: Prentice Hall, 1974.

15. [HAT] HATCHER, A., Algebraic Topology[M]. Cambridge: Cambridge University Press, 2002.

16. [HCV] HILBERT, D., COHN-VOSSEN, A., Geometry and the Imagination[M]. New York: Chelsea Publishing Company, 1952.

17. [HER] HERSTEIN, I. M., Topics in Algebra[M], 2nd Ed. Lexington: John Wiley and Sons, 1975.

18. [KAT] KATOK, S., Fuchsian Groups[M]. Chicago Lectures in Mathematics, University of Chicago Press, Chicago, 1992.

19. [KEN] KENDIG, K., Elementary Algebraic Geometry[M]. Graduate Texts in Mathematics. New York: Springer-Verlag, 1977.

20. [KIN] KINSEY, L. C., The Topology of Surfaces[M]. Undergraduate Texts in Mathematics. New York: Springer-Verlag, 1993.

21. [MAT] MASUR, H., TABACHNIKOV, S., Rational Billiards and Flat Structures[M]. Handbook of Dynamical Systems Vol 1A, 1015-1089. Amsterdam: North-Holland, 2002.

22. [MUN] MUNKRES, J. R., Topology[M]. Englewood Cliffs: Prentice Hall, 1975.

23. [RAT] RATCLIFF, J., Foundations of Hyperbolic Manifolds[M]. Graduate Texts in Mathematics, 149. New York: Springer-Verlag, 1994.

24. [SPI] SPIVAK, M., Calculus on Manifolds[M]. A Modern Approach to Classical Theorems of Advanced Calculus. New York–Amsterdam: W. A. Benjamin, 1965.

25. [TAP] TAPP, K., Matrix Groups for Undergraduates[M]. Student Mathematical Library, 29. American Math Society, 2006.

26. [THU] THURSTON, W. P., The Geometry and Topology of 3-Manifolds[M]. Lecture Notes. Princeton: Princeton University Press, 1978.

27. [WAG] WAGON, S., The Banach-Tarski Paradox[M]. Encyclopedia of Mathematics and Its Applications. Cambridge: Cambridge University Press, 1985.

28. [WAL] WALLACE, W., Question 269[M]. London: Thomas Leyborne, Math. Repository III, 1814.

刘培杰数学工作室

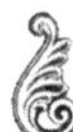

已出版(即将出版)图书目录——初等数学

书　名	出版时间	定　价	编号
新编中学数学解题方法全书(高中版)上卷(第2版)	2018-08	58.00	951
新编中学数学解题方法全书(高中版)中卷(第2版)	2018-08	68.00	952
新编中学数学解题方法全书(高中版)下卷(一)(第2版)	2018-08	58.00	953
新编中学数学解题方法全书(高中版)下卷(二)(第2版)	2018-08	58.00	954
新编中学数学解题方法全书(高中版)下卷(三)(第2版)	2018-08	68.00	955
新编中学数学解题方法全书(初中版)上卷	2008-01	28.00	29
新编中学数学解题方法全书(初中版)中卷	2010-07	38.00	75
新编中学数学解题方法全书(高考复习卷)	2010-01	48.00	67
新编中学数学解题方法全书(高考真题卷)	2010-01	38.00	62
新编中学数学解题方法全书(高考精华卷)	2011-03	68.00	118
新编平面解析几何解题方法全书(专题讲座卷)	2010-01	18.00	61
新编中学数学解题方法全书(自主招生卷)	2013-08	88.00	261
数学奥林匹克与数学文化(第一辑)	2006-05	48.00	4
数学奥林匹克与数学文化(第二辑)(竞赛卷)	2008-01	48.00	19
数学奥林匹克与数学文化(第二辑)(文化卷)	2008-07	58.00	36′
数学奥林匹克与数学文化(第三辑)(竞赛卷)	2010-01	48.00	59
数学奥林匹克与数学文化(第四辑)(竞赛卷)	2011-08	58.00	87
数学奥林匹克与数学文化(第五辑)	2015-06	98.00	370
世界著名平面几何经典著作钩沉——几何作图专题卷(共3卷)	2022-01	198.00	1460
世界著名平面几何经典著作钩沉(民国平面几何老课本)	2011-03	38.00	113
世界著名平面几何经典著作钩沉(建国初期平面三角老课本)	2015-08	38.00	507
世界著名解析几何经典著作钩沉——平面解析几何卷	2014-01	38.00	264
世界著名数论经典著作钩沉(算术卷)	2012-01	28.00	125
世界著名数学经典著作钩沉——立体几何卷	2011-02	28.00	88
世界著名三角学经典著作钩沉(平面三角卷Ⅰ)	2010-06	28.00	69
世界著名三角学经典著作钩沉(平面三角卷Ⅱ)	2011-01	38.00	78
世界著名初等数论经典著作钩沉(理论和实用算术卷)	2011-07	38.00	126
世界著名几何经典著作钩沉(解析几何卷)	2022-10	68.00	1564
发展你的空间想象力(第3版)	2021-01	98.00	1464
空间想象力进阶	2019-05	68.00	1062
走向国际数学奥林匹克的平面几何试题诠释.第1卷	2019-07	88.00	1043
走向国际数学奥林匹克的平面几何试题诠释.第2卷	2019-09	78.00	1044
走向国际数学奥林匹克的平面几何试题诠释.第3卷	2019-03	78.00	1045
走向国际数学奥林匹克的平面几何试题诠释.第4卷	2019-09	98.00	1046
平面几何证明方法全书	2007-08	35.00	1
平面几何证明方法全书习题解答(第2版)	2006-12	18.00	10
平面几何天天练上卷・基础篇(直线型)	2013-01	58.00	208
平面几何天天练中卷・基础篇(涉及圆)	2013-01	28.00	234
平面几何天天练下卷・提高篇	2013-01	58.00	237
平面几何专题研究	2013-07	98.00	258
平面几何解题之道.第1卷	2022-05	38.00	1494
几何学习题集	2020-10	48.00	1217
通过解题学习代数几何	2021-04	88.00	1301
圆锥曲线的奥秘	2022-06	88.00	1541

刘培杰数学工作室
已出版(即将出版)图书目录——初等数学

书　　名	出版时间	定　价	编号
最新世界各国数学奥林匹克中的平面几何试题	2007－09	38.00	14
数学竞赛平面几何典型题及新颖解	2010－07	48.00	74
初等数学复习及研究(平面几何)	2008－09	68.00	38
初等数学复习及研究(立体几何)	2010－06	38.00	71
初等数学复习及研究(平面几何)习题解答	2009－01	58.00	42
几何学教程(平面几何卷)	2011－03	68.00	90
几何学教程(立体几何卷)	2011－07	68.00	130
几何变换与几何证题	2010－06	88.00	70
计算方法与几何证题	2011－06	28.00	129
立体几何技巧与方法(第 2 版)	2022－10	168.00	1572
几何瑰宝——平面几何 500 名题暨 1500 条定理(上、下)	2021－07	168.00	1358
三角形的解法与应用	2012－07	18.00	183
近代的三角形几何学	2012－07	48.00	184
一般折线几何学	2015－08	48.00	503
三角形的五心	2009－06	28.00	51
三角形的六心及其应用	2015－10	68.00	542
三角形趣谈	2012－08	28.00	212
解三角形	2014－01	28.00	265
探秘三角形:一次数学旅行	2021－10	68.00	1387
三角学专门教程	2014－09	28.00	387
图天下几何新题试卷.初中(第 2 版)	2017－11	58.00	855
圆锥曲线习题集(上册)	2013－06	68.00	255
圆锥曲线习题集(中册)	2015－01	78.00	434
圆锥曲线习题集(下册・第 1 卷)	2016－10	78.00	683
圆锥曲线习题集(下册・第 2 卷)	2018－01	98.00	853
圆锥曲线习题集(下册・第 3 卷)	2019－10	128.00	1113
圆锥曲线的思想方法	2021－08	48.00	1379
圆锥曲线的八个主要问题	2021－10	48.00	1415
论九点圆	2015－05	88.00	645
近代欧氏几何学	2012－03	48.00	162
罗巴切夫斯基几何学及几何基础概要	2012－07	28.00	188
罗巴切夫斯基几何学初步	2015－06	28.00	474
用三角、解析几何、复数、向量计算解数学竞赛几何题	2015－03	48.00	455
用解析法研究圆锥曲线的几何理论	2022－05	48.00	1495
美国中学几何教程	2015－04	88.00	458
三线坐标与三角形特征点	2015－04	98.00	460
坐标几何学基础.第 1 卷,笛卡儿坐标	2021－08	48.00	1398
坐标几何学基础.第 2 卷,三线坐标	2021－09	28.00	1399
平面解析几何方法与研究(第 1 卷)	2015－05	18.00	471
平面解析几何方法与研究(第 2 卷)	2015－06	18.00	472
平面解析几何方法与研究(第 3 卷)	2015－07	18.00	473
解析几何研究	2015－01	38.00	425
解析几何学教程.上	2016－01	38.00	574
解析几何学教程.下	2016－01	38.00	575
几何学基础	2016－01	58.00	581
初等几何研究	2015－02	58.00	444
十九和二十世纪欧氏几何学中的片段	2017－01	58.00	696
平面几何中考.高考.奥数一本通	2017－07	28.00	820
几何学简史	2017－08	28.00	833
四面体	2018－01	48.00	880
平面几何证明方法思路	2018－12	68.00	913
折纸中的几何练习	2022－09	48.00	1559
中学新几何学(英文)	2022－10	98.00	1562
线性代数与几何	2023－04	68.00	1633
四面体几何学引论	2023－06	68.00	1648

刘培杰数学工作室
已出版(即将出版)图书目录——初等数学

书　　名	出版时间	定　价	编号
平面几何图形特性新析.上篇	2019—01	68.00	911
平面几何图形特性新析.下篇	2018—06	88.00	912
平面几何范例多解探究.上篇	2018—04	48.00	910
平面几何范例多解探究.下篇	2018—12	68.00	914
从分析解题过程学解题:竞赛中的几何问题研究	2018—07	68.00	946
从分析解题过程学解题:竞赛中的向量几何与不等式研究(全 2 册)	2019—06	138.00	1090
从分析解题过程学解题:竞赛中的不等式问题	2021—01	48.00	1249
二维、三维欧氏几何的对偶原理	2018—12	38.00	990
星形大观及闭折线论	2019—03	68.00	1020
立体几何的问题和方法	2019—11	58.00	1127
三角代换论	2021—05	58.00	1313
俄罗斯平面几何问题集	2009—08	88.00	55
俄罗斯立体几何问题集	2014—03	58.00	283
俄罗斯几何大师——沙雷金论数学及其他	2014—01	48.00	271
来自俄罗斯的 5000 道几何习题及解答	2011—03	58.00	89
俄罗斯初等数学问题集	2012—05	38.00	177
俄罗斯函数问题集	2011—03	38.00	103
俄罗斯组合分析问题集	2011—01	48.00	79
俄罗斯初等数学万题选——三角卷	2012—11	38.00	222
俄罗斯初等数学万题选——代数卷	2013—08	68.00	225
俄罗斯初等数学万题选——几何卷	2014—01	68.00	226
俄罗斯《量子》杂志数学征解问题 100 题选	2018—08	48.00	969
俄罗斯《量子》杂志数学征解问题又 100 题选	2018—08	48.00	970
俄罗斯《量子》杂志数学征解问题	2020—05	48.00	1138
463 个俄罗斯几何老问题	2012—01	28.00	152
《量子》数学短文精粹	2018—09	38.00	972
用三角、解析几何等计算解来自俄罗斯的几何题	2019—11	88.00	1119
基谢廖夫平面几何	2022—01	48.00	1461
基谢廖夫立体几何	2023—04	48.00	1599
数学:代数、数学分析和几何(10—11 年级)	2021—01	48.00	1250
直观几何学:5—6 年级	2022—04	58.00	1508
几何学:第 2 版.7—9 年级	2023—08	68.00	1684
平面几何:9—11 年级	2022—10	48.00	1571
立体几何.10—11 年级	2022—01	58.00	1472
谈谈素数	2011—03	18.00	91
平方和	2011—03	18.00	92
整数论	2011—05	38.00	120
从整数谈起	2015—10	28.00	538
数与多项式	2016—01	38.00	558
谈谈不定方程	2011—05	28.00	119
质数漫谈	2022—07	68.00	1529
解析不等式新论	2009—06	68.00	48
建立不等式的方法	2011—03	98.00	104
数学奥林匹克不等式研究(第 2 版)	2020—07	68.00	1181
不等式研究(第三辑)	2023—08	198.00	1673
不等式的秘密(第一卷)(第 2 版)	2014—02	38.00	286
不等式的秘密(第二卷)	2014—01	38.00	268
初等不等式的证明方法	2010—06	38.00	123
初等不等式的证明方法(第二版)	2014—11	38.00	407
不等式・理论・方法(基础卷)	2015—07	38.00	496
不等式・理论・方法(经典不等式卷)	2015—07	38.00	497
不等式・理论・方法(特殊类型不等式卷)	2015—07	48.00	498
不等式探究	2016—03	38.00	582
不等式探秘	2017—01	88.00	689
四面体不等式	2017—01	68.00	715
数学奥林匹克中常见重要不等式	2017—09	38.00	845

刘培杰数学工作室
已出版(即将出版)图书目录——初等数学

书　　名	出版时间	定　价	编号
三正弦不等式	2018—09	98.00	974
函数方程与不等式:解法与稳定性结果	2019—04	68.00	1058
数学不等式.第1卷,对称多项式不等式	2022—05	78.00	1455
数学不等式.第2卷,对称有理不等式与对称无理不等式	2022—05	88.00	1456
数学不等式.第3卷,循环不等式与非循环不等式	2022—05	88.00	1457
数学不等式.第4卷,Jensen 不等式的扩展与加细	2022—05	88.00	1458
数学不等式.第5卷,创建不等式与解不等式的其他方法	2022—05	88.00	1459
不定方程及其应用.上	2018—12	58.00	992
不定方程及其应用.中	2019—01	78.00	993
不定方程及其应用.下	2019—02	98.00	994
Nesbitt 不等式加强式的研究	2022—06	128.00	1527
最值定理与分析不等式	2023—02	78.00	1567
一类积分不等式	2023—02	88.00	1579
邦费罗尼不等式及概率应用	2023—05	58.00	1637
同余理论	2012—05	38.00	163
[x]与{x}	2015—04	48.00	476
极值与最值.上卷	2015—06	28.00	486
极值与最值.中卷	2015—06	38.00	487
极值与最值.下卷	2015—06	28.00	488
整数的性质	2012—11	38.00	192
完全平方数及其应用	2015—08	78.00	506
多项式理论	2015—10	88.00	541
奇数、偶数、奇偶分析法	2018—01	98.00	876
历届美国中学生数学竞赛试题及解答(第一卷)1950—1954	2014—07	18.00	277
历届美国中学生数学竞赛试题及解答(第二卷)1955—1959	2014—04	18.00	278
历届美国中学生数学竞赛试题及解答(第三卷)1960—1964	2014—06	18.00	279
历届美国中学生数学竞赛试题及解答(第四卷)1965—1969	2014—04	28.00	280
历届美国中学生数学竞赛试题及解答(第五卷)1970—1972	2014—06	18.00	281
历届美国中学生数学竞赛试题及解答(第六卷)1973—1980	2017—07	18.00	768
历届美国中学生数学竞赛试题及解答(第七卷)1981—1986	2015—01	18.00	424
历届美国中学生数学竞赛试题及解答(第八卷)1987—1990	2017—05	18.00	769
历届中国数学奥林匹克试题集(第3版)	2021—10	58.00	1440
历届加拿大数学奥林匹克试题集	2012—08	38.00	215
历届美国数学奥林匹克试题集	2023—08	98.00	1681
历届波兰数学竞赛试题集.第1卷,1949～1963	2015—03	18.00	453
历届波兰数学竞赛试题集.第2卷,1964～1976	2015—03	18.00	454
历届巴尔干数学奥林匹克试题集	2015—05	38.00	466
保加利亚数学奥林匹克	2014—10	38.00	393
圣彼得堡数学奥林匹克试题集	2015—01	38.00	429
匈牙利奥林匹克数学竞赛题解.第1卷	2016—05	28.00	593
匈牙利奥林匹克数学竞赛题解.第2卷	2016—05	28.00	594
历届美国数学邀请赛试题集(第2版)	2017—10	78.00	851
普林斯顿大学数学竞赛	2016—06	38.00	669
亚太地区数学奥林匹克竞赛题	2015—07	18.00	492
日本历届(初级)广中杯数学竞赛试题及解答.第1卷(2000～2007)	2016—05	28.00	641
日本历届(初级)广中杯数学竞赛试题及解答.第2卷(2008～2015)	2016—05	38.00	642
越南数学奥林匹克题选:1962—2009	2021—07	48.00	1370
360个数学竞赛问题	2016—08	58.00	677
奥数最佳实战题.上卷	2017—06	38.00	760
奥数最佳实战题.下卷	2017—05	58.00	761
哈尔滨市早期中学数学竞赛试题汇编	2016—07	28.00	672
全国高中数学联赛试题及解答:1981—2019(第4版)	2020—07	138.00	1176
2022年全国高中数学联合竞赛模拟题集	2022—06	30.00	1521

刘培杰数学工作室

已出版(即将出版)图书目录——初等数学

书　　名	出版时间	定　价	编号
20 世纪 50 年代全国部分城市数学竞赛试题汇编	2017—07	28.00	797
国内外数学竞赛题及精解:2018～2019	2020—08	45.00	1192
国内外数学竞赛题及精解:2019～2020	2021—11	58.00	1439
许康华竞赛优学精选集.第一辑	2018—08	68.00	949
天问叶班数学问题征解 100 题.Ⅰ,2016—2018	2019—05	88.00	1075
天问叶班数学问题征解 100 题.Ⅱ,2017—2019	2020—07	98.00	1177
美国初中数学竞赛:AMC8 准备(共 6 卷)	2019—07	138.00	1089
美国高中数学竞赛:AMC10 准备(共 6 卷)	2019—08	158.00	1105
王连笑教你怎样学数学:高考选择题解题策略与客观题实用训练	2014—01	48.00	262
王连笑教你怎样学数学:高考数学高层次讲座	2015—02	48.00	432
高考数学的理论与实践	2009—08	38.00	53
高考数学核心题型解题方法与技巧	2010—01	28.00	86
高考思维新平台	2014—03	38.00	259
高考数学压轴题解题诀窍(上)(第 2 版)	2018—01	58.00	874
高考数学压轴题解题诀窍(下)(第 2 版)	2018—01	48.00	875
北京市五区文科数学三年高考模拟题详解:2013～2015	2015—08	48.00	500
北京市五区理科数学三年高考模拟题详解:2013～2015	2015—09	68.00	505
向量法巧解数学高考题	2009—08	28.00	54
高中数学课堂教学的实践与反思	2021—11	48.00	791
数学高考参考	2016—01	78.00	589
新课程标准高考数学解答题各种题型解法指导	2020—08	78.00	1196
全国及各省市高考数学试题审题要津与解法研究	2015—02	48.00	450
高中数学章节起始课的教学研究与案例设计	2019—05	28.00	1064
新课标高考数学——五年试题分章详解(2007～2011)(上、下)	2011—10	78.00	140,141
全国中考数学压轴题审题要津与解法研究	2013—04	78.00	248
新编全国及各省市中考数学压轴题审题要津与解法研究	2014—05	58.00	342
全国及各省市 5 年中考数学压轴题审题要津与解法研究(2015 版)	2015—04	58.00	462
中考数学专题总复习	2007—04	28.00	6
中考数学较难题常考题型解题方法与技巧	2016—09	48.00	681
中考数学难题常考题型解题方法与技巧	2016—09	48.00	682
中考数学中档题常考题型解题方法与技巧	2017—08	68.00	835
中考数学选择填空压轴好题妙解 365	2017—05	38.00	759
中考数学:三类重点考题的解法例析与习题	2020—04	48.00	1140
中小学数学的历史文化	2019—11	48.00	1124
初中平面几何百题多思创新解	2020—01	58.00	1125
初中数学中考备考	2020—01	58.00	1126
高考数学之九章演义	2019—08	68.00	1044
高考数学之难题谈笑间	2022—06	68.00	1519
化学可以这样学:高中化学知识方法智慧感悟疑难辨析	2019—07	58.00	1103
如何成为学习高手	2019—09	58.00	1107
高考数学:经典真题分类解析	2020—04	78.00	1134
高考数学解答题破解策略	2020—11	58.00	1221
从分析解题过程学解题:高考压轴题与竞赛题之关系探究	2020—08	88.00	1179
教学新思考:单元整体视角下的初中数学教学设计	2021—03	58.00	1278
思维再拓展:2020 年经典几何题的多解探究与思考	即将出版		1279
中考数学小压轴汇编初讲	2017—07	48.00	788
中考数学大压轴专题微言	2017—09	48.00	846
怎么解中考平面几何探索题	2019—06	48.00	1093
北京中考数学压轴题解题方法突破(第 8 版)	2022—11	78.00	1577
助你高考成功的数学解题智慧:知识是智慧的基础	2016—01	58.00	596
助你高考成功的数学解题智慧:错误是智慧的试金石	2016—04	58.00	643
助你高考成功的数学解题智慧:方法是智慧的推手	2016—04	68.00	657
高考数学奇思妙解	2016—04	38.00	610
高考数学解题策略	2016—05	48.00	670
数学解题泄天机(第 2 版)	2017—10	48.00	850

刘培杰数学工作室
已出版(即将出版)图书目录——初等数学

书 名	出版时间	定 价	编号
高中物理教学讲义	2018－01	48.00	871
高中物理教学讲义:全模块	2022－03	98.00	1492
高中物理答疑解惑 65 篇	2021－11	48.00	1462
中学物理基础问题解析	2020－08	48.00	1183
初中数学、高中数学脱节知识补缺教材	2017－06	48.00	766
高考数学客观题解题方法和技巧	2017－10	38.00	847
十年高考数学精品试题审题要津与解法研究	2021－10	98.00	1427
中国历届高考数学试题及解答.1949－1979	2018－01	38.00	877
历届中国高考数学试题及解答.第二卷,1980—1989	2018－10	28.00	975
历届中国高考数学试题及解答.第三卷,1990—1999	2018－10	48.00	976
跟我学解高中数学题	2018－07	58.00	926
中学数学研究的方法及案例	2018－05	58.00	869
高考数学抢分技能	2018－07	68.00	934
高一新生常用数学方法和重要数学思想提升教材	2018－06	38.00	921
高考数学全国卷六道解答题常考题型解题诀窍:理科(全 2 册)	2019－07	78.00	1101
高考数学全国卷 16 道选择、填空题常考题型解题诀窍.理科	2018－09	88.00	971
高考数学全国卷 16 道选择、填空题常考题型解题诀窍.文科	2020－01	88.00	1123
高中数学一题多解	2019－06	58.00	1087
历届中国高考数学试题及解答:1917－1999	2021－08	98.00	1371
2000～2003 年全国及各省市高考数学试题及解答	2022－05	88.00	1499
2004 年全国及各省市高考数学试题及解答	2023－08	78.00	1500
2005 年全国及各省市高考数学试题及解答	2023－08	78.00	1501
2006 年全国及各省市高考数学试题及解答	2023－08	88.00	1502
2007 年全国及各省市高考数学试题及解答	2023－08	98.00	1503
2008 年全国及各省市高考数学试题及解答	2023－08	88.00	1504
2009 年全国及各省市高考数学试题及解答	2023－08	88.00	1505
2010 年全国及各省市高考数学试题及解答	2023－08	98.00	1506
突破高原:高中数学解题思维探究	2021－08	48.00	1375
高考数学中的"取值范围"	2021－10	48.00	1429
新课程标准高中数学各种题型解法大全.必修一分册	2021－06	58.00	1315
新课程标准高中数学各种题型解法大全.必修二分册	2022－01	68.00	1471
高中数学各种题型解法大全.选择性必修一分册	2022－06	68.00	1525
高中数学各种题型解法大全.选择性必修二分册	2023－01	58.00	1600
高中数学各种题型解法大全.选择性必修三分册	2023－04	48.00	1643
历届全国初中数学竞赛经典试题详解	2023－04	88.00	1624
孟祥礼高考数学精刷精解	2023－06	98.00	1663
新编 640 个世界著名数学智力趣题	2014－01	88.00	242
500 个最新世界著名数学智力趣题	2008－06	48.00	3
400 个最新世界著名数学最值问题	2008－09	48.00	36
500 个世界著名数学征解问题	2009－06	48.00	52
400 个中国最佳初等数学征解老问题	2010－01	48.00	60
500 个俄罗斯数学经典老题	2011－01	28.00	81
1000 个国外中学物理好题	2012－04	48.00	174
300 个日本高考数学题	2012－05	38.00	142
700 个早期日本高考数学试题	2017－02	88.00	752
500 个前苏联早期高考数学试题及解答	2012－05	28.00	185
546 个早期俄罗斯大学生数学竞赛题	2014－03	38.00	285
548 个来自美苏的数学好问题	2014－11	28.00	396
20 所苏联著名大学早期入学试题	2015－02	18.00	452
161 道德国工科大学生必做的微分方程习题	2015－05	28.00	469
500 个德国工科大学生必做的高数习题	2015－06	28.00	478
360 个数学竞赛问题	2016－08	58.00	677
200 个趣味数学故事	2018－02	48.00	857
470 个数学奥林匹克中的最值问题	2018－10	88.00	985
德国讲义日本考题.微积分卷	2015－04	48.00	456
德国讲义日本考题.微分方程卷	2015－04	38.00	457
二十世纪中叶中、英、美、日、法、俄高考数学试题精选	2017－06	38.00	783

刘培杰数学工作室
已出版(即将出版)图书目录——初等数学

书　　名	出版时间	定　价	编号
中国初等数学研究　2009 卷(第 1 辑)	2009—05	20.00	45
中国初等数学研究　2010 卷(第 2 辑)	2010—05	30.00	68
中国初等数学研究　2011 卷(第 3 辑)	2011—07	60.00	127
中国初等数学研究　2012 卷(第 4 辑)	2012—07	48.00	190
中国初等数学研究　2014 卷(第 5 辑)	2014—02	48.00	288
中国初等数学研究　2015 卷(第 6 辑)	2015—06	68.00	493
中国初等数学研究　2016 卷(第 7 辑)	2016—04	68.00	609
中国初等数学研究　2017 卷(第 8 辑)	2017—01	98.00	712
初等数学研究在中国. 第 1 辑	2019—03	158.00	1024
初等数学研究在中国. 第 2 辑	2019—10	158.00	1116
初等数学研究在中国. 第 3 辑	2021—05	158.00	1306
初等数学研究在中国. 第 4 辑	2022—06	158.00	1520
初等数学研究在中国. 第 5 辑	2023—07	158.00	1635
几何变换(Ⅰ)	2014—07	28.00	353
几何变换(Ⅱ)	2015—06	28.00	354
几何变换(Ⅲ)	2015—01	38.00	355
几何变换(Ⅳ)	2015—12	38.00	356
初等数论难题集(第一卷)	2009—05	68.00	44
初等数论难题集(第二卷)(上、下)	2011—02	128.00	82,83
数论概貌	2011—03	18.00	93
代数数论(第二版)	2013—08	58.00	94
代数多项式	2014—06	38.00	289
初等数论的知识与问题	2011—02	28.00	95
超越数论基础	2011—03	28.00	96
数论初等教程	2011—03	28.00	97
数论基础	2011—03	18.00	98
数论基础与维诺格拉多夫	2014—03	18.00	292
解析数论基础	2012—08	28.00	216
解析数论基础(第二版)	2014—01	48.00	287
解析数论问题集(第二版)(原版引进)	2014—05	88.00	343
解析数论问题集(第二版)(中译本)	2016—04	88.00	607
解析数论基础(潘承洞,潘承彪著)	2016—07	98.00	673
解析数论导引	2016—07	58.00	674
数论入门	2011—03	38.00	99
代数数论入门	2015—03	38.00	448
数论开篇	2012—07	28.00	194
解析数论引论	2011—03	48.00	100
Barban Davenport Halberstam 均值和	2009—01	40.00	33
基础数论	2011—03	28.00	101
初等数论 100 例	2011—05	18.00	122
初等数论经典例题	2012—07	18.00	204
最新世界各国数学奥林匹克中的初等数论试题(上、下)	2012—01	138.00	144,145
初等数论(Ⅰ)	2012—01	18.00	156
初等数论(Ⅱ)	2012—01	18.00	157
初等数论(Ⅲ)	2012—01	28.00	158

刘培杰数学工作室
已出版(即将出版)图书目录——初等数学

书　　名	出版时间	定　价	编号
平面几何与数论中未解决的新老问题	2013－01	68.00	229
代数数论简史	2014－11	28.00	408
代数数论	2015－09	88.00	532
代数、数论及分析习题集	2016－11	98.00	695
数论导引提要及习题解答	2016－01	48.00	559
素数定理的初等证明.第2版	2016－09	48.00	686
数论中的模函数与狄利克雷级数(第二版)	2017－11	78.00	837
数论:数学导引	2018－01	68.00	849
范氏大代数	2019－02	98.00	1016
解析数学讲义.第一卷,导来式及微分、积分、级数	2019－04	88.00	1021
解析数学讲义.第二卷,关于几何的应用	2019－04	68.00	1022
解析数学讲义.第三卷,解析函数论	2019－04	78.00	1023
分析·组合·数论纵横谈	2019－04	58.00	1039
Hall代数:民国时期的中学数学课本:英文	2019－08	88.00	1106
基谢廖夫初等代数	2022－07	38.00	1531
数学精神巡礼	2019－01	58.00	731
数学眼光透视(第2版)	2017－06	78.00	732
数学思想领悟(第2版)	2018－01	68.00	733
数学方法溯源(第2版)	2018－08	68.00	734
数学解题引论	2017－05	58.00	735
数学史话览胜(第2版)	2017－01	48.00	736
数学应用展观(第2版)	2017－08	68.00	737
数学建模尝试	2018－04	48.00	738
数学竞赛采风	2018－01	68.00	739
数学测评探营	2019－05	58.00	740
数学技能操握	2018－03	48.00	741
数学欣赏拾趣	2018－02	48.00	742
从毕达哥拉斯到怀尔斯	2007－10	48.00	9
从迪利克雷到维斯卡尔迪	2008－01	48.00	21
从哥德巴赫到陈景润	2008－05	98.00	35
从庞加莱到佩雷尔曼	2011－08	138.00	136
博弈论精粹	2008－03	58.00	30
博弈论精粹.第二版(精装)	2015－01	88.00	461
数学 我爱你	2008－01	28.00	20
精神的圣徒　别样的人生——60位中国数学家成长的历程	2008－09	48.00	39
数学史概论	2009－06	78.00	50
数学史概论(精装)	2013－03	158.00	272
数学史选讲	2016－01	48.00	544
斐波那契数列	2010－02	28.00	65
数学拼盘和斐波那契魔方	2010－07	38.00	72
斐波那契数列欣赏(第2版)	2018－08	58.00	948
Fibonacci数列中的明珠	2018－06	58.00	928
数学的创造	2011－02	48.00	85
数学美与创造力	2016－01	48.00	595
数海拾贝	2016－01	48.00	590
数学中的美(第2版)	2019－04	68.00	1057
数论中的美学	2014－12	38.00	351

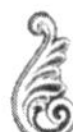

刘培杰数学工作室
已出版(即将出版)图书目录——初等数学

书　　名	出版时间	定　价	编号
数学王者　科学巨人——高斯	2015－01	28.00	428
振兴祖国数学的圆梦之旅:中国初等数学研究史话	2015－06	98.00	490
二十世纪中国数学史料研究	2015－10	48.00	536
数字谜、数阵图与棋盘覆盖	2016－01	58.00	298
数学概念的进化:一个初步的研究	2023－07	68.00	1683
数学发现的艺术:数学探索中的合情推理	2016－07	58.00	671
活跃在数学中的参数	2016－07	48.00	675
数海趣史	2021－05	98.00	1314
玩转幻中之幻	2023－08	88.00	1682
数学艺术品	2023－09	98.00	1685
数学博弈与游戏	2023－10	68.00	1692
数学解题——靠数学思想给力(上)	2011－07	38.00	131
数学解题——靠数学思想给力(中)	2011－07	48.00	132
数学解题——靠数学思想给力(下)	2011－07	38.00	133
我怎样解题	2013－01	48.00	227
数学解题中的物理方法	2011－06	28.00	114
数学解题的特殊方法	2011－06	48.00	115
中学数学计算技巧(第2版)	2020－10	48.00	1220
中学数学证明方法	2012－01	58.00	117
数学趣题巧解	2012－03	28.00	128
高中数学教学通鉴	2015－05	58.00	479
和高中生漫谈:数学与哲学的故事	2014－08	28.00	369
算术问题集	2017－03	38.00	789
张教授讲数学	2018－07	38.00	933
陈永明实话实说数学教学	2020－04	68.00	1132
中学数学学科知识与教学能力	2020－06	58.00	1155
怎样把课讲好:大罕数学教学随笔	2022－03	58.00	1484
中国高考评价体系下高考数学探秘	2022－03	48.00	1487
自主招生考试中的参数方程问题	2015－01	28.00	435
自主招生考试中的极坐标问题	2015－04	28.00	463
近年全国重点大学自主招生数学试题全解及研究.华约卷	2015－02	38.00	441
近年全国重点大学自主招生数学试题全解及研究.北约卷	2016－05	38.00	619
自主招生数学解证宝典	2015－09	48.00	535
中国科学技术大学创新班数学真题解析	2022－03	48.00	1488
中国科学技术大学创新班物理真题解析	2022－03	58.00	1489
格点和面积	2012－07	18.00	191
射影几何趣谈	2012－04	28.00	175
斯潘纳尔引理——从一道加拿大数学奥林匹克试题谈起	2014－01	28.00	228
李普希兹条件——从几道近年高考数学试题谈起	2012－10	18.00	221
拉格朗日中值定理——从一道北京高考试题的解法谈起	2015－10	18.00	197
闵科夫斯基定理——从一道清华大学自主招生试题谈起	2014－01	28.00	198
哈尔测度——从一道冬令营试题的背景谈起	2012－08	28.00	202
切比雪夫逼近问题——从一道中国台北数学奥林匹克试题谈起	2013－04	38.00	238
伯恩斯坦多项式与贝齐尔曲面——从一道全国高中数学联赛试题谈起	2013－03	38.00	236
卡塔兰猜想——从一道普特南竞赛试题谈起	2013－06	18.00	256
麦卡锡函数和阿克曼函数——从一道前南斯拉夫数学奥林匹克试题谈起	2012－08	18.00	201
贝蒂定理与拉姆贝克莫斯尔定理——从一个拣石子游戏谈起	2012－08	18.00	217
皮亚诺曲线和豪斯道夫分球定理——从无限集谈起	2012－08	18.00	211
平面凸图形与凸多面体	2012－10	28.00	218
斯坦因豪斯问题——从一道二十五省市自治区中学数学竞赛试题谈起	2012－07	18.00	196

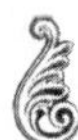

刘培杰数学工作室
已出版(即将出版)图书目录——初等数学

书　名	出版时间	定　价	编号
纽结理论中的亚历山大多项式与琼斯多项式——从一道北京市高一数学竞赛试题谈起	2012－07	28.00	195
原则与策略——从波利亚"解题表"谈起	2013－04	38.00	244
转化与化归——从三大尺规作图不能问题谈起	2012－08	28.00	214
代数几何中的贝祖定理(第一版)——从一道 IMO 试题的解法谈起	2013－08	18.00	193
成功连贯理论与约当块理论——从一道比利时数学竞赛试题谈起	2012－04	18.00	180
素数判定与大数分解	2014－08	18.00	199
置换多项式及其应用	2012－10	18.00	220
椭圆函数与模函数——从一道美国加州大学洛杉矶分校(UCLA)博士资格考题谈起	2012－10	28.00	219
差分方程的拉格朗日方法——从一道 2011 年全国高考理科试题的解法谈起	2012－08	28.00	200
力学在几何中的一些应用	2013－01	38.00	240
从根式解到伽罗华理论	2020－01	48.00	1121
康托洛维奇不等式——从一道全国高中联赛试题谈起	2013－03	28.00	337
西格尔引理——从一道第 18 届 IMO 试题的解法谈起	即将出版		
罗斯定理——从一道前苏联数学竞赛试题谈起	即将出版		
拉克斯定理和阿廷定理——从一道 IMO 试题的解法谈起	2014－01	58.00	246
毕卡大定理——从一道美国大学数学竞赛试题谈起	2014－07	18.00	350
贝齐尔曲线——从一道全国高中联赛试题谈起	即将出版		
拉格朗日乘子定理——从一道 2005 年全国高中联赛试题的高等数学解法谈起	2015－05	28.00	480
雅可比定理——从一道日本数学奥林匹克试题谈起	2013－04	48.00	249
李天岩－约克定理——从一道波兰数学竞赛试题谈起	2014－06	28.00	349
受控理论与初等不等式:从一道 IMO 试题的解法谈起	2023－03	48.00	1601
布劳维不动点定理——从一道前苏联数学奥林匹克试题谈起	2014－01	38.00	273
伯恩赛德定理——从一道英国数学奥林匹克试题谈起	即将出版		
布查特－莫斯特定理——从一道上海市初中竞赛试题谈起	即将出版		
数论中的同余数问题——从一道普特南竞赛试题谈起	即将出版		
范·德蒙行列式——从一道美国数学奥林匹克试题谈起	即将出版		
中国剩余定理:总数法构建中国历史年表	2015－01	28.00	430
牛顿程序与方程求根——从一道全国高考试题解法谈起	即将出版		
库默尔定理——从一道 IMO 预选试题谈起	即将出版		
卢丁定理——从一道冬令营试题的解法谈起	即将出版		
沃斯滕霍姆定理——从一道 IMO 预选试题谈起	即将出版		
卡尔松不等式——从一道莫斯科数学奥林匹克试题谈起	即将出版		
信息论中的香农熵——从一道近年高考压轴题谈起	即将出版		
约当不等式——从一道希望杯竞赛试题谈起	即将出版		
拉比诺维奇定理	即将出版		
刘维尔定理——从一道《美国数学月刊》征解问题的解法谈起	即将出版		
卡塔兰恒等式与级数求和——从一道 IMO 试题的解法谈起	即将出版		
勒让德猜想与素数分布——从一道爱尔兰竞赛试题谈起	即将出版		
天平称重与信息论——从一道基辅市数学奥林匹克试题谈起	即将出版		
哈密尔顿－凯莱定理:从一道高中数学联赛试题的解法谈起	2014－09	18.00	376
艾思特曼定理——从一道 CMO 试题的解法谈起	即将出版		

刘培杰数学工作室
已出版(即将出版)图书目录——初等数学

书　　名	出版时间	定　价	编号
阿贝尔恒等式与经典不等式及应用	2018－06	98.00	923
迪利克雷除数问题	2018－07	48.00	930
幻方、幻立方与拉丁方	2019－08	48.00	1092
帕斯卡三角形	2014－03	18.00	294
蒲丰投针问题——从 2009 年清华大学的一道自主招生试题谈起	2014－01	38.00	295
斯图姆定理——从一道“华约”自主招生试题的解法谈起	2014－01	18.00	296
许瓦兹引理——从一道加利福尼亚大学伯克利分校数学系博士生试题谈起	2014－08	18.00	297
拉姆塞定理——从王诗宬院士的一个问题谈起	2016－04	48.00	299
坐标法	2013－12	28.00	332
数论三角形	2014－04	38.00	341
毕克定理	2014－07	18.00	352
数林掠影	2014－09	48.00	389
我们周围的概率	2014－10	38.00	390
凸函数最值定理:从一道华约自主招生题的解法谈起	2014－10	28.00	391
易学与数学奥林匹克	2014－10	38.00	392
生物数学趣谈	2015－01	18.00	409
反演	2015－01	28.00	420
因式分解与圆锥曲线	2015－01	18.00	426
轨迹	2015－01	28.00	427
面积原理:从常庚哲命的一道 CMO 试题的积分解法谈起	2015－01	48.00	431
形形色色的不动点定理:从一道 28 届 IMO 试题谈起	2015－01	38.00	439
柯西函数方程:从一道上海交大自主招生的试题谈起	2015－02	28.00	440
三角恒等式	2015－02	28.00	442
无理性判定:从一道 2014 年“北约”自主招生试题谈起	2015－01	38.00	443
数学归纳法	2015－03	18.00	451
极端原理与解题	2015－04	28.00	464
法雷级数	2014－08	18.00	367
摆线族	2015－01	38.00	438
函数方程及其解法	2015－05	38.00	470
含参数的方程和不等式	2012－09	28.00	213
希尔伯特第十问题	2016－01	38.00	543
无穷小量的求和	2016－01	28.00	545
切比雪夫多项式:从一道清华大学金秋营试题谈起	2016－01	38.00	583
泽肯多夫定理	2016－03	38.00	599
代数等式证题法	2016－01	28.00	600
三角等式证题法	2016－01	28.00	601
吴大任教授藏书中的一个因式分解公式:从一道美国数学邀请赛试题的解法谈起	2016－06	28.00	656
易卦——类万物的数学模型	2017－08	68.00	838
“不可思议”的数与数系可持续发展	2018－01	38.00	878
最短线	2018－01	38.00	879
数学在天文、地理、光学、机械力学中的一些应用	2023－03	88.00	1576
从阿基米德三角形谈起	2023－01	28.00	1578
幻方和魔方(第一卷)	2012－05	68.00	173
尘封的经典——初等数学经典文献选读(第一卷)	2012－07	48.00	205
尘封的经典——初等数学经典文献选读(第二卷)	2012－07	38.00	206
初级方程式论	2011－03	28.00	106
初等数学研究(Ⅰ)	2008－09	68.00	37
初等数学研究(Ⅱ)(上、下)	2009－05	118.00	46,47
初等数学专题研究	2022－10	68.00	1568

刘培杰数学工作室
已出版(即将出版)图书目录——初等数学

书　　名	出版时间	定　价	编号
趣味初等方程妙题集锦	2014—09	48.00	388
趣味初等数论选美与欣赏	2015—02	48.00	445
耕读笔记(上卷):一位农民数学爱好者的初数探索	2015—04	28.00	459
耕读笔记(中卷):一位农民数学爱好者的初数探索	2015—05	28.00	483
耕读笔记(下卷):一位农民数学爱好者的初数探索	2015—05	28.00	484
几何不等式研究与欣赏.上卷	2016—01	88.00	547
几何不等式研究与欣赏.下卷	2016—01	48.00	552
初等数列研究与欣赏·上	2016—01	48.00	570
初等数列研究与欣赏·下	2016—01	48.00	571
趣味初等函数研究与欣赏.上	2016—09	48.00	684
趣味初等函数研究与欣赏.下	2018—09	48.00	685
三角不等式研究与欣赏	2020—10	68.00	1197
新编平面解析几何解题方法研究与欣赏	2021—10	78.00	1426
火柴游戏(第2版)	2022—05	38.00	1493
智力解谜.第1卷	2017—07	38.00	613
智力解谜.第2卷	2017—07	38.00	614
故事智力	2016—07	48.00	615
名人们喜欢的智力问题	2020—01	48.00	616
数学大师的发现、创造与失误	2018—01	48.00	617
异曲同工	2018—09	48.00	618
数学的味道(第2版)	2023—10	68.00	1686
数学千字文	2018—10	68.00	977
数贝偶拾——高考数学题研究	2014—04	28.00	274
数贝偶拾——初等数学研究	2014—04	38.00	275
数贝偶拾——奥数题研究	2014—04	48.00	276
钱昌本教你快乐学数学(上)	2011—12	48.00	155
钱昌本教你快乐学数学(下)	2012—03	58.00	171
集合、函数与方程	2014—01	28.00	300
数列与不等式	2014—01	38.00	301
三角与平面向量	2014—01	28.00	302
平面解析几何	2014—01	38.00	303
立体几何与组合	2014—01	28.00	304
极限与导数、数学归纳法	2014—01	38.00	305
趣味数学	2014—03	28.00	306
教材教法	2014—04	68.00	307
自主招生	2014—05	58.00	308
高考压轴题(上)	2015—01	48.00	309
高考压轴题(下)	2014—10	68.00	310
从费马到怀尔斯——费马大定理的历史	2013—10	198.00	Ⅰ
从庞加莱到佩雷尔曼——庞加莱猜想的历史	2013—10	298.00	Ⅱ
从切比雪夫到爱尔特希(上)——素数定理的初等证明	2013—07	48.00	Ⅲ
从切比雪夫到爱尔特希(下)——素数定理100年	2012—12	98.00	Ⅲ
从高斯到盖尔方特——二次域的高斯猜想	2013—10	198.00	Ⅳ
从库默尔到朗兰兹——朗兰兹猜想的历史	2014—01	98.00	Ⅴ
从比勃巴赫到德布朗斯——比勃巴赫猜想的历史	2014—02	298.00	Ⅵ
从麦比乌斯到陈省身——麦比乌斯变换与麦比乌斯带	2014—02	298.00	Ⅶ
从布尔到豪斯道夫——布尔方程与格论漫谈	2013—10	198.00	Ⅷ
从开普勒到阿诺德——三体问题的历史	2014—05	298.00	Ⅸ
从华林到华罗庚——华林问题的历史	2013—10	298.00	Ⅹ

刘培杰数学工作室

已出版(即将出版)图书目录——初等数学

书　　名	出版时间	定　价	编号
美国高中数学竞赛五十讲.第 1 卷(英文)	2014-08	28.00	357
美国高中数学竞赛五十讲.第 2 卷(英文)	2014-08	28.00	358
美国高中数学竞赛五十讲.第 3 卷(英文)	2014-09	28.00	359
美国高中数学竞赛五十讲.第 4 卷(英文)	2014-09	28.00	360
美国高中数学竞赛五十讲.第 5 卷(英文)	2014-10	28.00	361
美国高中数学竞赛五十讲.第 6 卷(英文)	2014-11	28.00	362
美国高中数学竞赛五十讲.第 7 卷(英文)	2014-12	28.00	363
美国高中数学竞赛五十讲.第 8 卷(英文)	2015-01	28.00	364
美国高中数学竞赛五十讲.第 9 卷(英文)	2015-01	28.00	365
美国高中数学竞赛五十讲.第 10 卷(英文)	2015-02	38.00	366
三角函数(第 2 版)	2017-04	38.00	626
不等式	2014-01	38.00	312
数列	2014-01	38.00	313
方程(第 2 版)	2017-04	38.00	624
排列和组合	2014-01	28.00	315
极限与导数(第 2 版)	2016-04	38.00	635
向量(第 2 版)	2018-08	58.00	627
复数及其应用	2014-08	28.00	318
函数	2014-01	38.00	319
集合	2020-01	48.00	320
直线与平面	2014-01	28.00	321
立体几何(第 2 版)	2016-04	38.00	629
解三角形	即将出版		323
直线与圆(第 2 版)	2016-11	38.00	631
圆锥曲线(第 2 版)	2016-09	48.00	632
解题通法(一)	2014-07	38.00	326
解题通法(二)	2014-07	38.00	327
解题通法(三)	2014-05	38.00	328
概率与统计	2014-01	28.00	329
信息迁移与算法	即将出版		330
IMO 50 年.第 1 卷(1959-1963)	2014-11	28.00	377
IMO 50 年.第 2 卷(1964-1968)	2014-11	28.00	378
IMO 50 年.第 3 卷(1969-1973)	2014-09	28.00	379
IMO 50 年.第 4 卷(1974-1978)	2016-04	38.00	380
IMO 50 年.第 5 卷(1979-1984)	2015-04	38.00	381
IMO 50 年.第 6 卷(1985-1989)	2015-04	58.00	382
IMO 50 年.第 7 卷(1990-1994)	2016-01	48.00	383
IMO 50 年.第 8 卷(1995-1999)	2016-06	38.00	384
IMO 50 年.第 9 卷(2000-2004)	2015-04	58.00	385
IMO 50 年.第 10 卷(2005-2009)	2016-01	48.00	386
IMO 50 年.第 11 卷(2010-2015)	2017-03	48.00	646

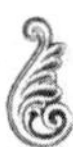

刘培杰数学工作室
已出版(即将出版)图书目录——初等数学

书　　名	出版时间	定　价	编号
数学反思(2006—2007)	2020—09	88.00	915
数学反思(2008—2009)	2019—01	68.00	917
数学反思(2010—2011)	2018—05	58.00	916
数学反思(2012—2013)	2019—01	58.00	918
数学反思(2014—2015)	2019—03	78.00	919
数学反思(2016—2017)	2021—03	58.00	1286
数学反思(2018—2019)	2023—01	88.00	1593
历届美国大学生数学竞赛试题集.第一卷(1938—1949)	2015—01	28.00	397
历届美国大学生数学竞赛试题集.第二卷(1950—1959)	2015—01	28.00	398
历届美国大学生数学竞赛试题集.第三卷(1960—1969)	2015—01	28.00	399
历届美国大学生数学竞赛试题集.第四卷(1970—1979)	2015—01	18.00	400
历届美国大学生数学竞赛试题集.第五卷(1980—1989)	2015—01	28.00	401
历届美国大学生数学竞赛试题集.第六卷(1990—1999)	2015—01	28.00	402
历届美国大学生数学竞赛试题集.第七卷(2000—2009)	2015—08	18.00	403
历届美国大学生数学竞赛试题集.第八卷(2010—2012)	2015—01	18.00	404
新课标高考数学创新题解题诀窍:总论	2014—09	28.00	372
新课标高考数学创新题解题诀窍:必修1～5分册	2014—08	38.00	373
新课标高考数学创新题解题诀窍:选修2—1,2—2,1—1,1—2分册	2014—09	38.00	374
新课标高考数学创新题解题诀窍:选修2—3,4—4,4—5分册	2014—09	18.00	375
全国重点大学自主招生英文数学试题全攻略:词汇卷	2015—07	48.00	410
全国重点大学自主招生英文数学试题全攻略:概念卷	2015—01	28.00	411
全国重点大学自主招生英文数学试题全攻略:文章选读卷(上)	2016—09	38.00	412
全国重点大学自主招生英文数学试题全攻略:文章选读卷(下)	2017—01	58.00	413
全国重点大学自主招生英文数学试题全攻略:试题卷	2015—07	38.00	414
全国重点大学自主招生英文数学试题全攻略:名著欣赏卷	2017—03	48.00	415
劳埃德数学趣题大全.题目卷.1:英文	2016—01	18.00	516
劳埃德数学趣题大全.题目卷.2:英文	2016—01	18.00	517
劳埃德数学趣题大全.题目卷.3:英文	2016—01	18.00	518
劳埃德数学趣题大全.题目卷.4:英文	2016—01	18.00	519
劳埃德数学趣题大全.题目卷.5:英文	2016—01	18.00	520
劳埃德数学趣题大全.答案卷:英文	2016—01	18.00	521
李成章教练奥数笔记.第1卷	2016—01	48.00	522
李成章教练奥数笔记.第2卷	2016—01	48.00	523
李成章教练奥数笔记.第3卷	2016—01	38.00	524
李成章教练奥数笔记.第4卷	2016—01	38.00	525
李成章教练奥数笔记.第5卷	2016—01	38.00	526
李成章教练奥数笔记.第6卷	2016—01	38.00	527
李成章教练奥数笔记.第7卷	2016—01	38.00	528
李成章教练奥数笔记.第8卷	2016—01	48.00	529
李成章教练奥数笔记.第9卷	2016—01	28.00	530

刘培杰数学工作室
已出版(即将出版)图书目录——初等数学

书　　名	出版时间	定　价	编号
第19～23届"希望杯"全国数学邀请赛试题审题要津详细评注(初一版)	2014—03	28.00	333
第19～23届"希望杯"全国数学邀请赛试题审题要津详细评注(初二、初三版)	2014—03	38.00	334
第19～23届"希望杯"全国数学邀请赛试题审题要津详细评注(高一版)	2014—03	28.00	335
第19～23届"希望杯"全国数学邀请赛试题审题要津详细评注(高二版)	2014—03	38.00	336
第19～25届"希望杯"全国数学邀请赛试题审题要津详细评注(初一版)	2015—01	38.00	416
第19～25届"希望杯"全国数学邀请赛试题审题要津详细评注(初二、初三版)	2015—01	58.00	417
第19～25届"希望杯"全国数学邀请赛试题审题要津详细评注(高一版)	2015—01	48.00	418
第19～25届"希望杯"全国数学邀请赛试题审题要津详细评注(高二版)	2015—01	48.00	419
物理奥林匹克竞赛大题典——力学卷	2014—11	48.00	405
物理奥林匹克竞赛大题典——热学卷	2014—04	28.00	339
物理奥林匹克竞赛大题典——电磁学卷	2015—07	48.00	406
物理奥林匹克竞赛大题典——光学与近代物理卷	2014—06	28.00	345
历届中国东南地区数学奥林匹克试题集(2004～2012)	2014—06	18.00	346
历届中国西部地区数学奥林匹克试题集(2001～2012)	2014—07	18.00	347
历届中国女子数学奥林匹克试题集(2002～2012)	2014—08	18.00	348
数学奥林匹克在中国	2014—06	98.00	344
数学奥林匹克问题集	2014—01	38.00	267
数学奥林匹克不等式散论	2010—06	38.00	124
数学奥林匹克不等式欣赏	2011—09	38.00	138
数学奥林匹克超级题库(初中卷上)	2010—01	58.00	66
数学奥林匹克不等式证明方法和技巧(上、下)	2011—08	158.00	134,135
他们学什么:原民主德国中学数学课本	2016—09	38.00	658
他们学什么:英国中学数学课本	2016—09	38.00	659
他们学什么:法国中学数学课本.1	2016—09	38.00	660
他们学什么:法国中学数学课本.2	2016—09	28.00	661
他们学什么:法国中学数学课本.3	2016—09	38.00	662
他们学什么:苏联中学数学课本	2016—09	28.00	679
高中数学题典——集合与简易逻辑·函数	2016—07	48.00	647
高中数学题典——导数	2016—07	48.00	648
高中数学题典——三角函数·平面向量	2016—07	48.00	649
高中数学题典——数列	2016—07	58.00	650
高中数学题典——不等式·推理与证明	2016—07	38.00	651
高中数学题典——立体几何	2016—07	48.00	652
高中数学题典——平面解析几何	2016—07	78.00	653
高中数学题典——计数原理·统计·概率·复数	2016—07	48.00	654
高中数学题典——算法·平面几何·初等数论·组合数学·其他	2016—07	68.00	655

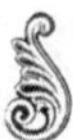

刘培杰数学工作室
已出版(即将出版)图书目录——初等数学

书　　名	出版时间	定　价	编号
台湾地区奥林匹克数学竞赛试题.小学一年级	2017－03	38.00	722
台湾地区奥林匹克数学竞赛试题.小学二年级	2017－03	38.00	723
台湾地区奥林匹克数学竞赛试题.小学三年级	2017－03	38.00	724
台湾地区奥林匹克数学竞赛试题.小学四年级	2017－03	38.00	725
台湾地区奥林匹克数学竞赛试题.小学五年级	2017－03	38.00	726
台湾地区奥林匹克数学竞赛试题.小学六年级	2017－03	38.00	727
台湾地区奥林匹克数学竞赛试题.初中一年级	2017－03	38.00	728
台湾地区奥林匹克数学竞赛试题.初中二年级	2017－03	38.00	729
台湾地区奥林匹克数学竞赛试题.初中三年级	2017－03	28.00	730
不等式证题法	2017－04	28.00	747
平面几何培优教程	2019－08	88.00	748
奥数鼎级培优教程.高一分册	2018－09	88.00	749
奥数鼎级培优教程.高二分册.上	2018－04	68.00	750
奥数鼎级培优教程.高二分册.下	2018－04	68.00	751
高中数学竞赛冲刺宝典	2019－04	68.00	883
初中尖子生数学超级题典.实数	2017－07	58.00	792
初中尖子生数学超级题典.式、方程与不等式	2017－08	58.00	793
初中尖子生数学超级题典.圆、面积	2017－08	38.00	794
初中尖子生数学超级题典.函数、逻辑推理	2017－08	48.00	795
初中尖子生数学超级题典.角、线段、三角形与多边形	2017－07	58.00	796
数学王子——高斯	2018－01	48.00	858
坎坷奇星——阿贝尔	2018－01	48.00	859
闪烁奇星——伽罗瓦	2018－01	58.00	860
无穷统帅——康托尔	2018－01	48.00	861
科学公主——柯瓦列夫斯卡娅	2018－01	48.00	862
抽象代数之母——埃米·诺特	2018－01	48.00	863
电脑先驱——图灵	2018－01	58.00	864
昔日神童——维纳	2018－01	48.00	865
数坛怪侠——爱尔特希	2018－01	68.00	866
传奇数学家徐利治	2019－09	88.00	1110
当代世界中的数学.数学思想与数学基础	2019－01	38.00	892
当代世界中的数学.数学问题	2019－01	38.00	893
当代世界中的数学.应用数学与数学应用	2019－01	38.00	894
当代世界中的数学.数学王国的新疆域(一)	2019－01	38.00	895
当代世界中的数学.数学王国的新疆域(二)	2019－01	38.00	896
当代世界中的数学.数林撷英(一)	2019－01	38.00	897
当代世界中的数学.数林撷英(二)	2019－01	48.00	898
当代世界中的数学.数学之路	2019－01	38.00	899

刘培杰数学工作室

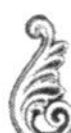

已出版(即将出版)图书目录——初等数学

书　　名	出版时间	定　价	编号
105 个代数问题:来自 AwesomeMath 夏季课程	2019—02	58.00	956
106 个几何问题:来自 AwesomeMath 夏季课程	2020—07	58.00	957
107 个几何问题:来自 AwesomeMath 全年课程	2020—07	58.00	958
108 个代数问题:来自 AwesomeMath 全年课程	2019—01	68.00	959
109 个不等式:来自 AwesomeMath 夏季课程	2019—04	58.00	960
国际数学奥林匹克中的 110 个几何问题	即将出版		961
111 个代数和数论问题	2019—05	58.00	962
112 个组合问题:来自 AwesomeMath 夏季课程	2019—05	58.00	963
113 个几何不等式:来自 AwesomeMath 夏季课程	2020—08	58.00	964
114 个指数和对数问题:来自 AwesomeMath 夏季课程	2019—09	48.00	965
115 个三角问题:来自 AwesomeMath 夏季课程	2019—09	58.00	966
116 个代数不等式:来自 AwesomeMath 全年课程	2019—04	58.00	967
117 个多项式问题:来自 AwesomeMath 夏季课程	2021—09	58.00	1409
118 个数学竞赛不等式	2022—08	78.00	1526
紫色彗星国际数学竞赛试题	2019—02	58.00	999
数学竞赛中的数学:为数学爱好者、父母、教师和教练准备的丰富资源. 第一部	2020—04	58.00	1141
数学竞赛中的数学:为数学爱好者、父母、教师和教练准备的丰富资源. 第二部	2020—07	48.00	1142
和与积	2020—10	38.00	1219
数论:概念和问题	2020—12	68.00	1257
初等数学问题研究	2021—03	48.00	1270
数学奥林匹克中的欧几里得几何	2021—10	68.00	1413
数学奥林匹克题解新编	2022—01	58.00	1430
图论入门	2022—09	58.00	1554
新的、更新的、最新的不等式	2023—07	58.00	1650
澳大利亚中学数学竞赛试题及解答(初级卷)1978～1984	2019—02	28.00	1002
澳大利亚中学数学竞赛试题及解答(初级卷)1985～1991	2019—02	28.00	1003
澳大利亚中学数学竞赛试题及解答(初级卷)1992～1998	2019—02	28.00	1004
澳大利亚中学数学竞赛试题及解答(初级卷)1999～2005	2019—02	28.00	1005
澳大利亚中学数学竞赛试题及解答(中级卷)1978～1984	2019—03	28.00	1006
澳大利亚中学数学竞赛试题及解答(中级卷)1985～1991	2019—03	28.00	1007
澳大利亚中学数学竞赛试题及解答(中级卷)1992～1998	2019—03	28.00	1008
澳大利亚中学数学竞赛试题及解答(中级卷)1999～2005	2019—03	28.00	1009
澳大利亚中学数学竞赛试题及解答(高级卷)1978～1984	2019—05	28.00	1010
澳大利亚中学数学竞赛试题及解答(高级卷)1985～1991	2019—05	28.00	1011
澳大利亚中学数学竞赛试题及解答(高级卷)1992～1998	2019—05	28.00	1012
澳大利亚中学数学竞赛试题及解答(高级卷)1999～2005	2019—05	28.00	1013
天才中小学生智力测验题. 第一卷	2019—03	38.00	1026
天才中小学生智力测验题. 第二卷	2019—03	38.00	1027
天才中小学生智力测验题. 第三卷	2019—03	38.00	1028
天才中小学生智力测验题. 第四卷	2019—03	38.00	1029
天才中小学生智力测验题. 第五卷	2019—03	38.00	1030
天才中小学生智力测验题. 第六卷	2019—03	38.00	1031
天才中小学生智力测验题. 第七卷	2019—03	38.00	1032
天才中小学生智力测验题. 第八卷	2019—03	38.00	1033
天才中小学生智力测验题. 第九卷	2019—03	38.00	1034
天才中小学生智力测验题. 第十卷	2019—03	38.00	1035
天才中小学生智力测验题. 第十一卷	2019—03	38.00	1036
天才中小学生智力测验题. 第十二卷	2019—03	38.00	1037
天才中小学生智力测验题. 第十三卷	2019—03	38.00	1038

刘培杰数学工作室
已出版(即将出版)图书目录——初等数学

书　名	出版时间	定　价	编号
重点大学自主招生数学备考全书:函数	2020—05	48.00	1047
重点大学自主招生数学备考全书:导数	2020—08	48.00	1048
重点大学自主招生数学备考全书:数列与不等式	2019—10	78.00	1049
重点大学自主招生数学备考全书:三角函数与平面向量	2020—08	68.00	1050
重点大学自主招生数学备考全书:平面解析几何	2020—07	58.00	1051
重点大学自主招生数学备考全书:立体几何与平面几何	2019—08	48.00	1052
重点大学自主招生数学备考全书:排列组合・概率统计・复数	2019—09	48.00	1053
重点大学自主招生数学备考全书:初等数论与组合数学	2019—08	48.00	1054
重点大学自主招生数学备考全书:重点大学自主招生真题.上	2019—04	68.00	1055
重点大学自主招生数学备考全书:重点大学自主招生真题.下	2019—04	58.00	1056
高中数学竞赛培训教程:平面几何问题的求解方法与策略.上	2018—05	68.00	906
高中数学竞赛培训教程:平面几何问题的求解方法与策略.下	2018—06	78.00	907
高中数学竞赛培训教程:整除与同余以及不定方程	2018—01	88.00	908
高中数学竞赛培训教程:组合计数与组合极值	2018—04	48.00	909
高中数学竞赛培训教程:初等代数	2019—04	78.00	1042
高中数学讲座:数学竞赛基础教程(第一册)	2019—06	48.00	1094
高中数学讲座:数学竞赛基础教程(第二册)	即将出版		1095
高中数学讲座:数学竞赛基础教程(第三册)	即将出版		1096
高中数学讲座:数学竞赛基础教程(第四册)	即将出版		1097
新编中学数学解题方法 1000 招丛书.实数(初中版)	2022—05	58.00	1291
新编中学数学解题方法 1000 招丛书.式(初中版)	2022—05	48.00	1292
新编中学数学解题方法 1000 招丛书.方程与不等式(初中版)	2021—04	58.00	1293
新编中学数学解题方法 1000 招丛书.函数(初中版)	2022—05	38.00	1294
新编中学数学解题方法 1000 招丛书.角(初中版)	2022—05	48.00	1295
新编中学数学解题方法 1000 招丛书.线段(初中版)	2022—05	48.00	1296
新编中学数学解题方法 1000 招丛书.三角形与多边形(初中版)	2021—04	48.00	1297
新编中学数学解题方法 1000 招丛书.圆(初中版)	2022—05	48.00	1298
新编中学数学解题方法 1000 招丛书.面积(初中版)	2021—07	28.00	1299
新编中学数学解题方法 1000 招丛书.逻辑推理(初中版)	2022—06	48.00	1300
高中数学题典精编.第一辑.函数	2022—01	58.00	1444
高中数学题典精编.第一辑.导数	2022—01	68.00	1445
高中数学题典精编.第一辑.三角函数・平面向量	2022—01	68.00	1446
高中数学题典精编.第一辑.数列	2022—01	58.00	1447
高中数学题典精编.第一辑.不等式・推理与证明	2022—01	58.00	1448
高中数学题典精编.第一辑.立体几何	2022—01	58.00	1449
高中数学题典精编.第一辑.平面解析几何	2022—01	68.00	1450
高中数学题典精编.第一辑.统计・概率・平面几何	2022—01	58.00	1451
高中数学题典精编.第一辑.初等数论・组合数学・数学文化・解题方法	2022—01	58.00	1452
历届全国初中数学竞赛试题分类解析.初等代数	2022—09	98.00	1555
历届全国初中数学竞赛试题分类解析.初等数论	2022—09	48.00	1556
历届全国初中数学竞赛试题分类解析.平面几何	2022—09	38.00	1557
历届全国初中数学竞赛试题分类解析.组合	2022—09	38.00	1558

刘培杰数学工作室

已出版(即将出版)图书目录——初等数学

书　名	出版时间	定　价	编号
从三道高三数学模拟题的背景谈起:兼谈傅里叶三角级数	2023－03	48.00	1651
从一道日本东京大学的入学试题谈起:兼谈 π 的方方面面	即将出版		1652
从两道 2021 年福建高三数学测试题谈起:兼谈球面几何学与球面三角学	即将出版		1653
从一道湖南高考数学试题谈起:兼谈有界变差数列	即将出版		1654
从一道高校自主招生试题谈起:兼谈詹森函数方程	即将出版		1655
从一道上海高考数学试题谈起:兼谈有界变差函数	即将出版		1656
从一道北京大学金秋营数学试题的解法谈起:兼谈伽罗瓦理论	即将出版		1657
从一道北京高考数学试题的解法谈起:兼谈毕克定理	即将出版		1658
从一道北京大学金秋营数学试题的解法谈起:兼谈帕塞瓦尔恒等式	即将出版		1659
从一道高三数学模拟测试题的背景谈起:兼谈等周问题与等周不等式	即将出版		1660
从一道 2020 年全国高考数学试题的解法谈起:兼谈斐波那契数列和纳卡穆拉定理及奥斯图达定理	即将出版		1661
从一道高考数学附加题谈起:兼谈广义斐波那契数列	即将出版		1662

代数学教程.第一卷,集合论	2023－08	58.00	1664
代数学教程.第二卷,抽象代数基础	2023－08	68.00	1665
代数学教程.第三卷,数论原理	2023－08	58.00	1666
代数学教程.第四卷,代数方程式论	2023－08	48.00	1667
代数学教程.第五卷,多项式理论	2023－08	58.00	1668

联系地址:哈尔滨市南岗区复华四道街 10 号　哈尔滨工业大学出版社刘培杰数学工作室
网　　址:http://lpj.hit.edu.cn/
邮　　编:150006
联系电话:0451－86281378　　13904613167
E-mail:lpj1378@163.com